职业技能培训鉴定教材

ZHIYEJINENGPEIXUNJIANDINGJIAOCAI

# 注塑模具工

## （技师 高级技师）

ZHUSUMUJUGONG

U0229751

### 编审委员会

主　任　　史仲光

副主任　　王　冲　　孙　颐

委　员　　付宏生　　宋满仓　　陈京生　　成　虹　　高显宏　　杨荣祥

　　　　　申　敏　　王锦红　　袁　岗　　朱树新　　丁友生　　王振云

　　　　　王树勋　　肖德新　　韩国泰　　吴建峰　　钟燕锋　　李玉庆

　　　　　徐宝林　　甘　辉　　阎亚林　　贺　剑　　李　捷　　曹建宇

　　　　　田　晶　　王达斌　　李海林　　李渊志　　杭炜炜　　郭一娟

　　　　　程振宁

### 本书编写人员

主　编　　付宏生

副主编　　李渊志　　钟燕锋　　杭炜炜

编　者　　秦　涵　　陆军华

中国劳动社会保障出版社

**图书在版编目(CIP)数据**

注塑模具工：技师　高级技师/机械工业职业技能鉴定指导中心，人力资源和社会保障部教材办公室组织编写. —北京：中国劳动社会保障出版社，2016

职业技能培训鉴定教材

ISBN 978 - 7 - 5167 - 2766 - 9

Ⅰ.①注…　Ⅱ.①机…　②人…　Ⅲ.①注塑-塑料模具-职业技能-鉴定-教材　Ⅳ.①TQ320.66

中国版本图书馆 CIP 数据核字(2016)第 248778 号

**中国劳动社会保障出版社出版发行**

(北京市惠新东街 1 号　邮政编码：100029)

\*

北京市白帆印务有限公司印刷装订　　　新华书店经销

787 毫米×1092 毫米　16 开本　21 印张　461 千字

2016 年 11 月第 1 版　　2022 年 2 月第 2 次印刷

**定价：48.00 元**

读者服务部电话：(010) 64929211/84209101/64921644

营销中心电话：(010) 64962347

出版社网址：http://www.class.com.cn

# 内 容 简 介

本教材由机械工业职业技能鉴定指导中心、人力资源和社会保障部教材办公室组织编写。教材以《国家职业技能标准·模具工》（试行）为依据，紧紧围绕"以企业需求为导向，以职业能力为核心"的编写理念，力求突出职业技能培训特色，满足职业技能培训与鉴定考核的需要。

本教材介绍了注塑模具工技师和高级技师要求掌握的职业技能和相关知识，主要内容包括模具零部件加工、模具装配、质量检验、试模与修模、培训与管理。

本教材是注塑模具工技师和高级技师职业技能培训与鉴定考核用书，也可供相关人员参加就业培训、岗位培训使用。

# 前　言

为满足各级培训、鉴定部门和广大劳动者的需要，机械工业职业技能鉴定指导中心、人力资源和社会保障部教材办公室、中国劳动社会保障出版社在总结以往教材编写经验的基础上，依据国家职业技能标准和企业对各类技能人才的需求，研发了针对院校实际的模具工职业技能培训鉴定教材，涉及模具工（基础知识）、冲压模具工（中级）、冲压模具工（高级）、冲压模具工（技师　高级技师）、注塑模具工（中级）、注塑模具工（高级）、注塑模具工（技师　高级技师）7 本教材。新教材除了满足地方、行业、产业需求外，也具有全国通用性。这套教材力求体现以下主要特点：

**在编写原则上，突出以职业能力为核心。**教材编写贯穿"以职业标准为依据，以企业需求为导向，以职业能力为核心"的理念，依据国家职业标准，结合企业实际，反映岗位需求，突出新知识、新技术、新工艺、新方法，注重职业能力培养。凡是职业岗位工作中要求掌握的知识和技能，均作详细介绍。

**在使用功能上，注重服务于培训和鉴定。**根据职业发展的实际情况和培训需求，教材力求体现职业培训的规律，反映职业技能鉴定考核的基本要求，满足培训对象参加各级各类鉴定考试的需要。

**在编写模式上，采用分级模块化编写。**纵向上，教材按照国家职业资格等级编写，各等级合理衔接、步步提升，为技能人才培养搭建科学的阶梯型培训架构。横向上，教材按照职业功能分模块展开，安排足量、适用的内容，贴近生产实际，贴近培训对象需要，贴近市场需求。

**在内容安排上，增强教材的可读性。**为便于培训、鉴定部门在有限的时间内把最重要的知识和技能传授给培训对象，同时也便于培训对象迅速抓住重点，提高学习效率，在教材中精心设置了"学习目标"等栏目，以提示应该达到的目标，需要掌握的重点、难点、鉴定点和有关的扩展知识。

本系列教材在编写过程中得到桂林电器科学研究院有限公司、北京电子科技职业学院、大连理工大学、成都工业学院、辽宁省沈阳市交通高等专科学校、上海市工业技术学校、北京中德职业技能公共实训中心、广东今明模具职业培训学校、江苏省南通市工贸技工学校、南宁理工学校、南京信息职业技术学院、天津轻工职业技术学院、广东江门职业技术学院、厦门市集美职业技术学校、硅湖职业技术学院、江苏信息职业技术学院、随州职业技术学院、厦门市集美轻工业学校、北京精雕科技有限公司的大力支持和热情帮助，在此一并致以诚挚的谢意。

编写教材有相当的难度，是一项探索性工作。由于时间仓促，不足之处在所难免，恳切希望各使用单位和个人对教材提出宝贵意见，以便修订时加以完善。

机械工业职业技能鉴定指导中心
人力资源和社会保障部教材办公室

# 目 录

第一篇

技师

# 第 **1** 章

## 模具零部件加工

# 第1节　读图与绘图

## 一、国外工程图识读知识

### 1. 概述

随着我国制造业水平的不断提升，国外一些客户开始把一些装备或模具的加工放在我国进行，同时我国引进了不少国外设备、图样和其他技术资料，所以，了解国外工程图的识图方法就非常必要。

目前，有不少发达国家的机械图样投影方法与我国所采用的投影方法不同，而 ISO 国际标准也规定了第一角和第三角投影同等有效。由于国情的不同，各个国家选择的国际标准也有不同的侧重。其中俄罗斯、乌克兰、德国、罗马尼亚、捷克、斯洛伐克等国主要采用第一角投影法，在 GB/T 4458.1—2002《机械制图　图样画法　视图》中规定，我国采用第一角投影法。而美国、日本、法国、英国、加拿大、瑞士、澳大利亚、荷兰、墨西哥等国主要用第三角投影法。

考虑到两种投影法的特点不同，在实际应用中，为了便于识别，避免混淆和理解错误，国际标准规定了第一角投影和第三角投影的识别方法。

一般在图样的标题栏中，第一角和第三角投影标记符号分别如图 1—1 和图 1—2 所示。

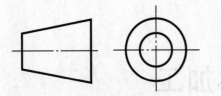　　　　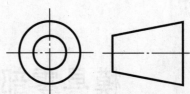

图 1—1　第一角投影标记符号　　　　图 1—2　第三角投影标记符号

在一些技术文件中，往往会用拉丁字母来表示，E 代表第一角投影法，而 A 代表第三角投影法。

### 2. 工程图的视图投影方法

如图 1—3 所示，利用两两垂直的三个平面（$V$、$H$、$W$）把空间分成八个区域，分别为角 1、角 2、角 3、角 4、角 5、角 6、角 7 和角 8。

将物体置于角 1 内投影称为第一角投影，使零件处于观察者和投影面之间，又称为 E 法——欧洲的方法。由于国内目前采用的就是这样一个体系，因此不作为本节的重点解释内容，接下来将重点谈一下第三角投影法。对照图 1—3，将物体放在角 3 内进行投影（见图 1—4），使投影面处于观察者和零件之间的投影方法称为第三角投影法，又称为 A 法——美国的方法。也就是把投影面假想成一个透明的平面，顶视图就是从零件的上方向下观察它所得的视图，并且把这个视图放在零件上方的投影面。而前视图就是从零件的前面向后观察零件，把这个视图放在前面的投影面上。总之，每个视图都可以理解为当观察者的视线垂直于相应的投影面时，他所看到的物体的实际图像。读图者应当始终把视图看作物体本身的一面。从前视图可看出物体的高度与宽度，以及物体顶面、底面、左侧面和右侧面的位置。顶视图显示物体的深度和宽度。

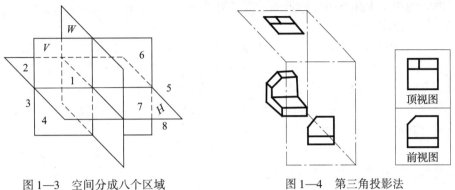

图1—3　空间分成八个区域　　　　　图1—4　第三角投影法

ISO 国际标准规定，第三角投影中六个基本视图展开后的具体位置如图1—5所示。

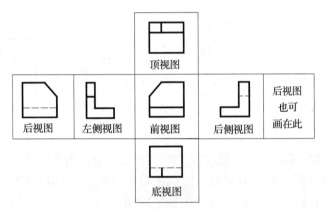

图1—5　第三角投影中六个基本视图

### 3. 国外工程图的标准差异

在进行国外工程图读图的过程中，除了要关注图样本身投影方法的不同以外，还要重视其他几个方面的变化。

（1）视图布局。在对来自不同国家的图样进行读图时，要首先明确视图的布置方法，因为不同的国家在制定自己的国家标准时可能会有所不同。美国标准（ANSI）规定的视图布置形式就存在两种情况：第一种是依据 ISO 标准来执行的（见图1—5）；第二种就是顶视图所在的投影面不动，其他视图的投影都展平到顶视图所在的投影面的布局方法，如图1—6所示。

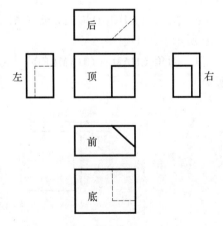

图1—6　第二种视图布置形式

在日本标准（JIS）中图样表示方法与美国接近，一般使用第三角投影法，原则上同一张图样不得混用第一角、第三角画法，但必要的时候也会出现两种画法的局部混合使用，但必须用箭头标示出另一种画法的投射方向。

（2）尺寸标注

1）尺寸及单位。美国标准中尺寸标注法如下：美国图样中的尺寸很少以 mm 为单位，一般采用 in（1 in =25.4 mm），原来采用分数形式表示多少英寸，如 9/16 in 等，1966 年以后改为十进制，写成小数形式。数值小于 1 时小数点前不写 0，数字推荐水平书写。公差尺寸的上、下偏差要注意与基本尺寸保持相同的小数位数，尺寸在 6 ft 以上应标出英尺和英寸符号，如 "12ft7in"。

2）标注

①美国标准中的尺寸标注方法

a. 视图明确反映为圆形时，不注直径代号 "DIA"（DIAMETER）或 "D"，如图1—7 所示；只有一个非圆视图时，尺寸数字后加注直径代号 "DIA" 或 "D"，如图1—8 所示。

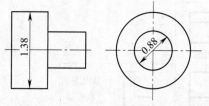
图1—7 不注直径代号

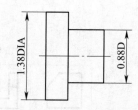
图1—8 加注直径代号

b. 半径尺寸数字后不加注半径代号 "R"（RADIUS），当半径尺寸标注在不反映半径和圆弧实形的视图中时，要求在半径尺寸数字后加注代号 "TRUER"（TRUE RADIUS）（真实的 R），在球形尺寸数字后加注代号 "SPHER DIA"（球直径）或 "SPHERR"（SPHER RADIUS）（球半径）。

c. 弦长（CHORD）、弧长（ARC）注法如图1—9 所示。

d. 倒角 CHAM（CHAMBER）注法如图 1—10所示。

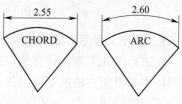
图1—9 弦长、弧长注法

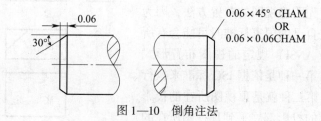
图1—10 倒角注法

e. 沉孔注法如图 1—11 所示。

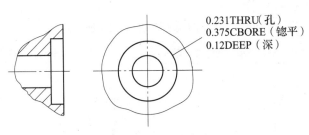

图1—11 沉孔注法

f. 键槽注法如图1—12所示。

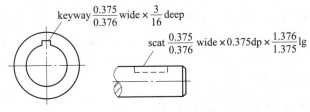

图1—12 键槽注法

g. 螺纹标记如图1—13所示。

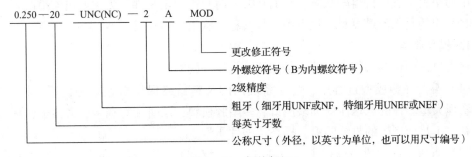

图1—13 螺纹标记

② 日本标准中的尺寸标注方法

a. 直径、半径、正方形、球形代号

图中有直径、半径、正方形时，在尺寸数字前加注"$\phi$""$R$""□"，当图形明确时，可省去$\phi$、$R$、□。

b. 倒角。一般与我国相同，45°倒角可用字母"$C$"表示，$C2$相当于$2 \times 45°$，$C3$相当于$3 \times 45°$。

c. 板厚未画出时，可加注字母"$t$"，如$t10$，相当于我国的$t = 10$ mm。

d. 用"$P$"表示铆钉孔间距，如$P = 100$、$P = 98$分别表示孔间距为100或98。

e. 孔的尺寸数字后可表示其他内容：

a) 盲孔注法如图1—14所示，关于加工方法的说明通常标注在尺寸数字之后，如深廿（表示

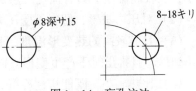

图1—14 盲孔注法

深度）、キソ（表示钻孔）等。

b）螺纹画法与我国相近，其标注形式如图1—15所示。

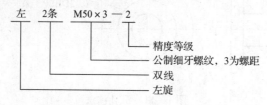

图1—15　螺纹标注形式

其他国家的工程图标准往往与我国基本一致，只是个别项目有一些变化。例如，英国标准（BS）中在尺寸引出线与轮廓间留有间隙（1 mm左右），剖视图中有些会画出剖面线，有些则没有标出。在德国标准（DIN）中，视图表示方法与ISO国际标准基本相同，投影为圆的视图中尺寸线只有一个箭头，尺寸后加注"$\phi$"；有两个箭头的不注"$\phi$"。其他尺寸注法应该都能看懂。

## 二、热流道注塑模的设计知识

热流道注塑模具是利用绝热或加热的方法，使从注射机喷嘴起到型腔入口处为止的流道中的塑料一直保持熔融状态，从而在开模时只需取出塑件，无须取出流道凝料。这类模具采用的是无流道凝料浇注系统，故又称无流道注塑模。

**1. 模具特点**

热流道注塑模具的优点显著，是注塑模具发展的方向。

（1）整个注塑成型过程中，浇注系统内的塑料始终保持熔融状态，压力损失小，可以实现大型塑件的低压注射和多浇口、多型腔模塑；同时，有利于压力传递，从而克服因补料不足而产生的收缩凹痕，提高了塑件质量。

（2）省去了注塑成型过程中取出浇注系统凝料的工作，操作简化，有利于实现自动化生产；同时，开模距离与合模行程可以缩短，从而缩短了成型周期，提高了生产率。

（3）能够实现无废料加工，可以节约原料，从而降低塑件材料成本。但也存在模具结构复杂，制造成本高；需要有特殊的喷嘴和温度调节系统，系统复杂，易出故障；设计技术要求高，调试较困难等特点。

**2. 模具对塑料的要求**

（1）塑料的熔融温度范围宽，对温度不敏感，黏度速成型加工温度的变化而波动较小，在较高温度下具有优良的热稳定性，而在较低温度下具有良好的流动性。

（2）对压力敏感，塑料不受压力不流动（无流延现象），但稍加压力即可流动。

（3）具有较高的热变形温度，且在比较高的温度下即可快速冷凝，这样可以尽快推出塑件，且推出时不产生变形，以缩短成型周期。

（4）比热容小，既能快速冷凝，又能快速熔融。

加热流道注塑模具可成型大多数热塑性塑料，但只有聚乙烯和聚丙烯是理想的绝热流道注塑成型材料。

**3. 浇注系统的类型及结构**

按使流道内塑料保持熔融状态的方法不同，热流道模具分为绝热流道注塑模和加热流道注塑模两种。下面主要介绍几种热流道注塑模常用的浇注系统形式。

（1）绝热流道。绝热流道注塑模将主流道和分流道截面尺寸设计得很大，利用塑料与流道壁接触处所形成冷凝层的绝热保温作用，使流道中心部分的塑料始终保持熔融流动状态。

1）绝热主流道。绝热主流道又称为井式喷嘴，是结构最简单的绝热流道，适用于单型腔注塑模。这种形式的绝热流道是在注射机和模具入口之间装设一个主流道杯，杯外侧采用空气隔热，杯内开有一个截面较大的锥形储料井（容积取塑件体积的 35% ~ 50%），与井壁接触的熔体对中心流动的熔体形成一个绝热层，使得中心部位的熔体保持良好的流动状态而进入型腔。它主要适用于成型周期较短的塑件（每分钟的注射次数不少于 3次）。井式喷嘴的一般形式（见图 1—16）及推荐适用的结构尺寸见表 1—1。

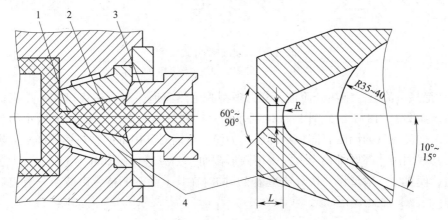

图 1—16　井式喷嘴

1—点浇口　2—储料井　3—井式喷嘴　4—主流道杯

表 1—1　　　　　　　　　　　　井式喷嘴的结构尺寸推荐值

| 塑件质量（g） | 成型周期（s） | $d$（mm） | $R$（mm） | $L$（mm） |
| --- | --- | --- | --- | --- |
| 3 ~ 6 | 6 ~ 7.5 | 0.8 ~ 1.0 | 3.5 | 0.5 |
| 6 ~ 15 | 9 ~ 10 | 1.0 ~ 1.2 | 4.0 | 0.6 |
| 15 ~ 40 | 12 ~ 15 | 1.2 ~ 1.5 | 4.5 | 0.7 |
| 40 ~ 150 | 20 ~ 30 | 1.6 ~ 2.5 | 5.5 | 0.8 |

如图 1—17 所示为改进型井式喷嘴。图 1—17a 所示为一种主流道杯上带有空气隙的井式喷嘴结构，空气隙在主流道杯和模具之间起绝热作用，可以减小储料井内塑料热量向外的散发量；同时，喷嘴伸入主流道杯的长度有所增大，增加喷嘴向主流道杯传导的热量。图 1—17b 所示为一种增大喷嘴对储料井传热面积的井式喷嘴结构，可以防止

储料井内和浇口附近的塑料固化，停车后，可使流道杯内的凝料随喷嘴一起拉出，便于清理流道。图1—17c 所示为一种浮动式井式喷嘴，每次注射完毕喷嘴向后倒退时，主流道杯在弹簧作用下也将随着喷嘴后退，这样可以避免因两者脱离而使储料井内的塑料固化。

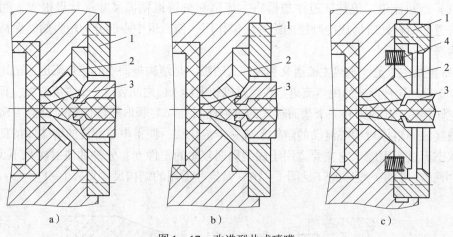

a)　　　　　　　b)　　　　　　　c)

图1—17　改进型井式喷嘴
1—定位圈　2—井式喷嘴　3—主流道杯　4—弹簧

2）绝热分流道。绝热分流道又称为多型腔绝热流道，有直接浇口式和点浇口式两种类型。如图1—18 所示，图1—18a 所示为直接浇口的形式，图1—18b 所示为点浇口的形式。这类流道的周围有固化绝热层，为使流道能对其内部的塑料熔体确实起到绝热作用，其截面尺寸都取得相当大并多用圆形截面，分流道直径取 16～32 mm。为了加工分流道，模具中一般增设一块分流道板 5，同时在其上面开凹槽，以减小分流道对模板的传热。

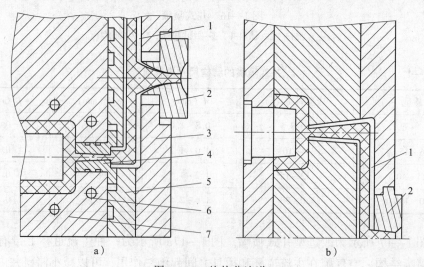

a)　　　　　　　　　　b)

图1—18　绝热分流道
a）直接浇口式　b）点浇口式
1—固化绝热层　2—主流道衬套　3—定模座板　4—浇口套　5—分流道板　6—冷却水孔　7—型腔板

（2）加热流道。加热流道是在流道内或流道附近设置加热器，利用加热的方法使注射机喷嘴到浇口之间的浇注系统处于高温状态，从而让浇注系统内的塑料在生产过程中一直保持熔融状态。

1）延伸喷嘴。延伸喷嘴是一种最简单的加热流道，它是将普通喷嘴加长后能与模具上的浇口部分直接接触的一种特别喷嘴，其自身可安装加热器，以便补偿喷嘴延长后的散热量，或在特殊要求下使其温度高于料筒温度。延伸喷嘴只适用于单腔模具结构，每次注射完毕，可使喷嘴稍稍离开模具，以尽量减少喷嘴向模具传导热量。如图1—19所示为头部是球状的通用式延伸喷嘴。喷嘴的球面与模具之间留有不大的间隙，在第一次注射时，此间隙即为塑料的充满而起绝热作用。间隙最薄处在浇口附近，厚度约为0.5 mm，若太厚则浇口容易凝固。浇口以外的绝热间隙以不超过1.5 mm为宜。浇口的直径一般为0.75～1 mm。与井式喷嘴相比，这种喷嘴的优点是浇口不易堵塞，应用范围较广泛。

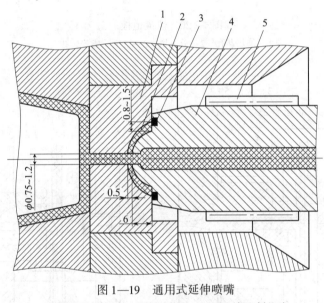

图1—19　通用式延伸喷嘴
1—主流道衬套　2—塑料绝热层　3—聚四氟乙烯垫片
4—延伸喷嘴　5—加热圈

2）多型腔加热流道。这类模具的结构形式很多，但大概可归纳为外加热式和内加热式两大类。外加热式多型腔热分流道注塑模有一个共同的特点，即模内必须设有一块可用加热器加热的热流道板，如图1—20所示。主流道和分流道的截面最好均采用圆形，直径取5～15 mm。分流道内壁应光滑，转折处圆滑过渡，分流道端孔需采用比孔径粗的细牙螺纹管塞和铜制密封垫圈（或聚四氟乙烯密封垫圈）堵住，以免塑料熔体泄漏。热流道板利用绝热材料（石棉水泥板等）或空气间隙与模具其余部分隔热，其浇口形式有主流道型浇口和点浇口两种，最常见的是点浇口，如图1—21所示。如图1—22所示为外加热热管喷嘴，将主流道衬套装在热管中，在热管外侧一端进行加热。

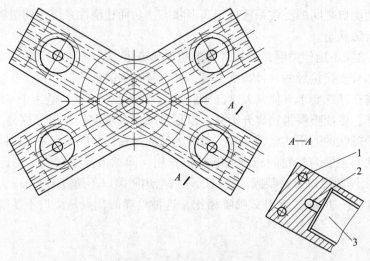

图1—20　热流道板

1—加热器孔　2—分流道　3—二级喷嘴安装孔

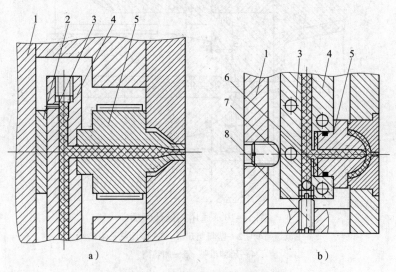

a)　　　　　　　　　　　　b)

图1—21　外加热式多型腔热流道

1—定模座板　2—垫块　3—加热器　4—热流道板　5—二级喷嘴

6—胀圈　7—流道密封钢球　8—定位螺钉

内加热式多型腔热分流道注塑模的共同特点如下：除了在热流道喷嘴和浇口部分设置内加热器外，整个浇注系统虽然也采用分流道板，但所有的流道均采用内加热方式，如图1—23所示。由于加热器安装在流道中央部位，流道中的塑料熔体可以阻止加热器直接向分流道板或模具本身散热，因此能大幅度降低加热能量损失并相应提高加热效率。

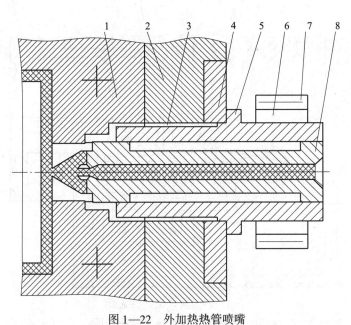

图1—22 外加热热管喷嘴

1—定模板 2—定模座板 3—传热介质 4—定位环 5—热管外壳

6—传热铝套 7—外加热器 8—热管内管

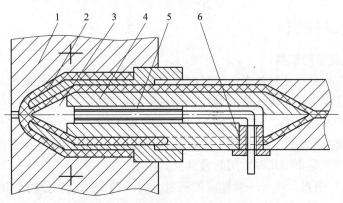

图1—23 内加热式多型腔热流道

1—定模板 2—二级喷嘴 3—锥形头 4—锥形体 5—加热器 6—电源线接头

3）阀式浇口热流道。使用热流道注塑模成型黏度低的塑料时，为了避免产生流延和拉丝现象，可采用阀式浇口，如图1—24所示。阀式浇口的工作原理如下：在注射和保压阶段，浇口处的针阀7开启，塑料熔体通过二级喷嘴和针阀进入模腔；保压结束后，针阀关闭，模腔内的塑料不能倒流，二级喷嘴内的塑料也不能流延。

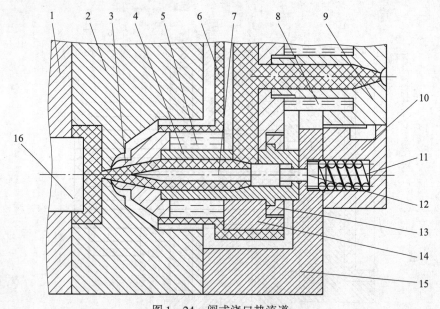

图 1—24　阀式浇口热流道

1—推板　2—定模板　3—热流道喷嘴　4—热流道喷嘴体　5、8—加热器

6—隔热层　7—针阀　9—主流道衬套　10—定位圈　11—压簧

12—活塞杆　13—热流道喷嘴压环　14—分流道板

15—定模座板　16—凸模

# 三、零件测绘知识

## 1. 测量及其常用工具

测量是指以确定被测对象量值为目的的全部操作。实际就是将被测几何尺寸与作为计量单位的标准量进行比较，从而确定被测对象的尺寸。

（1）常用的测量工具。量具的种类很多，根据不同的工作要求，其测量范围和精度规定有多种规格，因此，在使用中应根据不同的尺寸范围和精度要求选择合适的量具进行测量。本节主要介绍几种常用的量具及其用法。

1）钢直尺。钢直尺用于一般精度的测量，由不锈钢制成，分为 150 mm、300 mm、500 mm、1 000 mm 四种规格。

钢直尺的尺面上刻有公制刻线，刻线间隔一般为 1 mm，部分钢直尺刻线为 0.5 mm，使用时将钢直尺有刻度的一边与线平行，零刻线对准被测量线性尺寸的起点，线性尺寸的终点所对应的刻度即为线性尺寸的读数值。

2）游标卡尺。游标卡尺用于直接测量零件的外径、内径、长度、宽度、孔距、深度等。其测量范围有 0～125 mm、0～200 mm 和 0～300 mm 三种规格。

游标卡尺由尺身、游标、深度测量杆、锁紧螺钉、游标上测量外径用的量爪和测量内径用的量爪组成。

3）游标高度卡尺。游标高度卡尺用于测量工件的高度尺寸，也可以利用游标上的硬质合金刀块对工件精密划线。

游标高度卡尺的测量范围有 0～200 mm、0～300 mm、0～500 mm、0～1 000 mm 等几种，其精度有 0.02 mm、0.05 mm、0.10 mm 等。

4）游标深度卡尺。游标深度卡尺是测量深度尺寸的专用量具。游标深度卡尺的精度及读数原理与游标卡尺相同。

普通游标卡尺虽然也具有测量深度的功能，但精度不高。游标深度卡尺是生产中测量深度使用较多的量具，其精度有 0.01 mm、0.02 mm、0.05 mm、0.1 mm 四种，测量范围有 0～200 mm、0～300 mm、0～500 mm。

5）千分尺。千分尺是生产中运用最多的一种精密量具。主要用于测量精加工时的加工面。其种类很多，如外径千分尺、内径千分尺、深度千分尺等。但其原理基本相同，这里介绍常用的外径千分尺。

外径千分尺的测量范围有 0～25 mm、25～50 mm、0～75 mm、75～100 mm，精度为 0.01 mm。

6）万能角度尺。万能角度尺又称为万能游标量角器，是用来测量工件内、外角度的量具。

万能角度尺的测量范围为 0°～320°，精度为 2′。

7）百分表。百分表常用于测量工件的尺寸、形状和位置误差。其测量结果直观、方便、灵敏度较高，是应用较广泛的量具。百分表按结构特点分为钟面式百分表和杠杆式百分表。这里只介绍钟面式百分表。

钟面式百分表的测量范围为 0～3 mm、0～5 mm、0～10 mm，其精度为 0.01 mm。

（2）测量方法。测量方法是指测量时所采用的测量器具和测量条件的结合。按照不同的出发点，测量可以分为直接测量和间接测量两种方法。直接用量具和量仪测出零件被测几何量值的方法称为直接测量。通过测量与被测尺寸有一定函数关系的其他尺寸，然后通过计算获得被测尺寸量值的方法称为间接测量。

常用的零件测量方法见表 1—2。

表 1—2　　　　　　　　　　　常用的零件测量方法

| 种类 | 测量方法 | 说明 |
| --- | --- | --- |
| 直线长度 | 直接测量 | 直线尺寸可用钢直尺或游标卡尺直接测量 |
| 深度 | 直接测量 | 深度可用游标卡尺或游标深度尺测量 |
| 壁厚 | 间接测量 | 壁厚尺寸可用钢直尺单独测量，也可与内、外卡钳配合测量 |
| 回转体内、外直径 | 间接测量 | 直径尺寸可用内、外卡钳间接测量 |
| 回转体外径 | 直接测量 | 用游标卡尺或千分尺直接测量 |
| 齿轮外径 | 直接测量 | 齿轮的齿顶圆直径可用游标卡尺直接测量 |
| 孔内径和孔深 | 直接测量 | 孔较浅时，可用游标卡尺测量孔径和孔深 |
| 孔间距离 | 间接测量 | 孔间距可用内、外卡钳和钢直尺结合测量 |
| 中心高度 | 直接测量 | 中心高可用游标高度尺直接测得 |

续表

| 种类 | 测量方法 | 说明 |
|---|---|---|
| 角度 | 直接测量 | 万能角度尺是用来检测工件内几何角度的必备量具 |
| 螺纹 | 直接测量 | 螺纹的螺距可用螺纹规直接测得，也可用钢直尺测量 |
| 圆弧 | 直接测量 | 用圆角规测量圆弧半径 |
| 线和面轮廓 | 直接测量 | 非圆曲面可用坐标法直接测量 |
| 燕尾槽尺寸 | 间接测量 | 由于燕尾槽有空刀槽或倒角，其宽度尺寸无法直接进行检测，通常采用标准量棒和千分尺配合进行间接检测，然后通过计算来确定 |

**2. 画零件草图的步骤及注意事项**

零件草图是绘制零件的原始资料，它必须具备零件图应有的全部内容和要求，应做到明显、清晰，图形比例匀称，字体工整。

（1）分析零件。应先对被测零件进行详细分析，了解零件的名称和类型、在机器中的作用、使用材料及大致的加工方法，进而分析零件的结构，选择零件的正确表达方案。

（2）徒手目测画出零件草图

1）定位布局。根据零件大小、视图数量，在图样上定出作图基准线、中心线，注意留出标注尺寸的位置。

2）详细画出零件的内外结构和形状。结构各部分之间的比例应协调。零件上的破旧、磨损或其他缺陷不应画出。

3）标注、测量尺寸。根据尺寸标注的要求，将标注尺寸的尺寸界线、尺寸线全部画出。然后集中测量各个尺寸，逐个注上相应的尺寸数字，切不可画一个、量一个、注一个，这样不但费时，而且容易将所需尺寸画错或遗漏。

4）制定技术要求。根据实践经验或用样板进行比较，确定表面粗糙度。

5）最后检查、填写标题栏，完成草图。

（3）画零件图。由于绘制零件草图时受地点和条件的限制，有些问题不可能处理得很完善，因此，在画零件图时还需要对草图进行仔细设计和审核，如对视图的表达、尺寸标注方式要进行复查、补充或修改，对表面粗糙度、尺寸公差、几何公差等进行查对，或重新设计及计算，最后根据草图画出零件图。

**3. 测绘的注意事项**

（1）优先测绘基础零件。机器解体后，按部件和组件，逐一测绘零件。这时最好选择作为装配基础的零件优先测绘。

基础件一般都比较复杂，与其他零件相关的尺寸较多，机器装配时常以基础件为核心，将相关的零件装于其上。它一般都为铸件、模锻件、压铸件、机床的主轴等，应优先进行测绘。

（2）仔细分析，忠于实样。画测绘草图时必须严格忠于实样，不得随意更改，更不能凭主观猜测。特别要注意零件构造上工艺的特征。

（3）草图上允许标注封闭尺寸和重复尺寸。测绘草图上的尺寸，有时也可注成封闭的尺寸链。对于复杂零件，为了便于检查及测量尺寸的准确性，可在不同基准面注上封闭的尺寸，草图上各个投影尺寸也允许有重复。

（4）配备专门的工作记录本，记好工作记录。测绘草图时，应当配备专门的工作记录本，在动手测绘后，应特别注意记好实测工作摘要，这些工作摘要将是后续各阶段的重要参考资料和备忘录，在测绘草图时，将会对每个零件有更加深入和全面的了解。

## 第2节 编制工艺

### 一、模具典型零件数控加工、特种加工、图文雕刻、焊接工艺

#### 1. 数控加工

数控加工是指在数控机床上进行零件切削加工的一种工艺方法。数控加工与普通加工的区别在于控制方式。在普通机床上加工时，机床动作的先后顺序和各运动部件的位移都是由人工直接控制的。在数控机床上加工时，所有这些都由预先按规定形式编排并输入数控机床控制系统的数控程序来控制的。数控加工的主要工作内容与步骤如下：

（1）数控加工工艺设计。工艺设计是对工件进行数控加工的前期工艺准备工作，它必须在程序编制工作前完成，因为只有工艺设计方案确定后，程序编制工作才有依据。工艺设计搞不好，往往要成倍增加工作量，而且这是造成数控加工差错的主要原因之一，所以编程人员一定要先做好工艺设计，再考虑编程。工艺设计内容主要如下所述：

1）选择并决定零件的数控加工内容。

2）零件图样的数控加工工艺性分析。

3）数控加工的工艺路线设计。

4）数控加工的工序设计。

5）数控加工专用技术文件的编写。专用技术文件的编写包括以下几项内容：

①对零件图形的数学处理。

②编写数控加工程序单。

③按程序单制作控制介质。

④程序的校验与修改。

⑤首件试切与现场问题的处理。

⑥数控加工工艺技术文件的定型与归档。

实现数控加工的关键是数控编程。由于通过重新编程就能加工出不同的产品，因此，它非常适合于多品种、小批量的生产方式。

（2）数控加工工艺分析。从加工机床与零件生产批量的关系来说，一般当零件不太复杂、批量又较小时，宜采用通用机床；当生产批量很大时宜采用专用机床；在多品种、小批量生产的情况下，当零件复杂时使用数控机床能获得较高的经济效益。

某些模具设计的零件，用普通机床可能难以加工，即所谓的结构工艺性差。但采用数控机床加工，可轻而易举地实现。因此，在分析零件的数控加工工艺性时，需要对结构工艺性进行严格评价。为充分发挥数控加工的优势，在零件设计时要充分考虑数控加工工艺性与设计的联系，曲面造型多、壁薄轻巧、结构复杂、在非敞开部位的斜槽等这样的结构设计应充分发挥数控车床的加工优势。

　　适合于数控加工的零件有以下几类：

　　1）用通用机床加工时，要求设计及制造复杂的专用夹具或需很长调整时间的零件。

　　2）小批量生产（100件以下）的零件。

　　3）轮廓形状复杂，加工精度高或必须用数学方法决定的复杂型面、曲面零件。

　　4）要求精确复制（仿形）的零件。

　　5）预备多次改型（设计修改）的零件。

　　6）钻孔、扩孔、铰孔、镗孔、攻螺纹等工序联合进行的零件，如箱体类零件。

　　7）价格高，若报废将造成巨大经济损失的零件。

　　8）要求百分之百检验的零件。

　　对零件的某些细小部位，要注意控制切削的走刀特点，尽量让普通的刀具能一次走刀成型；对复杂型面的零件，其轮廓剖面由多段直线、斜线和圆弧组成，要使刀具毫无干涉地完成整个型面的切削；零件的外形、内腔最好采用统一的几何类型或尺寸，这样不仅可以减少换刀次数，还可采用部分控制程序或专用程序以缩短程序长度。

　　确定零件的装夹方法和夹具，争取一次装夹就能完成零件所需加工表面的加工，避免由于多次装夹产生加工误差。粗加工一般在普通机床上完成。

　　确保编程坐标系在毛坯上的位置映射正确，保证所需加工零件形体在毛坯的范围内。

　　（3）数控加工工艺规程的制定

　　1）工序的划分。合理地划分零件加工工序，使其在数控机床上加工工序相对集中，即在一次装夹中应尽可能完成全部工序。这有利于数控加工的正常进行，提高生产效率，有利于充分发挥数控加工的优势。

　　常见的工序划分方法如下：

　　①按所用的刀具划分工序。减少换刀次数可以减少空程时间和定位误差。因此，应采用按刀具集中工序的方法，即用同一把刀加工完成零件上加工要求相同的表面后，再更换另一把刀来加工其他表面。

　　②按粗、精加工划分工序。当零件形状、尺寸精度以及零件的刚度和变形等要求许可时，可按粗、精加工分开的原则划分工序，先进行粗加工，后进行精加工。考虑到粗加工时零件变形的恢复需要一段时间，最好粗加工后不要紧接着安排精加工。当数控机床的精度能满足零件的设计要求时，可考虑粗、精加工采用多次走刀的方法一次完成。

　　③按先面后孔的原则划分工序。在零件上既要加工平面又要加工孔时，要采用先加工面后加工孔的工序划分方法，这样可以提高孔的加工精度。

　　④按程序长度划分工序。复杂零件要加工的表面很多，如果要加工全部表面，可能造成程序长度过长，导致计算机内存不足。因此，在划分工序时要考虑加工程序的长

度，要使加工程序的长度与计算机剩余内存相适应。

2）零件定位、装夹方法和夹具的选择。在数控机床上被加工零件的定位和夹紧方法与在普通机床上一样，也要合理地选择定位基准和夹紧方案。在大多数情况下不进行数控加工机床夹具的实际设计，而是选用夹具。

数控加工对夹具主要有两方面要求：一是要保证夹具本身在机床上安装准确；二是要协调零件和机床坐标系的尺寸关系。

（4）数控加工路线的确定。确定加工路线就是确定刀具的运动轨迹和方向。在数控加工过程中，确定并妥善安排每道工序的加工路线，与零件的加工精度和表面粗糙度直接相关，对提高加工质量和保证零件的技术要求是非常重要的。

加工路线不仅包括切削加工时的加工路线，还包括刀具到位、对刀、退刀、换刀等一系列过程的刀具运动路线。

确定加工路线是编程工作的重要内容。加工路线一经确定，则程序中各程序段的先后次序也就定下来了。编程时确定加工路线的原则主要有以下几个：

1）使被加工零件获得良好的加工精度和表面质量。当加工外轮廓，刀具切入工件时，应避免沿零件外轮廓的法向切入，应沿外廓曲线延长线的切向切入，以避免在切入处产生刀具的刻痕，保证零件轮廓曲线平滑过渡。同理，在切出工件时，也应避免在工件的轮廓处直接退刀，而要沿零件轮廓延长线的切向逐渐切出工件，如图1—25所示。

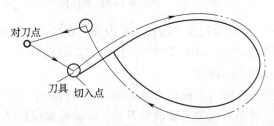

图1—25 加工外轮廓时刀具的切入和切出过渡

当加工内轮廓表面时，因内轮廓曲线不允许外延，刀具只能沿轮廓曲线的法向切入和切出，此时刀具的切入和切出点应尽量选在内轮廓曲线两几何元素的交点处。在轮廓加工过程中要避免进给停顿；否则，会因切削力的突然变化而在停顿处的轮廓表面留下刀痕，如图1—26所示。

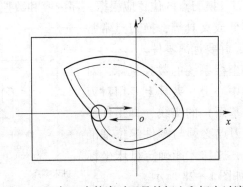

图1—26 加工内轮廓时刀具的切入和切出过渡

为提高零件尺寸精度和表面质量，当加工余量较大时，可采用多次进给切削的方法。

2）使数值计算容易，减少编程的工作量。如图1—27a所示，按一般规律是先加工均布在同一圆周上的八个孔后，再加工另一圆周上的孔。但对点位控制的数控机床来说，这并不是最短的加工路线，应按图1—27b所示的加工路线进行加工，使各孔间路线的总和最小，以节省加工时间。

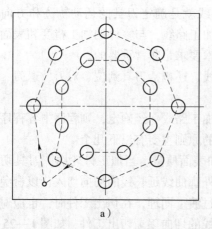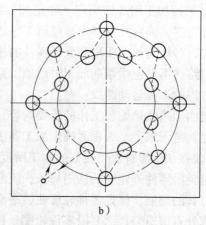

a)                                b)

图1—27 最短加工路线的选择

3）使加工路线最短，减少程序段数，节省内存，减少空走刀时间。

①对刀点和换刀点的确定。数控机床中使用的刀具类型很多，为了更准确地描述刀具的运动，首先引入刀位点的概念。

所谓刀位点，对平头立铣刀来说是刀具的轴线与刀具底平面的交点；对球头铣刀来说是球头部分的球心；对车刀或镗刀来说是刀尖；对钻头来说是钻尖。刀位点是描述刀具运动的基准。

对刀点是指在数控机床上加工零件时，刀具相对零件运动的起始点。对刀点确定后，刀具相对程序原点的位置就确定了。对刀点应选择在对刀方便、编程简单的地方。对刀时，应使对刀点与刀具刀位点重合。

换刀点是在为数控车床、数控钻镗床、加工中心等多刀加工的机床编制程序时设定的，以实现加工中途换刀。换刀点的位置应根据工序内容和数控机床的要求而定。为了防止换刀时刀具碰伤零件或夹具等，换刀点常常设在被加工零件的外面，并要远离零件。

对于采用增量编程坐标系统的数控机床，对刀点可选择在零件孔的中心上、夹具上专用对刀孔上或两处直面（定位基面）的交线（即工件零点）上，但所选取的对刀点必须与零件定位基准有一定的坐标尺寸关系，这样才能确定机床坐标系与工件坐标系的关系如图1—28所示。

对于采用绝对编程坐标系统的数控机床，对

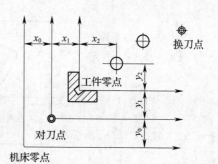

图1—28 对刀点的设定和换刀点

刀点可选在机床坐标系的机床零点上或距机床零点有确定坐标尺寸的点上，因为数控装置可在指令控制下自动返回参考点（即机床零点）。但在安装零件时，工件坐标系与机床坐标系必须有确定的尺寸关系。

为了提高零件的加工精度，对刀点应尽量选在零件的设计基准或工艺基准上。对刀点找正的准确度直接影响零件的加工精度。

②点位控制加工路线的确定。点位控制机床一般要求定位精度高，定位过程尽可能快，而刀具相对零件的运动轨迹则是无关紧要的，因此，这类机床大都采用分级降速的方法接近目标位置，有时还采用单向趋近的方法接近目标位置。加工路线应力求最短，对点阵类零件，应保证各点间运动路线的总和最短。如图1—27所示，按一般习惯应先加工一圈均布于圆上的八个孔，然后再加工另一圈上的孔，对于数控加工来说，它并不是最好的加工路线，若按图1—27b所示的路线加工，可以节省近一半的空程时间。

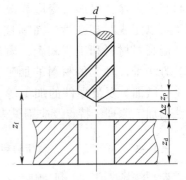

对于点位控制的数控机床还要确定刀具加工时的轴向尺寸，也就是轴向加工路线的长度。这个长度由被加工零件的轴向尺寸要求来决定，并要考虑一些辅助尺寸。如图1—29所示钻孔时，$z_d$为孔深；$\Delta z$为引入间距，一般光面取2 mm，毛面取5 mm；$z_p$为钻尖锥长；$z_f$为轴向加工路线的长度。

$$z_f = z_d + \Delta z + z_p$$

图1—29 轴向加工路线长度的确定

上式中，$z_f$就是程序中z向的坐标尺寸，应结合实际情况选择最佳值。在实际编程时，$z_p$值既可以作为z向坐标的一部分，也可以作为刀具补偿值在刀具调整中预先输入系统。

③轮廓控制加工路线的确定。在数控机床上安排走刀路线时，要安排好刀具切入和切出的加工路线，尽量避免交接处的重复加工；否则将出现明显的界限痕迹。用圆弧插补方式铣削圆弧时，刀具要沿切向切入和切出，且切入、切出段的长度要适当，以免取消刀具补偿时刀具与零件表面碰撞。

对于加工余量较大或精度较高的薄壁件，可采用多次走刀的方法控制零件的变形误差。最后一次走刀的切除量一般控制在0.2～0.5 mm。

在数控车床上加工螺纹时，沿螺距方向的z向进给和零件（主轴）转角之间必须保持严格的几何关系。z向进给从停止状态达到指令进给量（mm/r）总要有一个过渡过程，在过渡过程中不能保证几何关系要求。因此，安排z向走刀路线时，应使车刀刀位点离待加工面（螺纹）有一引入距离$L_1$（$L_1 = 2～5$ mm，螺距大、精度高时取大值），保证刀具启动后进给量稳定时才开始切削螺纹，如图1—30所示。

铣削内圆弧时也要遵守切向切入和切出的原则，最好安排从圆弧过渡到圆弧的加工路线，以提高内圆弧的加工精度和表面质量，如图1—31所示。

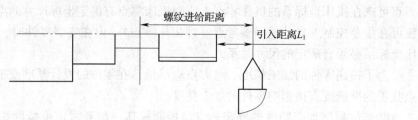

图1—30 切削螺纹时的引入距离

## 2. 特种加工

（1）特种加工方法分类和特点。特种加工是指不属于传统加工工艺范围的加工工艺方法的总称。特种加工是将电、磁、声、光等物理能量及化学能量或其组合施加在工件被加工的部位上，使材料被去除、累加、变形或改变性能等。特种加工可以完成对高强度、高韧性、高硬度、高脆性、耐高温材料和工程陶瓷、磁性材料等用传统工艺方法难以加工的材料的加工，同时还可进行精密、微细、复杂零件的加工等。常用特种加工方法的加工原理、特点及应用见表1—3。

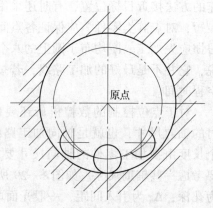

图1—31 铣削内圆弧

表1—3　　　　　　　常用特种加工方法的加工原理、特点及应用

| 方法分类名称 | 加工原理 | 特点 | 应用 |
|---|---|---|---|
| 电火花加工（EDM） | 在液体中，通过工具电极与工件之间的脉冲放电将工件材料蚀除 | 1. 非接触加工，无切削受力变形<br>2. 放电持续时间短，热影响范围小<br>3. 工具电极的损耗影响加工精度<br>4. 可加工任何硬、脆、韧及高熔点的导电材料 | 导电材料的穿孔、型腔加工、切削等 |
| 激光加工（LBM） | 材料在激光照射下瞬时急剧熔化和汽化，并产生强烈冲击波，使熔化物质爆炸式地喷溅和去除，实现加工 | 1. 材料适应性广泛，金属、非金属材料均可加工<br>2. 非接触加工<br>3. 不存在工具磨损<br>4. 设备造价较高 | 微孔、切割、焊接、热处理刻制等 |
| 超声加工（USM） | 利用超声振动的工具端面，使悬浮在工作液中的磨料冲向工件表面，去除工件表面材料 | 1. 作用力小，热影响小<br>2. 工具不旋转，可加工与工具形状相似的复杂孔<br>3. 加工高硬度材料时工具磨损大 | 型腔加工、穿孔、抛光、零件清洗等<br>主要用于加工脆性材料 |

（2）电火花加工。电火花加工是利用工具电极和工件之间的间隙放电来蚀除金属的加工方法，它可以用于切割成形和表面（型腔）成形加工，因为前者用的工具电极为导线，故常称为电火花线切割加工；后者用的工具电极为铜或石墨成形电极，故称为电火花成形加工。

1）电火花成形加工。如图1—32所示，工件1和工具电极4分别与脉冲电源2的两输出端相连接，自动进给调节装置3使工具电极和工件间经常保持很小的放电间隙，当脉冲电压加到两极之间时，便在该局部产生火花放电，瞬时高温使工具电极和工件表面都蚀掉一小部分金属，各自形成小凹坑。随着相当高的频率连续不断地重复放电，工具电极不断向工件进给，就将工具电极的形状复制在工件上，加工出所需要的零件。

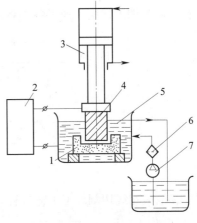

图1—32 电火花成形加工原理图
1—工件 2—脉冲电源
3—自动进给调节装置
4—工具电极 5—工作液
6—过滤器 7—工作液泵

电火花成形加工常用于加工压力加工用的成形模具、型腔等，型腔加工可以用成形电极等进行，也可以用形状简单的电极并通过数控来移动工件实现加工。

电火花成形加工的工艺过程（见图1—33）如下：

①根据工件的加工图样设计并制造相应的电极，包括电极材料、结构尺寸、形状和电极夹持方式的确定，冲液孔、排气孔的位置和基准面的选择以及将电极制造出来。与此同时对工件进行预加工，如基准面、定位孔的加工，包括材料的退磁、去磁等。

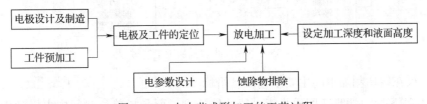

图1—33 电火花成形加工的工艺过程

②将电极和工件在机床上定位，校正它们的垂直度、相对位置精度等。

③选定加工电参数，包括电流、电压、极性、脉冲宽度、间歇时间和控制方法。

④设定加工深度和液面高度。

⑤蚀除物排除方式、方法的落实。

所有这些准备工作完成后，即可进行放电加工。在一般较为理想的情况下，电火花成形加工的效率可达到近 $1\,000\ mm^3/min$（电极材料为Cu，工件材料为CrWMn）；最佳表面粗糙度达 $Ra0.63\sim0.04\ \mu m$；尺寸精度为 $0.01\sim0.05\ mm$；工具电极的体积耗损率可小于1%。

2）电火花线切割加工

①电火花线切割加工的特点。电火花线切割加工是在电火花成形加工的基础上发展

起来的一种新的电火花加工的工艺形式。它的工作原理如图1—34所示，它是利用导线作（钼丝或铜丝）电极以及电极与工件间的相对运动和放电来对工件进行切割的。切割时，电极丝沿自身的轴向做往复式单向连续运动。放置工件的工作台或电极丝的导丝机构则在控制系统的控制下按一定的轨迹运动，从而切割出所需形状和尺寸的零件。电火花线切割加工常用于加工各种具有特定形状截面的冲模和喷射模具。

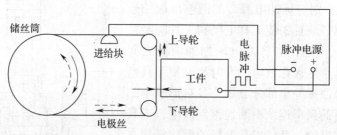

图1—34　电火花线切割加工工作原理

②电火花线切割加工工艺过程。电火花线切割加工工艺过程如图1—35所示。

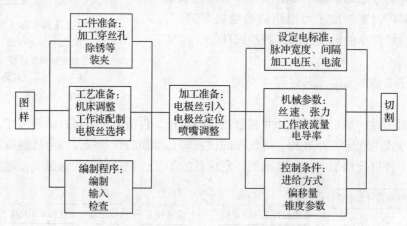

图1—35　电火花线切割加工工艺过程

③电火花线切割加工的主要工艺质量指标

a. 切割速度。切割速度不是指一般的线速度，而是指单位时间内电极丝中心线在工件上切割的面积总和，单位以 $mm^2/min$ 表示。通常高速走丝线切割速度为40～80 $mm^2/min$，它与加工电流的大小有关、为比较不同输出电流脉冲电源的切割效果，将每安培电流的切割速度称为切割效率，一般切割效率为20 $mm^2/$（$min \cdot A$）。

b. 表面粗糙度。高速走丝线切割时一般表面粗糙度为 $Ra25 \sim 5$ μm，最佳只有 $Ra1$ μm 左右。低速走丝线切割表面粗糙度一般可达 $Ra1.25$ μm，最佳可达 $Ra0.2$ μm。

c. 电极丝损耗量。对高速走丝线切割机床，用电极丝切割 10 000 $mm^2$ 面积后其直径的减小量来表示电极丝损耗量。一般每切割 10 000 $mm^2$，钼丝直径减小量应不大于 0.01 mm。

d. 加工精度。加工精度是尺寸精度、形状精度和位置精度的总称。快速走丝线切割的可控加工精度为 0.01～0.02 mm，低速走丝线切割可达 0.005～0.002 mm。这除与工艺系统的制造精度、调整质量有关外，还与数控系统的性能及编程（如插补方式）

等有关系。

④影响工艺经济性的因素与分析

a. 电极丝及其移动速度对工艺经济性的影响。高速走丝线切割广泛采用 $\phi0.06 \sim$ 0.2 mm 的钼丝，因为它耐损耗，抗拉强度高，丝质不易变脆且较少断丝。提高电极丝的张力可减轻"丝振"的影响，从而提高精度和切割速度。随着走丝速度的提高，在一定范围内，加工速度也可提高。提高走丝速度有利于电极丝把工作液带入较大厚度工件的放电间隙中，有利于电蚀物的排除和放电加工的稳定。但走丝速度过高，将加大机械振动，降低精度和切割速度，表面质量也将恶化，并易造成断丝，一般移动速度以小于 10 m/s 为宜。

b. 工件厚度对工艺经济性的影响。工件薄，工作液容易进入并充满放电间隙，对排屑有利，加工稳定性好。但工件太薄，电极丝容易产生抖动，对加工精度和表面质量不利。工件厚，工作液难以进入和充满放电间隙，加工稳定性差，但电极丝不易抖动，因此精度较高，表面粗糙度值较小。切割速度最初随厚度的增加而增大，达到某一最大值（一般为 $50 \sim 100$ mm）后开始下降，这是因为厚度过大时排屑条件变差。

c. 工件材料的不同对工艺经济性的影响。工件材料不同，其熔点、汽化点、热导率等都不一样，因而加工效果也不同。例如，加工铜、铝、淬火钢时，加工过程稳定，切割速度高；加工不锈钢、磁钢、未淬火高碳钢时，稳定性差，切割速度较低，表面质量较差；加工硬质合金时，加工过程比较稳定，切割速度较低，表面粗糙度值小。

（3）激光加工

1）激光加工原理和特点。激光是一种亮度高、方向性好的相干光。由于激光发散角小和单色性好，理论上可以聚焦到尺寸与光的波长相近的小斑点上，焦点处的功率可达 $10^7 \sim 10^{11}$ W/cm$^2$，温度可高达万摄氏度。激光加工就是利用材料在激光照射下瞬时急剧熔化和汽化，并产生强烈的冲击波，使熔化物质爆炸式地喷溅和去除来实现加工的。

激光加工的特点如下：

①功率密度高，几乎能加工所有的金属和非金属材料，包括合金钢、工程陶瓷、金刚石、复合材料等。

②加热速度快，效率高，作用时间短，热影响小，几乎不产生热变形。

③无物理接触，无工具磨损，无切削力和切削力引起的变形，故可加工薄、脆和橡胶等材料的工件。

④易于实现自动化和柔性化加工，可进行微细、精密加工。

⑤可用于切割、打孔、打标、刻制等去除材料的加工，也可用于材料表面热处理等材料改性的加工和材料焊接等。

2）激光加工分类

①激光打孔。激光打孔可以在任何材料上进行，如应用于火箭发动机和柴油机的燃料喷嘴加工、化学纤维喷丝板打孔、钟表和仪表中的宝石轴承打孔、金刚石拉丝模加工等。激光打孔适合于自动化连续打孔，如加工钟表中红宝石轴承上 $\phi0.12 \sim 1.8$ mm、深 $0.6 \sim 1.2$ mm 的小孔。激光打孔的直径可以小于 0.01 mm，深径比可达 50:1。表 1—4 所列为在 SiC 材料上激光打孔的工艺参数实例。

表1—4　　　　　　　　　　　在 SiC 材料上激光打孔的工艺参数实例

| 工件材料 | 工件厚度（mm） | 孔形 | 孔尺寸（mm） | 单个脉冲能量（J） | 脉冲频率（Hz） | 脉冲宽度（ms） | 辅助气体 | 加工时间（s） |
|---|---|---|---|---|---|---|---|---|
| SiC | 3.4 | 微小孔 | 0.25 | 8.5 | 5 | 0.63 | $N_2$ | 2.5 |
| | 6.35 | 微小孔 | 0.46 | 9.0 | 5 | 0.63 | 空气 | 6.0 |
| | 6.35 | 长方孔 | 0.48×1.65 | 9.0 | 5 | 0.63 | 空气 | 135 |
| | 2.87 | 圆孔 | 1.52 | 8.0 | 10 | 0.63 | 空气 | 39 |

影响激光打孔的主要因素如下：

a. 输出功率的照射时间。孔的尺寸随着输出的激光能量的变化而变化，能量越大，孔径越大，孔也越深。只有能量适当，才能获得好的圆度。能量提高，锥度减小，能量过大，孔呈中鼓形。

b. 焦距与发散角。发散角小的激光束在焦面上可以获得更小的光斑及更高的功率密度。焦面上的光斑直径小，所打的孔也小，而且，由于功率密度大，激光束对工件的穿透力也大，打出的孔不仅深，而且锥度小。所以，要尽可能采用短焦距物镜（20 mm 左右），以减小激光束的发射角。

c. 焦点位置。焦点位置对于孔的形状和深度都有很大影响。当焦点位置很低时，透过工件表面的光斑面积很大，不仅会产生很大的喇叭口，而且由于能量密度减小而影响加工深度，或者说增大了它的锥度。但如果焦点太高，同样会分散能量密度而无法加工下去。一般激光的实际焦点在工件的表面或略低于工件表面为宜。

d. 工件材料。由于各种材料的吸收光谱不同，经透镜聚焦到工件上的激光能量不可能全部被吸收，有相当一部分能量将被反射或透射而散失。在生产实践中，必须根据工件材料的性能（吸收光谱）选择合理的激光器。

②激光切割。激光切割的原理与激光打孔的原理基本相同，所不同的是工件与激光束要相对移动，在生产实践中，一般都是移动工件。激光切割可用于加工各种材料。切割金属材料时，大多采用 $CO_2$ 激光器。同时采用同轴吹氧工艺，可大大提高切割速度，而且表面质量也有明显改善。大功率 $CO_2$ 激光器所输出的连续激光可切割钢板、钛板、石英、陶瓷、塑料、木材、布匹、纸张等，其工艺效果都很好。表1—5 所列为 $CO_2$ 激光器对一些金属材料切割的有关数据。

表1—5　　　　　　　　　　$CO_2$ 激光器对金属材料切割的有关数据

| 材料 | 厚度（mm） | 切割速度（m/min） | 激光输出功率（W） | 喷吹气体 |
|---|---|---|---|---|
| 铝 | 12.7 | 0.5 | 600 | 空气 |
| | 13 | 2.3 | 15 000 | |
| 碳素钢 | 3 | 0.6 | 250 | $O_2$ |
| | 6.5 | 2.3 | 15 000 | 空气 |
| | 7 | 0.35 | 500 | $O_2$ |
| 淬火钢 | 25 | 1.1 | 10 000 | $N_2$ |
| | 45 | 0.4 | 10 000 | $N_2$ |

### 3. 图文雕刻

（1）雕刻加工在模具加工中的应用。雕刻加工是对零件与模具型腔表面上的图案花纹、文字和数字的加工。雕刻加工是在雕刻机上进行的。雕刻机是用于加工微小精细的文字、数字、刻度以及各种凹凸图案花纹的专用机床，也可以用于小型模具型腔的加工。

雕刻加工是铣削加工的一个分支，其切削加工原理与铣削加工相同，与传统铣削加工的主要区别是雕刻加工使用的刀具直径一般在 6.0 mm 以内，最小的刀具直径可以达到 0.05 mm，所以雕刻加工也称为小刀具铣削加工。雕刻加工强化了数控铣削加工中的小刀具加工能力，拓展了新的加工领域，是传统铣削加工的重要补充。

雕刻加工机床又称雕刻机，与其他加工设备一样，它也经历了从普通机械到数控机械的演变过程。早期雕刻机的运动完全依靠手工控制，称为普通雕刻机，一些雕刻机由于经常要借助与工件成一定比例大小的样板限定加工范围，因此又称为仿形铣床。随着数控技术经历了从手工编程到自动编程的不断成熟的过程后，数控技术也逐渐地被应用到雕刻加工系统中，从而出现了数控雕刻机。采用 CAM 软件编制加工程序、数控系统完成过程控制、机床执行雕刻任务的数控加工流程，它们构成了一套完整的数控雕刻加工系统。与普通雕刻机相比，数控雕刻机的自动化程度高，加工精度高，一致性好，很快在生产中替代了原有的普通雕刻机。不仅如此，数控雕刻机还具备主轴转速高、运动灵敏度高、响应速度快、控制精度高的特点，借此在小刀具的加工能力上有着突出的表现，并且逐渐进入模具制造、产品加工等诸多领域。如图 1—36 所示为 Carver600G 型三轴数控雕刻机。

雕刻加工在模具制造中承担的加工任务也是随着雕刻加工工艺和雕刻机的不断成熟而逐渐增加的。早期的雕刻加工主要实现模具刻字、冲头雕刻等一些加工任务，数控雕刻机也仅仅是普通雕刻机的替代品而已。进入 2005 年以后，由数控雕刻机和雕刻加工软件形成的雕刻加工系统取得了长足的发展，雕刻加工凭借其卓越的小刀具加工能力逐步进入电极加工、小型模具加工、模具拉筋、模具清根、模具分型面精修、工业模型加工、产品加工等诸多领域。目前，雕刻加工已经能独立完成电极加工和小型模具加工任务，成为这两类加工中性价比最高的加工方式。

（2）雕刻加工工艺的安排。数控雕刻加工的应用行业十分广泛，不同加工行业使用的雕刻工艺也不尽相同。与数控铣削加工相比，雕刻加工的特点十分显著，遇到的困难也与数控铣削加工有所不同。

雕刻加工过程通常被分解成粗加工、残料补加工、半精加工、精加工、清根加工五个特点不同的加工步骤，每个步骤可清除不同加工区域内部的材料，实现不同的加工目

图 1—36　Carver600G 型三轴数控雕刻机

的。下面分析雕刻加工中每个工步的工艺特点及其加工参数设置的方法。

1）粗加工策略的选择。粗加工的目的是快速去除多余的加工材料。结合雕刻加工的特点，粗加工策略的规划中重点考虑切削用量、加工余量、加工次序、下刀方式等几个方面的内容。

①切削用量的选择。粗加工策略中最关键的是切削用量的选择。切削用量的设置关键要考虑到加工材料、使用刀具和机床的性能。在加工合金钢模具时，优先选择"少吃快跑"的切削用量原则，即切深和切宽的其中一个必须是小值，每齿或每转进给量可以略大。一般情况下，当刀具的长径比大于 5 或刀具的底部直径大于 4 mm 时，可以优先使用小切深、大切宽策略；当加工平面模具或用小锥刀加工时，优先选择大吃深、小切宽策略；使用 4 mm 以上的刀具加工铸铁、铜合金、铝合金等软材料时，雕刻加工切削用量的选择与数控铣削加工基本类似。

②走刀方向的选择。雕刻加工时走刀方向优先选择顺铣走刀。由于雕刻加工设备采用的是高速电主轴，顺铣走刀可以降低切削力，提高刀具耐用度。

③加工余量的设置。设置加工余量时除了考虑加工精度外，还要重点考虑切削过程的刀具变形。雕刻粗加工的刀具直径虽然较大，但高速电主轴的轴系刚度较低，受力变形较大，造成的让刀变形量为 0.15～0.5 mm。从加工工艺的安排上，可以采用下列方法进行改善：

a. 分开设置侧壁余量和底部余量，刀具变形主要影响侧壁，而底部变形较小，例如，侧壁余量可以设置为 0.25 mm，而底部余量可以设置为 0.15 mm。对于电极加工，底部余量可以设置为 0。

b. 粗加工设置单独修边加工，控制修边的走刀速度和切削量。

④下刀方式的选择。由于高速电主轴采用的轴承可以承受的轴向力较小，错误的垂直下刀方式容易造成主轴的损坏。雕刻粗加工的刀具尺寸相对较小，刀具的下切能力较弱，垂直下刀方式或下刀角度过大时容易造成刀具崩刃现象。所以选择合适的下刀方式对雕刻粗加工十分重要。在具体设计工艺参数时应注意以下几点：

a. 优先从开阔位置下刀。在计算过程中要设置毛坯外形，加工软件将会利用毛坯模型外部开阔的特点从开阔位置寻找下刀位置，最大限度地减少在材料内部下刀。

b. 设置较小的下刀角度。对于模具钢材料的下刀角度不要超过 1.0°，而对于软材料加工不要超过 5.0°。

c. 严格设置镶片刀具的下刀盲区。镶片刀具的下刀盲区没有任何切削能力，因此下刀过程中要避让盲区位置，避免出现顶刀现象。

2）残料补加工策略的选择。认为雕刻加工的粗加工残留量小，可以直接进行半精加工的想法并不可取，在雕刻加工中残料补加工步骤同样十分关键。在规划加工工艺时，残料补加工可在粗加工和半精加工之间进行，用于清除由于刀具直径、分层深度、刀具盲区过滤等剩余的残料。残料补加工也可以安排在精加工或清根加工之前进行，以减轻在拐角位置的加工负担，降低弹刀过切现象的发生概率。

对于粗加工和半精加工之间的残料补加工，加工软件必须识别当前的残料模型，用残料模型过滤多余的加工路径。若粗加工和半精加工的刀具直径相差较大，可以安排多次残料补加工。为了保持切削量的均匀，最后一次残料补加工的刀具可以选择与半精加工的刀具相同。例如，半精加工使用球头铣刀，则残料补加工的刀具应当为球头铣刀；否则容易加重半精加工的负担，加工余量可控制为 0.15~0.25 mm。

精加工和清根加工之间的残料补加工主要用于减轻清根加工在拐角位置的加工负担，降低弹刀过切现象的发生概率；这种情况下残料补加工的刀具一般为精加工或清根加工的刀具，加工余量可控制为 0.05~0.10 mm。

在规划残料补加工步骤时，还需要注意当长径比大于 5 时，路径要选择单向走刀，尽量保持顺铣加工，否则断刀现象的发生将十分频繁。

3）半精加工策略的选择。半精加工步骤介于残料补加工和精加工之间，用于清除台阶状的残料，确保加工表面残留量基本均匀。设置加工参数时需要注意以下工艺细节：

①半精加工的走刀方式可以使用角度分区加工方式，陡峭的位置采用等高加工，而平坦的位置使用平行截线或环绕等距加工。

②若刀具的长径比大于 5，应当选择开口线单向走刀形式，保持顺铣加工，虽然加工效率有所降低，但断刀的概率大大减少。

4）精加工策略的选择。精加工是成形加工，决定了最终的加工效果。在设置加工参数时应当注意以下工艺细节：

①加工精度要设置得较小，对于细小的曲面加工，应当设置角度误差。对于镜面加工的曲面，要求控制曲面剖分的网格尺寸，以达到消除马赛克的目的。精加工的加工精度一般设置为 0.002 mm 左右，加工余量为 0。如图 1—37a 所示，加工精度设为 0.03 mm，路径出现不均匀现象，而如图 1—37b 所示的加工精度设为 0.01 mm，路径均匀。

 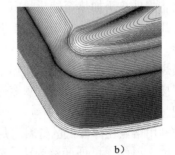

a)　　　　　　　　　　　　　　　b)

图 1—37　加工精度对路径的影响

②精加工的走刀方式对于加工的表面质量和加工效率的影响很大。对于平坦的曲面，优先选择平行截线加工；对于普通的曲面，可以选择角度分区加工；对于一些规则的零件，可以选择曲面流线或环绕等距加工。

③特别注意路径的连接形式，优先采用螺旋连刀方式；注意调整加工参数，提高曲面路径的光滑性，减少路径内部换向。

需要注意的是，当加工误差变小后，路径的计算时间可能会增长，有些加工软件的计算时间可能会超过人的忍耐极限，可以采用以下策略进行改善：

a. 采用 Intel 45 nm CPU 的计算机。这种 CPU 采用了一系列的速度优化技术，浮点数据计算速度能提高 2 ~ 3 倍，对 CAD/CAM 类的数学计算软件来说，计算加工路径的时间可以缩短到原来的 1/3 ~ 1/2。

b. 采用专业的小刀具加工软件。这类软件针对高精度路径计算采用了特殊的处理及计算方法，路径计算速度比传统的加工软件快得多。

5）清根加工策略的选择。清根加工也称为局部精加工，可以利用 CAM 软件的自动清根功能计算加工路径。自动清根的方法包括笔式清根、缝合清根、混合清根、残料区域清根等。清根加工在雕刻加工中有两种用法：一种用法是在精加工步骤之前，目的是清除拐角位置的残料，避免精加工步骤在角落位置出现弹刀过切现象；另一种用法是在精加工之后，目的是用更小的刀具清除精加工刀具在角落位置剩余的残料，以达到模具的最小圆角要求。

在设置工艺参数的过程中应当注意以下工艺细节：

①清根加工形式的选择主要看上一工步和清根刀具的差别。若清根加工的刀具与上一工步的刀具相同，一般选择笔式清根方法；当加工的材料较多时，可以在计算路径的过程中设置分层加工；若要提高边界的衔接质量可以分多笔清根。

②若上一工步的刀具比清根加工的刀具直径大，则要选择混合清根方法。混合清根会根据刀具的变化计算出有效的加工区域，然后根据加工区域的坡度断开，平坦区域采用多笔加工，而陡峭区域采用局部等高加工。对于小刀具加工来说，根据清根加工的角度选择分区加工方法十分关键，否则频繁的断刀现象可能让人痛苦不堪。

**4. 焊接工艺**

（1）焊接方法与特点。一般所说的焊接是指金属的焊接。根据金属材料在焊接过程中所处的状态，焊接方法可分为熔焊、压焊、钎焊三类。

熔焊是将焊件接头加热至熔化状态，冷凝后形成焊缝，使两块材料焊接在一起，如电弧焊、埋弧焊、气焊等，用于机械制造中所有同种金属、部分异种金属及某些非金属材料的焊接。

压焊是焊接时焊件可加热或不加热，但必须加压，使两个结合面紧密接触，从而将两个材料焊接在一起，如电阻焊、摩擦焊、冷压焊、高频焊等，主要用于汽车等薄板结构件的装配、焊接。

钎焊是利用熔点比焊件低的钎料与焊件共同加热至钎料熔化（但焊件不熔化），借助毛细现象填入焊件连接处的缝隙中，钎料冷凝后使工件焊合，如烙铁钎料、火焰钎料、电阻钎料、感应钎料等，适用于金属、非金属、异种材料之间的钎焊。

以上三类焊接方法中应用最广泛的是熔焊。

（2）焊接工艺

1）焊接接头与焊接坡口

①焊接接头的种类。焊接接头常见的有对接接头、T 形接头、搭接接头、十字接头、角接接头、端接接头、套管接头、斜对接接头、卷边接头和锁底接头。

②焊接坡口的作用。焊接坡口是指焊前将焊件的接头部位加工成一定的几何形状或沟槽，这样可保证焊件在全部厚度上完全焊透。坡口的形状有 I 形坡口、Y 形坡口、有

钝边 U 形坡口、双 Y 形坡口和带钝边单边 V 形坡口。不同厚度的钢板对接（特别对重要的焊接结构）时，如果厚板厚度大于薄板厚度 30% 或超过 5 mm，厚板应削薄。当直形焊口与曲线焊口对接时，应保证曲线焊口能有一段直的部分相接。

2）焊缝与焊缝成形系数。焊缝的结合形式有对接焊缝、角焊缝、塞焊缝和端焊缝。焊道横截面上焊缝宽度 $c$ 与焊缝计算厚度 $s$ 的比值是焊缝的成形系数。比值小将形成窄而深的焊缝，比值大会使焊缝宽而浅，都对质量不利。焊接方法和焊缝在工程图样上的表示方法应参阅国家标准《焊接及相关工艺方法代号》（GB/T 5185—2005）和《焊缝符号表示法》（GB/T 324—2008）。

焊接时母材金属熔入焊道金属所占的比例称为焊缝的熔合比。它是用焊道金属中熔合的母材截面积（$S_B$）与焊缝总截面积（焊道金属中焊材熔合的截面积 $S_A + S_B$）的比值来计算的。熔合比的大小将影响焊缝的化学成分和力学能力。

3）金属材料的焊接

①金属材料的焊接性受材料、焊接方法、构件种类和使用要求等因素的影响。碳钢的焊接性随含碳量的增加而降低。可采用国际焊接学会（IIW）推荐的碳当量（CE）法判断各钢种的焊接性。利用碳当量（质量分数）判断钢材的焊接性有一定的局限性，所以，它只能相对判断钢材的焊接性，不能作为准确的依据。

②低碳钢有良好的焊接性，焊接过程中一般不采取特殊的工艺措施。中碳钢中的含碳量为 0.25% ~ 0.6%，当其处于 0.25% 时，如含锰量低，其焊接性能良好。随着含碳量的增加，焊接性变差。在采用焊条电弧焊时，可采取焊前预热或减小熔合比等措施予以改善。编制中碳钢焊接工艺应注意以下几个方面：

a. 为防止裂纹和改善韧性，可对焊接接头进行预热。焊接接头附近至少要有 100 ~ 200 mm 范围的预热区，预热温度一般在 150 ~ 250℃ 范围。

b. 应使用碱性焊条，采用 U 形坡口，选用小电流并降低焊接速度。

c. 对大件、厚件、高刚度件、承受动载荷或冲击载荷的工件，一般选用 600 ~ 650℃ 回火。

d. 含碳量大于 0.6% 的高碳钢的焊接性极差，很少用于焊接结构，多数用于焊补修复。

4）焊接变形及其防止。焊接的特点是热源集中，局部加热，使焊件处在不均匀的温度场内，所产生的热应力造成焊接变形，焊件冷却后出现的残留变形有纵向和横向收缩变形、弯曲和扭曲变形、角变形和波浪变形。纵向收缩变形随焊缝长度和熔敷面积的增大而加大，横向变形随焊件板厚的增加而加大，因此，对于不同的焊接构件，合理选择焊接接头，合理布置焊缝，减小焊缝尺寸，正确选择坡口形式，进行预热和热处理等，都是消除收缩变形的好方法。焊缝位置与焊件焊接位置的中性轴不对称是产生弯曲变形的主要原因，如焊缝多集中在中性轴上方，焊件将出现下凹弯曲变形；反之，则出现上凸弯曲变形。当焊接平板为拼焊构件时，其角焊缝多，相对距离又近，平板就会产生波浪式变形。当焊件长度长时，角焊缝长度大或不对称或分布不均匀都是造成扭曲变形的原因。控制这些变形可采用的方法有合理安排装配和焊接次序、利用反变形法控制残余变形、利用刚性固定法控制残余变形等。

## 二、模具装配工艺编制知识

模具装配是模具制造的最后环节，属单件、小批量生产类型，具有工艺灵活、工序集中、以手工操作为主、对操作工人要求有一定的技术水平和经验的特点，主要的工作内容有选择装配基准、组件装配、调试、修配、总装、研磨及抛光、检验、试模等环节，其装配过程称为模具装配工艺过程。装配质量的好坏直接影响到制件质量、模具的使用和维修、模具的使用寿命。

根据模具装配图样和技术要求，按照模具装配工艺规程，将符合图样技术条件的模具零部件按照一定工艺顺序进行配合、定位、连接与紧固，使其组装成符合要求的模具，称为模具装配。也就是说构成模具的所有零件，包括标准件、通用件、成形零件等符合技术要求是模具装配的基础。但是，并不是有了合格的零件就一定能装配出符合设计要求的模具，合理的装配工艺及装配经验也很重要。

模具装配工艺规程是指导模具装配的技术文件，也是制订模具生产计划和进行生产技术准备的依据。模具装配工艺规程应根据模具种类和复杂程度、各单位的生产组织形式和习惯做法等具体情况制定。模具装配工艺规程应包括模具零件和组件的装配顺序、装配基准的确定、装配工艺方法和技术要求、装配工序的划分及关键工序的详细说明、必备的工具和设备、检验方法和验收条件等内容。

模具装配的重要问题就是如何根据装配精度要求来确定零件的制造公差，通过装配尺寸链的建立与分析，确定经济、合理的装配工艺方法和零件的制造公差，从而达到装配精度要求。

### 1. 模具的装配精度

模具的装配精度一般由设计人员根据产品零件的技术要求、生产批量等因素确定。在装配时，零件或相邻装配单位的配合与连接均须按装配工艺确定的装配基准进行定位与固定，以保证它们之间的配合精度和位置精度，从而保证模具零件间的精密、均匀配合，模具开合运动及其他辅助机构（如卸料、抽芯、送料等）运动的精确性，进而保证制件的精度和质量，保证模具的使用性能和使用寿命。

模具的装配精度可以概括为模架的装配精度、主要工作零件以及其他零件的装配精度。

依据机械行业标准《冲模模架精度检查》（JB/T 8071—2008）对冲模模架的精度进行检查和验收。

塑料注射模模架及零件的精度应按《塑料注射模模架技术条件》（GB/T 12556—2006）进行检查和验收。

（1）模具装配精度的种类

1）相关零件的位置精度。例如，动模、定模之间及上模、下模之间的位置精度；型腔、型孔与型芯之间的位置精度；定位销钉与孔的位置精度；定位和挡料装置的相对位置精度；卸料和顶料装置的相对位置精度等。

2）相关零件的运动精度。包括直线运动精度、圆周运动精度及传动精度。例如，导柱和导套之间的配合精度；进料装置的送料精度；顶块和卸料装置的运动是否灵活、可靠等。

3）相关零件的配合精度。包括相互配合零件之间的间隙和过盈程度是否符合技术要求。

4）相关零件的接触精度。例如，模具分型面的接触状态是否符合技术要求；弯曲模上、下成形表面的吻合是否一致等。

合理的设计、合格的模具零部件、正确的装配工艺方法、有效的检测手段是保证模具装配精度的关键因素。模具的装配精度要求可以根据各种标准或有关资料予以确定。当缺乏成熟资料时，常采用类比法并结合生产经验而定。

（2）塑料注塑模装配精度的要求

对于塑料注塑模而言，主要有型腔、型芯之间的间隙，动模、定模座底面的平行度，导柱、导套与其固定板的垂直度，导柱与导套、顶杆与顶杆孔、卸料板与凸模的配合精度等。主要体现在以下两个方面：

1）塑件精度与质量。塑件的精度和质量是进行塑料注塑模设计，确定及控制模具设计、零件制造和模具装配精度与质量的主要依据。影响塑件尺寸精度与质量的主要因素是塑件收缩率、模具型腔的设计精度和模具结构的合理性。因此，模具型腔和型芯的设计与制造公差一般为塑件尺寸公差的 $1/5 \sim 1/3$，即 $\Delta' = \Delta/5 \sim \Delta/3$。

2）制件产量。制件产量决定了模具结构形式和精度等级，也决定了标准模架的选择方法。依据 GB/T 12556—2006，组合后的模架在水平自重条件下，其分型面的贴合间隙如下：模板长在 400 mm 以下时，贴合间隙 ≤0.03 mm；模板长为 400 ~ 630 mm 时，贴合间隙 ≤0.04 mm；模板长为 630 ~ 1 000 mm 时，贴合间隙 ≤0.06 mm；模板长为 1 000 ~ 2 000 mm 时，贴合间隙 ≤0.08 mm。

**2. 装配尺寸链**

（1）基本概念和组成。由于模具是由若干个零件、部件经装配而成的，而零件在制造过程中是有精度要求的，装配后会出现误差累积问题，影响和决定了模具的某项装配精度，直接影响整个模具的装配精度，影响制品的精度。为了保证模具和制品质量，在保证各个零部件单个质量的同时，还要保证这些零部件之间的尺寸精度、位置精度及装配技术要求。要分析组成模具的相关零件的精度对装配精度的影响，无论是产品设计，还是装配工艺的制定以及解决装配质量问题等，都要应用装配尺寸链的原理。

在产品的装配关系中，由相关零件的尺寸（表面或轴线间的距离）或相互位置关系（同轴度、平行度、垂直度等）所组成的尺寸链称为装配尺寸链。装配尺寸链的基本定义、所用基本公式、计算方法均与零件工艺尺寸链类似。

装配尺寸链的特征是封闭性，即组成尺寸链的有关尺寸按一定顺序首尾相接构成封闭图形，没有开口，如图1—38b所示。组成装配尺寸链的每一个尺寸称为装配尺寸链环，如图1—38a所示，共有5个尺寸链环（$A_0$、$A_1$、$A_2$、$A_3$、$A_4$）。尺寸链环可分为封闭环和组成环两大类。封闭环是装配后自然得到的，它就是装配后的精度和技术要求，是通过将零件、部件等装配好以后才最后形成和保证的，是一个结果尺寸或位置关系。如图1—38所示，$A_0$是装配后形成的，它就是技术条件规定的尺寸，因此，它是封闭环。组成环是构成封闭环的各个零件的相关尺寸，在装配关系中，与装配精度要求发生直接影响的那些零件、部件的尺寸和位置关系，如图1—38所示的$A_1$、$A_2$、$A_3$、$A_4$是组成环。组成环又分为增环和减环。在其他组成环尺寸不变的情况下，当某组成环尺寸增大，封闭环尺寸也随之增大时，则该组成环为增环；反之，当某组成环尺寸增大，封闭环尺寸随之减小时，则该组成环为减环。由于各个组成环都有制造公差，因此封闭环的公差就是各个组成环的累积公差。所以，确定装配方法后，把装配精度要求作为装配尺寸链的封闭环，通过装配尺寸链的分析及计算，就可以在设计阶段合理地确定各组成零件的尺寸公差和技术条件。只有零件按规定的公差加工，装配按预定的方法进行，才能有效而又经济地达到规定的装配精度要求。

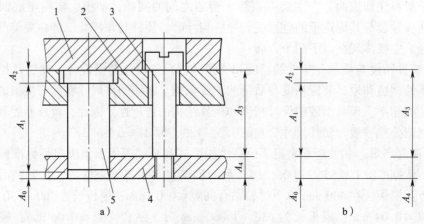

图1—38 装配简图及装配尺寸链图

a）装配简图 b）装配尺寸链图

1—垫板 2—固定板 3—退料螺钉 4—弹压卸料板 5—凸模

应用装配尺寸链计算装配精度的步骤：首先，正确无误地建立装配尺寸链；其次，做必要的分析及计算，并确定装配方法；最后，确定经济而可行的零件制造公差。

（2）尺寸链的建立。建立及解算装配尺寸链时应注意以下几点：

1）当某组成环属于标准件（如销钉等）时，其尺寸公差大小和分布位置在相应的标准中已有规定，属已知值。

2）当某组成环为公共环时，其公差大小及公差带位置应根据精度要求最高的装配尺寸链来决定。

3）其他组成环的公差大小与分布应视各环加工的难易程度予以确定：对于尺寸相近、加工方法相同的组成环，可按等精度（公差等级相同）分配；加工精度不易保证时可取较大的公差值等。

4）一般公差带的分布可按入体原则确定，并应使组成环的尺寸公差符合国家标准中公差与配合的规定。

5）对于孔心距尺寸或某些长度尺寸，可按对称偏差予以确定。

6）在产品结构既定的条件下建立装配尺寸链时，应遵循装配尺寸链组成的最短路线原则（即环数最少），即应使每一个有关零件（或组件）仅以一个组成环来参与到装配尺寸链中，因而组成环的数目应等于有关零部件的数目。

**3. 模具装配的工艺过程及方法**

（1）模具装配的工艺过程。模具的装配工艺过程如图1—39所示。其主要的工作步骤与内容如下：

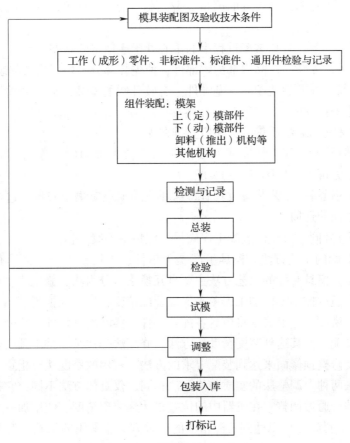

图1—39　模具的装配工艺过程

1）审查图样的完整性和正确性，分析产品的生产纲领、结构工艺性能等，明确各零部件间的装配关系。

2）审查装配技术要求与检查、验收的方法，掌握装配技术的关键问题，制定相应的技术措施。

3）结合具体的生产条件，确定保证模具装配精度的方法和组织形式。

4）划分装配单元和装配工序，合理安排装配顺序，制定工序的操作规范。

5）选择装配基准，基准件的选择应有利于装配过程的检测、工序间的传递运输等作业。装配基准件应是产品的基体或主干零部件，应有较大的体积和足够的支承面，以满足陆续装入零部件时的稳定性要求。

6）按顺序进行装配。

7）模具装配完毕，应按相关的验收技术条件进行试模、调整、检测，包括检测和试验的项目、方法、条件、所需的工艺装备以及对质量问题的分析和处理，直至交付合格模具。

8）包装入库，打标记。

（2）确定装配顺序的原则

1）预处理工序在前。如零件的倒角、去毛刺、清洗、防锈、防腐处理等应安排在装配前。

2）先下后上。使模具在装配过程中的重心处于最稳定的状态。

3）先内后外。先装配产品内部的零部件，使先装部分不妨碍后续的装配工作。

4）先难后易。在开始装配时，基准件上有较开阔的安装、调整和检测空间，较难装配的零部件应安排在先。

5）可能损坏前面装配质量的工序应安排在先。

6）及时安排检测工序。在完成对装配质量有较大影响的工序后，应及时进行检测，检测合格后方可进行后续工序的装配。

7）使用相同设备、工艺装备及具有特殊环境的工序应集中安排，这样可减少模具在不同装配地之间的迂回。

8）处于基准件同一方位的装配工序应尽可能集中连续安排。

（3）模具装配的工艺方法。模具生产属于单件、小批量生产，又具有成套性和装配精度高的特点。模具装配的工艺方法主要有互换法、分组法、修配法、调整法等。互换法的实质就是通过控制零件加工误差来保证装配精度，按可互换程度不同又分为完全互换法和部分互换法。分组法是将模具各配合零件按实际测量尺寸进行分组，在装配时按组进行互换装配，使其达到装配精度的方法。修配法是在某零件上预留修配量，装配时根据实际需要修整预修面来达到装配要求的方法。常用的修配法有指定零件修配法和合并加工修配法两种。调整法的实质与修配法相同，仅具体方法不同，它是选取一个可调整位置的零件，通过调整它在机器中的位置以达到装配精度，或增加一个定尺寸零件（如垫片、垫圈、套筒等）以达到装配精度的一种方法。常用的调整法有可动调整法和固定调整法两种。

不同的装配方法对零件的加工精度、装配的技术水平要求不同，生产效率也不相同，因此，在选择装配方法时，应从产品装配的技术要求出发，根据生产类型和实际生产条件合理进行选择。

1）互换法

①完全互换法。完全互换法是指装配时各配合零件不经修理和调整即可达到装配精度的要求。

要使装配零件达到完全互换，其装配精度要求和被装配零件的制造公差之间应满足以下条件，即

$$\delta_\Delta = \delta_1 + \delta_2 + \cdots + \delta_n$$

式中　$\delta_\Delta$——装配允许的公差；

　　　$\delta_1$、$\delta_2$、…、$\delta_n$——各有关零件的制造公差。

该方法具有装配工作简单、质量稳定、易于流水作业、效率高、对装配工人技术要

求低、模具维修方便等优点。但采用完全互换法进行装配时，如果装配的精度要求高，装配尺寸链的组成环较多，则易造成各组成环的公差很小，零件加工困难，同时对管理水平要求较高。因此，该方法被广泛应用于大批量、尺寸组成环较少的模具零件的装配工作中。

②部分互换法。部分互换法也称为概率法，是指装配时各配合零件的制造公差将有部分不能达到完全互换装配的要求。这种方法的条件是各有关零件公差值平方之和的平方根小于或等于允许的装配误差，即 $\delta_\Delta \geqslant \sqrt{\delta_1^2 + \delta_2^2 + \cdots + \delta_n^2}$。

与完全互换法相比，零件的公差可以放宽些，克服了采用完全互换法计算出来的零件尺寸精度偏高、制造困难等缺点，使加工容易而经济，同时仍能保证装配精度。采用这种方法存在着超差的可能，但超差的概率很小，合格率为 99.73%，只有少数零件不能互换。

2）分组法。在成批大量的模具生产中，当装配精度要求很高时，装配尺寸链中各组成环的公差很小，会使零件的加工非常困难，有的可能使零件的加工精度难以达到要求。在这种情况下，可先将零件的制造公差扩大数倍以经济精度进行加工，使零件的加工容易。然后将加工出来的零件按扩大前的公差大小和扩大倍数进行分组，并以不同的颜色相区别，以便按组进行装配。在同一个装配组内，既能完成互换装配又能达到高的装配精度，适用于要求装配精度高的成批大量模具的装配。

3）修配法

①指定零件修配法。指定零件修配法是在装配尺寸链的组成环中，预先指定一个零件作为修配件，并预留一定的加工余量，装配时再对该零件进行切削加工，达到装配精度要求的加工方法。指定的零件应易于加工，而且在装配时它的尺寸变化不会影响尺寸链的其他环。

②合并加工修配法。合并加工修配法是将两个或两个以上的配合零件装配后，再进行机械加工，以达到装配精度要求的方法。将零件组合后所得到的尺寸作为装配尺寸链中的一个组成环对待，从而使尺寸链的组成环数减少，公差扩大，更容易保证装配精度的要求。

修配装配法能够获得很高的装配精度，而零件的制造精度可以放宽。但在装配中增加了修配工作量，工作多且装配质量依赖于工人技术水平，生产效率低。

修配法广泛应用于单位、小批量生产的模具装配工作。

4）调整法

①可动调整法。可动调整法是在装配时，用改变调整件的位置来达到装配要求的方法。

②固定调整法。固定调整法是在装配过程中选用合适的形状、尺寸调整件，达到装配要求的方法。

调整装配法可以放宽零件的制造公差，但装配时与修配法一样费工费时，并要求工人有较高的技术水平。

## 三、装配工艺装备设计知识

### 1. 模具制造工艺装备的种类及用途

在模具的制造中，对模具零件进行加工所必须用到的装置都属于制造模具的工艺装备。从用途来看可分为夹具、工具、机床设备及机床附件、测量工具、刀具等。

（1）夹具。夹具主要是指对模具零件进行各种加工时，对零件或工具进行装夹所使用的装置。如在车削、铣削、刨削、镗削、钻削等加工中装夹工件的夹具，在磨床上装夹工件的夹具，装夹修整成形砂轮用的金刚石笔的夹具，在电加工机床上装夹工件的夹具，以及在电火花加工中装夹工具电极的夹具等。以上夹具中，有些可制成通用的或可调的，有些只能是专用的，并且其中的某些夹具可以是用标准元件组装而成的组合夹具。

夹具的作用就是在加工前对工件或工具进行定位和夹紧，使工件（或工具）相对于机床和刀具（或工件）处在一个正确的位置上，并始终保持在这个正确的加工位置上，以保证其被加工表面达到工序所规定的各项技术要求。

对于某些工件的加工，需要在加工过程中变换其角度和位置，通过对相应夹具的操作和调整，即可满足工件的变位要求，并且在工件的加工过程中，保持工件各表面加工的连续性和一致性，如使用万能夹具、分度夹具、可调夹具等。夹具的使用在模具制造中起着相当重要的作用。

（2）工具。工具的形式和种类是多种多样的，在模具制造过程中所有对加工起必要作用或辅助作用的用具都属于工具的范围。例如，仿形加工中的靠模样板，车削加工中车形面、螺纹等所用的工具及对刀装置，电加工中的工具电极和电极丝及其校正工具，工件的定位装置和找正装置，孔加工中的各种辅助工具及加工装置等。在模具制造中，根据加工的形式、加工对象和特点而使用相应的工具，是保证加工精度和加工的顺利进行所必不可少的。

（3）机床设备。模具制造中常用的机床除各种车床、镗床、铣床、磨床、钻床等通用机床外，数控（NC）铣床、加工中心、电火花成形机床、电火花线切割机床和成形磨床以及研配机等机床与设备也是现代模具制造中必备的装备。

模具中大部分零件的加工是在机床上进行的。电火花成形加工机床主要用于冲裁模、复合模、连续模等各种冲模的凹模、凸凹模、固定板、卸料板等零件的型孔及拉丝模、拉深模等具有复杂型孔零件的穿孔加工，以及对锻模、塑料模、压铸模、挤压模等各种模具型腔的加工，还可用于电火花刻文字、刻花纹等。

电火花线切割机床的主要加工对象是冲模的凹模、固定板、卸料板、顶板及导向板等各种内外成形零件，以及各种复杂零件的窄槽和小孔等。

成形磨床在模具制造中最主要的用途是对凸模、凹模拼块及凸凹模的加工。

（4）机床附件。为了使机床正常发挥各种功能，扩大机床的用途，需要在机床设备的基础上使用相应的机床附件，如坐标镗床的万能转台、镗排，铣床上的立铣头、分度头，电火花成形机床的主轴头、平动头，以及随机床设备配套使用的各种附件等。

在熟悉机床设备性能的同时，也要对机床附件有详细的了解，以便能正常使用机床及附件，充分发挥其应有的效能，使加工顺利进行。

（5）测量工具。模具的制造特点有三个：一是模具零件的形状各异，制造工艺较复杂；二是有些零件，如型腔、型面等有较高的精度要求；三是模具的制造方式多为单件、小批量生产。因此，加工时如何正确地选择测量工具和检验方法，将关系到模具的制造质量、使用寿命和成本的高低。

模具制造中大量使用通用测量器具，以适应模具单件、小批量生产的特点，常用游标量具、测微螺旋副量具及平台检测技术用工具、量具。这类量具结构简单，仪器投资少，成本低，能解决一般及中等精度、多种模具零件的检测任务。

在模具零件中，有不少精度要求较高的零件，如模架中的导柱、导套，大型或精密模具的型腔尺寸、孔距尺寸等。在检查、验收这类零件时，需要高精度的量仪，如比较仪、投影仪、刀具显微镜、三坐标测量机等。

与其他机械制造相比，模具制造中的许多零件工艺独特，用常规测量器具难以检测。例如，汽车覆盖件冷冲模具的制造和检测，高精度复杂形状的模具型腔等，需要用更高层的制造工艺知识和检测方法，因此形成了模具专业的检测技术，如模型、样架、样板等专用检测工具的使用。

由此可见，模具制造中的检测技术广泛涉及几何量测量技术。随着工业的发展，对模具的制造要求越来越高，高精度的模具靠精密的、先进的计量技术来保证，模具制造中的检测技术和检测工具也必将得到迅速发展。

（6）刀具。在模具零件的加工中所使用的大部分刀具还是采用切削加工的常用刀具，如车刀、铣刀、镗刀、钻头、铰刀等。但针对某些模具零件的加工特点，还需制造一些专门的刀具。例如，有的模具零件为消除热处理后的变形，需要对淬硬后的零件进行车削、镗削、铰孔等切削加工（无法磨削的），这就要求刀具采用硬质合金材料，并且刀具的角度必须根据加工性质、工件材料、硬度及切削条件等来正确设计或选择。此外，由于模具制造中常有型腔和型面零件的加工，因此，就要根据加工特点专门设计某些型腔加工用的立铣刀、仿形铣刀等。当型腔或型面零件是不适合磨削的材料时，则需要精铣进行加工。

**2. 夹具原理及夹具简介**

（1）定位原理和定位结构

1）六点定位原理。一个刚性物体，在空间是一个自由体，如图1—40所示为刚体在空间的六个自由度，即沿三个坐标轴 $ox$、$oy$、$oz$ 方向的移动和绕这三个轴的转动。要使物体在空间既不移动又不转动，就必须消除这六个自由度。

在三个相互垂直的坐标平面内，通常用六个支承点来控制工件的六个自由度。如图1—41所示为工件的六点定位，在 $xoy$ 平面上，被三个支承点限制了三个自由度，即沿 $oz$ 轴移动和绕 $ox$、$oy$ 轴的转动，这个面称为主基准面；工件在 $yoz$ 平面上被两个支承点限制了两个自由度，即沿 $ox$ 轴的移动和绕 $oz$ 轴的转动，这个面称为导向基准面；工件在 $xoz$ 平面上被一个支承点限制了一个自由度，即沿 $oy$ 轴的移动，这个面称为止动基准面。这样分布的六个支承点限制了工件的六个自由度，工件在空间的位置就确定了。

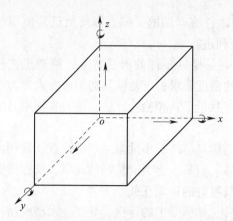

图 1—40 刚体在空间的六个自由度

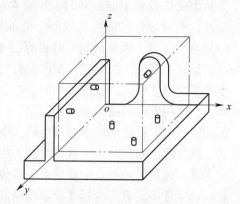

图 1—41 工件的六点定位

综上所述，若要使工件在夹具中获得唯一确定的位置，就需要在夹具上合理设置相当于定位元件的六个支承点，使工件的定位基准与定位元件紧贴接触，即可消除工件的所有六个自由度。这就是常说的"六点定位原理"。

2）六点定位原理的运用。六点定位原理对于任何形状的工件的定位都是适用的，如果违背了这个原理，工件在夹具中的位置就不能完全确定。然而，工件用六点定位原理进行定位时，必须根据具体加工要求灵活运用，以便用最简单的定位方法，使工件在夹具中迅速获得正确的位置。

①完全定位。工件的六个自由度全部被夹具中的定位元件所限制，而在夹具中占有完全确定的唯一位置，称为完全定位。

②不完全定位。有一些工件，根据具体加工要求，定位支承点的数目可以少于六个，工件定位时在某些方向的移动或转动不影响加工精度，只需要分布与加工要求有关的支承点，用较少的定位元件就可以达到定位要求。不完全定位是允许的。

③欠定位。工件实际定位所限制的自由度数目少于按其加工要求所必须限制的自由度数目，称为欠定位。欠定位的结果将产生应予限制的自由度而未予限制的不合理现象。按欠定位方式进行加工，必然无法保证工序所规定的加工要求。因此，欠定位是不允许的。

④过定位。几个定位支承点重复限制同一个自由度或几个自由度，这种重复限制工作自由度的现象称为过定位。过定位现象是否允许应做具体分析。

⑤定位与夹紧的关系。定位与夹紧的任务是不同的，两者不能相互取代。认为工件被夹紧后其位置不能动了，所以自由度都已限制了，这种理解是错误的。如图 1—42 所示为定位与夹紧关系图，工件在平面支承 1 和两个圆柱挡销 2 上定位，工件放在实线位置和虚线位置都可以夹紧，但工件在 $x$ 轴方向上的位置不确定，钻出的孔的位置也不确定（出现尺寸 $A_1$ 和 $A_2$）。只有在 $x$ 方向上设置一个挡销时，在 $x$ 方向才获得确定的位置。另一方面，认为工件在挡销的反方向仍有移动的可能性，因此位置不定，这种理解也是错误的。定位时，必须使工件的定位基准紧贴在夹具的定位元件上，否则不成为其定位，而夹紧则使工件不离开定位元件。

（2）工件的夹紧。在工件的加工中，工件的定位和夹紧是相互联系非常密切的两个工作过程。工件定位以后，必须采用一定的方法把工件压紧夹牢在定位元件上，使工件在加工过程中，不会由于切削力、工件重力、离心力或惯性力等的作用而发生位置变化或振动，以保证加工精度和操作安全。确定夹紧力就是确定夹紧力的方向、作用点和大小三个因素。

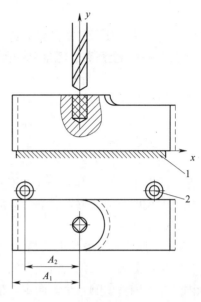

图1—42　定位与夹紧关系图
1—平面支承　2—圆柱挡销

1）夹紧力方向和作用点的选择。施加于工件上的夹紧力，其方向和作用点必须不破坏工件在定位时所处的位置，并在整个加工过程中保证工件的位置稳定不变，不产生振动、变形和表面损伤。另外，应以较小的作用力获得需要的夹紧效果。由以上基本要求出发，在选择夹紧力的方向和作用点时应做以下几个方面的考虑：

①主要夹紧力应朝向主要定位基准或双导向基准，作用点应靠近支承面的几何中心。

②夹紧力的方向应有利于减小夹紧力。当夹紧力和切削力、工件自身重力的方向均相同时，加工过程中所需要的夹紧力可达到最小。

③夹紧力的方向和作用点应施于工件刚度较高的方向和部位。这一原则对刚度较低的工件特别重要。工件在不同方向或不同部位的刚度是不同的，应在刚度最高的方向和部位施加夹紧力，并应使夹紧力分布均匀，以减少工件的变形。

④夹紧力的作用点应适当靠近加工面。夹紧力靠近加工面可提高加工部位的夹紧刚度，防止或减少工件产生振动。

2）夹紧力大小的估算。夹紧力的大小与工件安装的可靠性、工件和夹具的变形、夹紧机构的复杂程度等都有很大关系。因此，在夹紧力的方向、作用点确定后，还须确定恰当的夹紧力大小。

在加工过程中，工件受到切削力、离心力、惯性力、工件自身重力等的作用。理论上夹紧力的作用效果必须与上述作用力（矩）相平衡，但在不同条件下，这些作用力在平衡力系中对工件起的作用并不相同。如采用一般切削规范加工中、小型工件时，起决定性作用的因素是切削力（矩）；加工笨重、大型工件时，还需考虑工件重力的作用；工件在高速运动条件下加工时，则不能忽视离心力或惯性力对夹紧的影响。此外，切削力本身在加工过程中也是变化的，夹紧力的大小还与工艺系统刚度、夹紧机构的传动效率等有关。因此，夹紧力大小的计算是一个很复杂的问题，一般只能粗略估算。为了简化计算起见，在确定夹紧力的大小时可只考虑切削力（矩）对夹紧的影响，并假设工艺系统是刚性的，切削过程是稳定不变的，然后找出在加工过程中对夹紧最不利的瞬时状态，按静力平衡原理求出夹紧力的大小。最后为保证夹紧可靠，可乘以安全系数作为实际所需要的夹紧力数值，即：

$$F_k = KF$$

式中　$F_k$——实际所需的夹紧力；

　　　$K$——安全系数，考虑到切削力的变化和工艺系统变形等因素，一般 $K = 1.5 \sim 3$；

　　　$F$——在一定条件下，由静力平衡计算出的夹紧力。

这种估算夹紧力的方法，对工件的夹紧来说，其可靠程度是能够满足要求的。

（3）夹具简介

1）通用夹具。通用夹具是指已经标准化的，在一定范围内可用于加工不同工件的夹具。如三爪自定心或四爪单动卡盘、各种顶尖、拨盘和鸡心夹头、花盘、机床用平口虎钳、回转工作台、万能分度头等。这些夹具在装夹工件时大多采用找正的定位方法，应用范围较广泛，能够较好地适应加工工序和加工对象的变换，因此在模具零件的加工中得到广泛使用。

2）专用夹具。专用夹具是指为某一工件的某道工序的加工而专门设计及制造的夹具。专用夹具装夹工件迅速、方便，不需划线找正，可以减轻劳动强度和缩短工时，并且因受人工因素影响较小，而定位精度较高，加工质量稳定。但专用夹具设计及制造周期长，成本高。专用夹具主要适用于有一定数量工件的加工和有特殊形式及要求的模具零件生产。

3）万能可调夹具。万能可调夹具是通过调整或更换个别定位元件或夹紧元件，便可以加工相似形状的一组零件或加工某一零件的一道工序，从而变成加工该组零件和某一零件工序用的专用夹具。

万能可调夹具由两部分组成，一部分是夹具体、夹紧用的动力传动装置和操纵机构等，将它们做成万能的部件，对所有加工对象都是不变的；另一部分是夹具的可调部分，当加工不同零件时，其定位元件和某些夹紧元件则需要调整及更换，使这些定位元件或夹紧元件与零件的外形相适应。

万能可调夹具有卡盘、花盘、台虎钳、钻模等结构形式。此类夹具中的可调件适用的零件或者工序越多，即重复利用的机会越多，该夹具就越经济。

4）成组夹具。成组夹具的结构特点和用途与万能可调夹具类似，都可用作零件的成组加工。所不同的是，成组夹具的设计有一定的针对性，它是为加工某一组几何形状、工艺过程、定位及夹紧相似的零件而设计的，因此与专用夹具很接近。

5）拼拆式夹具。拼拆式夹具是将标准化的、可互换的零部件装在基础件上或直接装在机床工作台上，并利用调整件装配而成。调整件有标准的或专用的，它是根据被加工零件的结构设计的。当某种零件加工完毕，即把夹具拆开，将这些标准零部件放入仓库中，以便重复用于装配成加工另一零件的夹具。这种夹具是通过调整其活动部分和更换定位元件的方式重新调整的。

拼拆式夹具零部件的结构特点是能多次使用，零部件有很高的通用性，当需要重新装配加工某种零件时，调整工作简单。

6）组合夹具。组合夹具是由一套预先制造好的各种不同形状、不同规格、不同尺寸、具有完全互换性和高耐磨性、高精度的标准元件及合件，按照不同工艺要求，组装成加工所需的夹具。使用完毕，可方便地拆散、洗净后将其存放，并分类保管，以便下次组装成另一形式的夹具。如此周而复始地循环下去，直至组合夹具元件用到磨损极限而报废为止。在正常情况下，组合夹具元件能使用 15 年左右。

组合夹具把专用夹具从设计→制造→使用→报废的单向过程，改变为组装→使用→拆卸→再组装→再拆卸的循环过程。生产实践证明，组合夹具具有以下特点：

①灵活多变，为零件的加工迅速提供夹具，使生产准备周期大为缩短。通常一套中等复杂程度的专用夹具从设计到制造约需几个月，而组装一套同等复杂程度的组合夹具只需几个小时。

②节约大量设计、制造工时及金属材料消耗。这是由于组合夹具把专用夹具从单项过程改变为循环过程。

③减少夹具库存面积，改善管理工作。

组合夹具的不足之处：与专用夹具相比，一般体积和质量较大，刚度也稍差些。此外，为了适应组装各种不同性质和结构类型的夹具，须有大量元件的储备。

由以上特点可知，组合夹具适合于模具零件的品种多、数量少、加工对象经常变换的特点，因此在模具制造中得到广泛应用，能为车削、铣削、刨削、磨削、钻削、镗削、插削、电火花、装配、检验等工序提供各种类型的夹具。

从加工精度来看，组合夹具一般能稳定在 IT9 ~ IT8 级精度，经过精确调整可达 IT7 级精度。

# 四、超声波、化学及电化学技术相关知识

### 1. 超声波加工

超声波加工是指利用工具端面做超声频振动，通过磨料悬浮液加工脆硬材料的一种成形方法。超声波加工不仅能加工硬质合金、淬火钢等脆硬金属材料，而且更适合加工玻璃、陶瓷、半导体锗片和硅片等不导电的非金属脆硬材料，同时还可以用于清洗、焊接和探伤等。

超声波加工的基本原理如图 1—43 所示。加工时，在工具 1 和工件 2 之间加入液体（水或煤油等）和磨料混合的悬浮液 3，并使工具以很小的力 $F$ 轻轻压在工件上。超声换能器 6 产生 16 000 Hz 以上的超声频纵向振动，并借助于变幅杆把振幅放大到 0.05 ~ 0.1 mm，驱动工具端面做超声振动，迫使工作液中悬浮的磨粒以很大的速度和加速度不断撞击、抛磨被加工表面，把被加工表面的材料粉碎成很细的微粒，并将其从工件上打击下来。虽然每次打击下来的材料很少，但由于每秒打击的次数多达 16 000 以上，因此仍有一定的加工速度。

（1）超声波加工的特点

1）适合于加工各种硬脆材料，特别是不导电的非金属材料，如玻璃、陶瓷、石英、锗、硅、宝石、金刚石等。对于导电的硬质金属材料，如淬火钢、硬质合金等，也能进行加工，但生产效率较低。

2）由于工具可采用较软的材料，如 45 钢等，可做成较复杂的形状，不需要工具、工件做比较复杂的相对运动，因此超声波加工机床的结构比较简单。

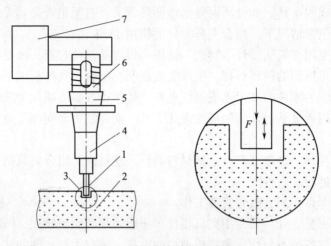

图1—43 超声波加工原理

1—工具 2—工件 3—磨料悬浮液 4、5—变幅杆 6—超声换能器 7—超声波发生器

3）由于去除加工材料是靠极小磨料瞬时局部的撞击作用，因此工件表面的宏观切削力很小，切削应力和切削热也很小，不会引起变形及烧伤，表面粗糙度可达 $Ra1 \sim 0.1\ \mu m$，加工精度可达 $0.01 \sim 0.02$ mm。

（2）加工速度及影响因素。加工速度是指单位时间内去除材料的多少，通常以 g/min 或 mm$^3$/min 表示。玻璃的最大加工速度可达 $2\ 000 \sim 4\ 000$ mm$^3$/min。

影响加工速度的因素主要有工具振动频率、振幅、磨料的种类和粒度等。

1）工具的振幅和频率的影响。过大的振幅和过高的频率会使工具与变幅杆承受很大的内应力，可能超过它们的疲劳强度而缩短使用寿命，因此，一般振幅为 $0.01 \sim 0.1$ mm，频率为 $16\ 000 \sim 25\ 000$ Hz。

2）进给压力的影响。加工时工具对工件应有一个合适的进给压力，压力过小，则工具末端与工件表面间的间隙增大，从而减弱了磨粒对工件的撞击力和打击深度；压力过大，会使工具与工件的间隙减小，磨料和工作液不能顺利循环更新，将降低生产率。在玻璃上加工孔时，加工面积在 $5 \sim 13$ mm$^2$ 范围内，其最佳静压力约为 $4\ 000$ kPa；当加工面积在 $20$ mm$^2$ 以上时，其最佳静压力为 $2\ 000 \sim 3\ 000$ kPa。

3）磨料悬浮液浓度的影响。磨料悬浮液浓度低，加工间隙内磨粒少，使加工速度下降。随着悬浮液中磨料浓度的增加，加工速度也加快。但浓度太高时，磨粒在加工区域内的循环运动和对工件的撞击运动受到影响，又会导致加工速度降低。通常采用的浓度为磨料对水的质量比为 $0.5 \sim 1$。

4）被加工材料的影响。如以玻璃的可加工性（生产率）为 100%，则锗、硅半导体单晶为 200% ~250%，石英为 50%，硬质合金为 2% ~3%，淬火钢为 1%，不淬火钢小于 1%。

（3）影响加工精度的因素。超声波加工的精度除受机床、夹具精度影响外，主要与磨料粒度、工具精度及其磨损情况、加工深度、材料性质等有关。一般加工孔的尺寸精度可达 ±$0.02 \sim 0.05$ mm。

在通常加工速度下，超声波加工最大孔径和所需功率的大致关系见表1—6。一般超声波加工的孔径范围为0.1～90 mm，深度可达直径的10倍以上。

表1—6　　　　　　　　　超声波加工功率和最大加工孔径的关系

| 超声电源输出功率（W） | 50～100 | 200～300 | 500～700 | 1 000～1 500 | 2 000～2 500 | 4 000 |
|---|---|---|---|---|---|---|
| 最大加工盲孔直径（mm） | 5～10 | 15～20 | 25～30 | 30～40 | 40～50 | >60 |
| 用中空工具加工最大通孔直径（mm） | 15 | 20～30 | 40～50 | 60～80 | 80～90 | >90 |

当工具尺寸一定时，加工出孔的尺寸将比工具尺寸有所扩大，加工出孔的最小直径 $D_{min}$ 约等于工具直径 $D_t$ 加所用磨粒平均直径 $d_s$ 的两倍，即：

$$D_{min} = D_t + 2d_s$$

超声波加工孔的精度，在采用 240$^#$～280$^#$ 磨粒时，一般可达 ±0.05 mm；采用 W28～W7 磨粒时，可达 ±0.02 mm 或更高。

（4）表面质量及其影响因素。超声波加工具有较高的表面质量，不会产生表面烧伤和表面变质层。超声波加工的表面粗糙度一般可达 $Ra$1～0.1 μm。磨料悬浮液的性能对表面粗糙度的影响比较复杂。实践表明，用煤油或润滑油代替水可使表面质量有所改善。

（5）超声波加工的应用。超声波加工的生产率虽然比电火花、电解加工等低，但其加工精度和表面质量都比它们高，而且能加工半导体、非半导体等脆硬材料，也可在电火花加工后对工件进行超声抛磨、光整加工。机械行业广泛应用超声波加工和清洗零件。

超声波加工可对硬脆材料进行型孔、型腔加工，也可对半导体材料进行切割加工。超声波加工硬质金属材料时，加工速度低，工具损耗较大。为了提高加工速度及降低工具损耗，可以把超声波加工和其他加工方法结合起来进行复合加工。例如，采用超声波与电火花加工相结合的方法来加工喷油嘴、喷丝板上的小孔或窄缝，可大大提高加工速度和质量。

超声清洗的原理主要是基于超声振动在液体中产生的交变冲击和空化作用。超声波在清洗液（如汽油、煤油、酒精或水等）中传播时，液体分子往复高频振动产生正负交变的冲击波。当声强达到一定数值时，液体中急剧生长微小空化气泡并瞬时强烈闭合，产生的微冲击波使待清洗物表面的污物遭到破坏，并从被清洗表面脱落下来。虽然每个微气泡的作用并不大，但每秒钟有上亿个空化气泡在作用，就具有很好的清洗效果。所以，超声振动被广泛用于喷油嘴、喷丝板、微型轴承、仪表齿轮、印制电路等的清洗。

**2．化学加工**

化学加工是指利用酸、碱或盐溶液对工件材料的腐蚀溶解作用，以获得所需形状、尺寸或表面状态的工件的特种加工。化学加工原理如图1—44所示。

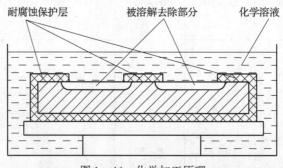

图1—44　化学加工原理

（1）化学加工的方法及应用。化学加工使用的腐蚀液成分取决于被加工材料的性质，常用的腐蚀液有硫酸、磷酸、硝酸、三氯化铁等的水溶液，对于铝及其合金则使用氢氧化钠溶液。

化学加工的应用较早，14世纪末已利用化学腐蚀的方法来蚀刻武士的铠甲及刀、剑等兵器表面的花纹和标记。19世纪20年代，法国的涅普斯利用精制沥青的感光性能发明了日光胶版蚀刻法。不久又出现了照相制版法，促进了印刷工业和光化学加工的发展。到了20世纪，化学加工的应用范围显著扩大。第二次世界大战期间，人们开始用光化学加工方法制造印制电路。20世纪50年代初，美国采用化学铣削方法来减轻飞机构件的质量。50年代末，光化学加工开始广泛用于精密、复杂薄片零件的制造。60年代，光刻已大量用于半导体器件和集成电路的生产。

（2）化学加工的种类。化学加工主要分为化学铣削、光化学加工和化学表面处理三种方法。

1）化学铣削。化学铣削是把工件表面不需要加工的部分用耐腐蚀涂层保护起来，然后将工件浸入适当成分的化学溶液中，露出的工件加工表面与化学溶液产生反应，材料不断地被溶解去除。工件材料溶解的速度一般为$0.02 \sim 0.03$ mm/min，经一定时间达到预定的深度后，取出工件，便获得所需要的形状。

化学铣削的工艺过程包括工件表面预处理、涂保护胶、固化、刻型、腐蚀、清洗、去保护层等。保护胶一般采用氯丁橡胶或丁基橡胶等。刻型一般用小刀沿样板轮廓切开保护层，并将其剥除。

化学铣削适合于在薄板、薄壁零件表面加工出浅的凹面和凹槽，如飞机的整体加强壁板、蜂窝结构面板、蒙皮、机翼前缘板等。化学铣削也可用于减小锻件、铸件和挤压件局部尺寸的厚度以及蚀刻图案等，加工深度一般小于13 mm。化学铣削的优点是工艺和设备简单、操作方便、投资少；缺点是加工精度不高，一般为$\pm（0.05 \sim 0.15）$mm，而且在保护层下的侧面方向上也会产生溶解，并在加工底面和侧面间形成圆弧状，难以加工出尖角或深槽。化学铣削不适合加工疏松的铸件和焊件的表面。随着数字控制技术的发展，化学铣削的某些应用领域已被数字控制铣削所代替。

2）光化学加工。光化学加工是指利用照相复制和化学腐蚀相结合的技术，在工件表面加工出精密复杂的凹凸图形，或形状复杂的薄片零件的化学加工法。它包括光刻、照相制版、化学冲切（或称化学落料）、化学雕刻等。其加工原理是先在薄片形工件两表面涂上一层感光胶；再将两片具有所需加工图形的照相底片对应地覆盖在工件两表面的感光胶上，进行曝光和显影，感光胶受光照射后变成耐腐蚀性物质，在工件表面形成相应的加工图形；然后将工件浸入（或喷射）化学腐蚀液中，由于耐腐蚀涂层能保护其下面的金属不受腐蚀溶解，从而可获得所需的加工图形或形状。

光化学加工的用途较广泛。其中化学冲切主要用于各种复杂微细形状的薄片（厚度一般为 0.025 ~ 0.5 mm）零件的加工，特别是对于机械冲切有困难的薄片零件更为适合。这种方法可用于制造电视机显像管障板（每平方厘米表面有 5 000 个小孔）、薄片弹簧、精密滤网、微电机转子和定子、射流元件、液晶显示板、钟表小齿轮、印制电路、应变片等。

化学雕刻主要用于制作标牌和面板；光刻主要用于制造晶体管、集成电路或大规模集成电路；照相制版主要用于生产各种印刷版。

3）化学表面处理。化学表面处理包括酸洗、化学抛光、化学去毛刺等。工件表面无须施加保护层，只要将工件浸入化学溶液中腐蚀溶解即可。酸洗主要用于去除金属表面的氧化皮或锈斑；化学抛光主要用于提高金属零件或制品的表面质量；化学去毛刺主要用于去除小型薄片脆性零件的细毛刺。

**3. 电化学加工**

如图 1—45 所示为电化学加工基本原理。在 NaCl 导电溶液中分别插一片铁片、一片铜片，两者将出现电位差，形成所谓原电池。如果用导线把两金属片连接起来，就会有电流通过，这是由于两种金属材料的电位不同，导致自由电子在电场作用下按一定方向移动，并在金属片和溶液的截面上产生交换电子的反应，即所谓的化学反应。如果再在原电流方向上加一个直流电源，就会加大电流，从而加快铁的溶解。

电解质溶液是靠溶液中正、负离子定向移动而导电的。正离子将移向阴极，并在阴极上得到电子进行还原反应，沉积在阴极上形成金属层，利用此阴极沉积法原理所开发的模具制造技术包括电镀、电铸成形、电刷镀等；而负离子将移向阳极，并在阳极表面失掉电子进行氧化反应，不断地将其表面金属一层一层蚀除掉，利用此阳极溶解法原理所开发的模具制造技术包括电解加工、电化学抛光、电解磨削等。

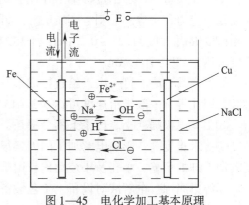

图 1—45　电化学加工基本原理

在生产实践中，也可以将电化学加工与其他加工方法相结合形成复合加工法而进行成形加工，如电解磨削、电解放电加工、电化学阳极机械加工等。

（1）电解加工。目前，由于电解加工的机床、电源、电解液、自动控制系统、工具阴极的设计和制造水平及加工工艺等不断进步，电解加工已发展成为比较成熟的特种加工方法，尤其是广泛应用于模具制造行业，如型孔、型腔、型面、各种表面抛光等。此外，还可以复合进行电解车削、电解铣削、电解切割等加工。

1）电解加工过程。电解加工是指利用金属在电解液中产生阳极溶解现象的原理来去除工件材料的加工方法。加工时，工件接直流电源的正极，工具接直流电源的负极。工具电极向工件缓慢进给，并使两极之间保持较小的间隙（0.1~1 mm），让具有一定压力（0.5~2 MPa）的电解液高速从两极间隙流过，并把阳极工件上溶解下来的电解产物冲走。

2）电解加工成形原理。如图1—46所示为电解加工成形原理。加工初始，工件的表面形状与作为电极的工具形状不同，工件上各点距工具表面的距离也不相同，各点电流密度不一样。距离较近的地方通过的电流密度较大，电解液的流速也较高，阳极溶解的速度较快；而距离较远的地方电流密度小，且电解液的流速也较缓慢，阳极溶解速度就慢。由于工具相对工件不断进给，工件表面各点就以不同的溶解速度进行溶解，使工件表面逐渐接近工具表面的形状。

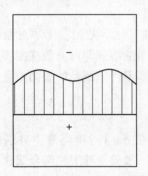 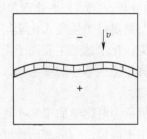

图1—46 电解加工成形原理

3）电解加工的特点。电解加工与其他加工方法相比有以下特点：

①表面质量高。加工过程中不存在宏观切削力，没有切削热的作用，所以，加工表面无残余应力和飞边、毛刺、变质层等。可加工任何硬度、强度、韧性的金属材料。表面粗糙度 $Ra$ 值可达 1.25~0.2 μm，平均加工精度为 ±0.01 mm，电解微细加工钢件的精度可达 ±(10~70) μm。

②生产效率高。可一次进给直接成形，无须粗、精加工分开，能一次成形出复杂的型腔、型孔等。一般进给速度可达 0.3~15 mm/min。

③工具电极损耗小。理论上不会损耗，可长期、反复使用。

④技术难度高。影响电解加工的因素很多，不易实现稳定加工及保证较高的加工精度，加工细的窄缝、小孔及小棱角比较困难。一般圆角半径大于 0.2 mm。

⑤污染腐蚀。电解液对设备、工艺装备有腐蚀作用，电解产物必须妥善处理，因为

电解产物会污染环境。

4）电解液。电解液的作用包括：作为导电介质，传递电流；在电场作用下进行电化学反应，使阳极溶解能顺利而有控制地进行；能将加工间隙内产生的电解产物及热量及时带走，起到更新和冷却的作用。

电解液可分为中性盐溶液、酸性溶液和碱性溶液三大类。酸性电解液主要用于高精度、小间隙、细长孔以及锗、钼、铌等难溶金属的加工。碱性电解液仅用于加工钨、钼等金属材料，它对人体有损害，且会生成难溶性阳极薄膜，影响阳极溶解。中性盐溶液腐蚀性小，使用时较安全，故应用最普遍。常用的有 $NaCl$、$NaNO_3$、$NaCO_3$ 三种电解液。

5）电解加工的应用

①深孔加工。如图1—47所示为电解深孔加工。对于直径在 0.8 mm 以下，深度为直径的 50 倍以上的直径极小的深孔，一般采用电解液流束加工。电解液通过绝缘喷嘴高速喷出，形成电解液流束，当带负电的电解液高速喷射到工件时，工件上的喷射点产生阳极溶解，并随着阴极的不断进给而加工出小深孔。

工具电极在零件内孔做轴向移动的同时再做旋转，可加工内孔螺旋线。

②型孔加工。在模具制造中常会遇到四方、六方、椭圆、半圆、带棱角、台阶、锥形等各种形状复杂、尺寸较小的通孔或不通型孔，用传统方法加工十分困难，甚至无法加工。采用电火花加工时加工时间较长，电极损耗较大，采用电解加工则可以大大地提高加工质量和生

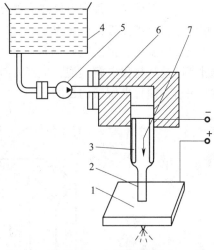

图1—47　电解深孔加工
1—工件　2—绝缘管　3—阴极　4—电解液箱
5—高压液泵　6—进给装置　7—电解液

产率，并降低成本。电解加工一般带有微小的锥度，若不需要成形出锥度，可将工具电极侧面绝缘。

③型腔加工。对消耗量较大、精度要求不高的曲轴锻模等，若采用仿形加工、电火花加工、数控加工等，生产周期长，成本高。这些问题可通过电解加工来解决。采用混气电解加工可大大简化阴极工具的设计，且加工精度可以控制在 ±0.01 mm 之内。

电解加工还可用于工件上刻印文字或标记等，即所谓电解刻印，它具有经济、迅速的特点。

（2）电解抛光。电解抛光（也称为电解修磨抛光）是一种表面电化学光整加工方法，是利用在电解液中发生阳极溶解现象而对工件表面进行腐蚀抛光的，用于改善工件的表面质量和表面物理性能，而不用于对工件进行形状和尺寸加工。

电解抛光时，阳极一方面发生溶解，另一方面生成薄薄的一层黏度高、电阻大的阳极黏膜，工件表面凹陷处黏膜较厚，电阻较大，溶解速度慢；而凸起处黏膜较薄，电阻

较小，溶解速度快，因此，凸起处首先被溶解。经过一段时间后，高低不平的表面逐渐被蚀平，从而得到光洁、平整的表面。

电解抛光速度不受材料硬度的影响，效率是普通手工研磨抛光的几倍。经过电解抛光后可使表面粗糙度 $Ra$ 值达 $0.4 \sim 0.2~\mu m$，尺寸精度和形状精度可控制在 $0.01~mm$ 之内。但电解抛光不能消除原表面的"粗波纹"，因此，电解抛光前表面应无波纹现象。该工艺方法简单，而且设备简单、操作容易，投资小。

常用的电解抛光方法有以下两种：

1）整体电解抛光。如图1—48所示为整体电解抛光。工具电极采用耐腐蚀性较好的不锈钢、铅或石墨等装于机床主轴夹头上，接电源的阴极，工具电极的上下运动由伺服机构控制。待抛光的工件放在工作台的电解液槽内，接电源的阳极，工作台上有纵、横滑板，用以调节工件和电极之间的相互位置，工具电极和型腔周边保持 $5 \sim 10~mm$ 的电解间隙，电解液液面应超出工件上平面 $15 \sim 20~mm$，电解液有恒温控制装置。加热电解液至工作温度，接通电源，调整电压和电流后即可开始抛光。抛光时为避免电解液温度过高以及为排出电解气泡，应经常补充新的电解液并搅拌，或采用定时提升工具电极的方法达到搅拌电解液的目的。

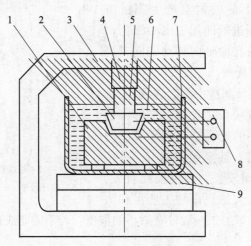

图1—48　整体电解抛光

1—工件　2—工具　3—床身　4—伺服机构　5—主轴

6—电解液　7—电解液槽　8—电源　9—工作台

2）逐步电解抛光。如图1—49所示为逐步电解抛光。直流脉冲电源3提供能源，电解液槽7内的电解液由泵6经过过滤器向抛光区注入，积聚在待抛光型腔的工件11内的电解液和电解产物由电动吸引器9产生的负压吸回电解液槽7中。电解抛光时，电动抛光器4高速旋转，抛光轮10用于快速擦除电化学抛光时在工件表面产生的黑色薄膜，逐步完成电解抛光。

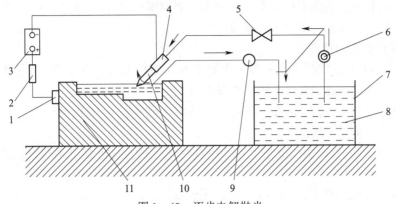

图 1—49　逐步电解抛光

1—磁铁　2—可调电阻　3—直流脉冲电源　4—电动抛光器　5—阀门
6—泵　7—电解液槽　8—电解液　9—电动吸引器　10—抛光轮　11—工件

## 第3节　孔加工

### 一、小、精、深孔的钻削知识

#### 1. 精密钻孔加工

当孔精度为微米级时，对较大孔可采用坐标镗床加工，较小孔则需要采用坐标磨床加工。没有精密设备时可采用研磨方法加工。

在坐标镗床上可以利用铰刀或镗刀进行精密孔的精加工，但当没有合适的铰刀或镗孔较困难时，可采用图 1—50 所示的精孔钻进行精加工。精孔钻是由麻花钻修磨而成的，加工时先用普通钻头钻孔，并留扩孔量 0.1～0.3 mm。精钻时切削速度不能高，一般为 2～8 mm/s，进给量 $f=0.1～0.2$ mm/r。以菜籽油作润滑剂，钻头尺寸要选择在孔径尺寸公差范围内。只要钻头装夹正确，刃口角度对称，钻出的孔径与钻头尺寸就基本相同，精度可达到 IT6～IT4 级，表面粗糙度 $Ra$ 值为 3.2～0.4 μm。

#### 2. 深孔加工

深孔加工是一种难度较大的技术，塑料膜中的冷却水道孔、加热器孔及一部分顶杆孔等都属于深孔。一般冷却水道孔的精度要求不高，但要防止偏斜；加热器孔为保证热

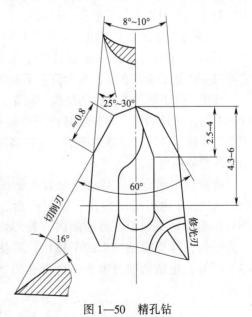

图 1—50　精孔钻

传导效率，对孔径及表面粗糙度有一定要求，表面粗糙度 $Ra$ 值为 12.5～6.3 μm；而顶杆孔则要求较高，孔径一般为 IT8 级精度。

（1）深孔加工的特点

1）孔深与孔径之比较大，一般大于等于 10，钻杆细长，刚度低，工作时容易产生偏斜和振动，因此，孔的精度及表面质量难以控制。

2）排屑通道长，排屑不畅，若断屑再不好，则可能由于切屑堵塞而导致钻头损坏，孔的加工质量也无法保证。

3）钻头在近似封闭的状况下工作，而且时间较长，热量多且不易散出，钻头极易磨损。

（2）对深孔钻的要求

1）断屑要好，排屑要顺畅。要有平滑的排屑通道，借助于一定压力的切削液的作用促使切屑强制排出。

2）良好的导向装置。除了钻头本身需要有良好的导向装置外，应采取工件回转、钻头只做直线进给运动的工艺方法来防止钻头的偏斜和振动。

3）充分的冷却。切削液在深孔加工的同时起着冷却、润滑、排屑、减振与消音的作用，因此，深孔钻必须有良好的切削液通道，以加快切削液的流动及冲刷切屑。

（3）深孔加工常用的方法

1）对于中、小型模具的孔，常用普通钻头或加长钻头在立式钻床、摇臂钻床上加工，采用带有冷却孔的麻花钻则更好。加工时应注意及时排屑并进行冷却，进给量要小，防止孔偏斜。生产中还使用大螺旋角加长的麻花钻，该钻头可在铸铁件上加工孔深与孔径比不超过 30 的深孔，也可在钢件上加工较深的孔。

2）对于中、大型模具的孔，一般在摇臂钻床、镗床及深孔钻床上加工，较先进的方法是在加工中心上与其他孔一起加工。

3）对于过长的低精度孔，也可采用划线后从两面对钻的方法加工。

4）对于直径小于 20 mm 且长径比达 100∶1（甚至更大）的孔，多采用枪钻加工。它可以一次加工全部孔深，大大简化了加工工艺，且加工精度较高。

如图 1—51 所示为枪钻的结构。枪钻为单面刃外排屑深孔钻，最早用于加工枪管，故称枪钻。枪钻的工作部分由高速钢或硬质合金与用无缝钢管压制成形的钻杆对焊而成。工作时工件旋转，钻头进给，同时高压切削液由钻杆尾部注入，冷却切屑后将其沿钻杆凹槽冲刷出来。

枪钻切削部分的主要特点是仅在轴线一侧有切削刃，没有横刃。钻头偏离轴线的距离为 $e$，内刃切出的孔有锥形凸台，有助于钻头的定心和导向。合理配置内、外刃偏角与钻头偏距，可控制内、外刃切削时产生恰当的径向合力 $F$，与孔壁支承反力平衡，维持枪钻钻头的平稳性，并使枪钻沿轴线方向前进，这是枪钻特有的性能。同时，枪钻切削时形成一个直径为 $2H$ 的心柱，此心柱也附加起定心和导向的作用。

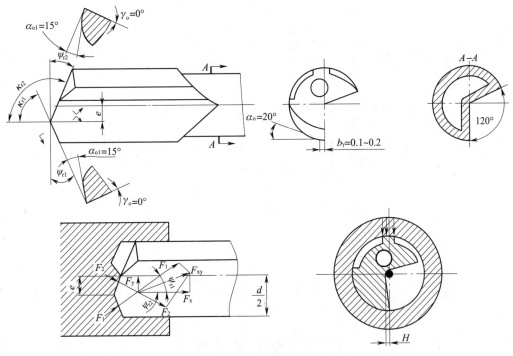

图1—51 枪钻的结构

## 二、专用铰刀的设计与制造知识

铰刀一般由高速钢和硬质合金制成。

铰刀的精度等级分为 H7、H8、H9 三级，其公差由铰刀专用公差确定，分别适用于铰削 H7、H8、H9 公差等级的孔。多数铰刀又分为 A、B 两种类型，A 型为直槽铰刀，B 型为螺旋槽铰刀。螺旋槽铰刀切削平稳，适用于加工断续表面。

下面介绍机用硬质合金铰刀的设计要点。

如图1—52 所示为一般机用硬质合金铰刀的结构，它由工作部分、颈部和柄部组成。工作部分包括引导锥、切削部和校准部。为了使铰刀易于引入预制孔，在铰刀前端制出引导锥。校准部由圆柱部分和倒锥部分组成。圆柱部分用来校准孔的直径尺寸并提高孔的表面质量，以及在切削时增强导向作用；倒锥部分用来减小摩擦。铰刀的主要设计内容是确定工作部分的参数。

### 1. 铰刀直径及其公差的确定

铰刀直径公差直接影响被加工孔的尺寸精度、铰刀的制造成本和使用寿命。铰孔时，由于刀齿径向跳动以及铰削用量和切削液等因素会使孔径大于铰刀直径，称为铰孔"扩张"；而由于切削刃钝圆半径挤压孔壁，则会使孔产生恢复而缩小，称为铰孔"收缩"。一般"扩张"和"收缩"的因素同时存在，最后结果应由试验决定。经验表明：用高速钢铰刀铰孔一般会发生扩张，用硬质合金铰刀铰孔一般会发生收缩，铰削薄壁孔时，也常发生收缩。

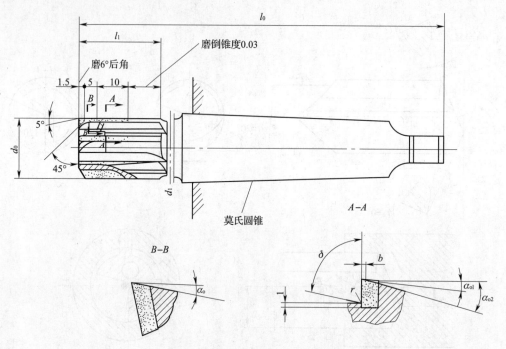

图 1—52　硬质合金铰刀的结构

铰刀的公称直径等于孔的公称直径。铰刀的上、下极限偏差则要考虑扩张量、收缩量，并留出必要的磨损公差。如图 1—53 所示为铰刀直径及其公差。

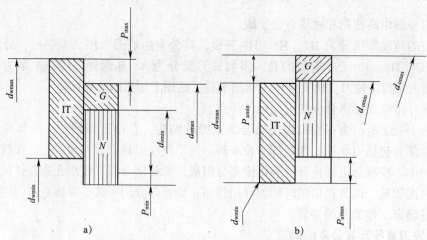

图 1—53　铰刀直径及其公差

a）扩张　b）收缩

图 1—53a 中 $d_w$ 为工件直径；$d_o$ 为新铰刀直径；IT 为工件孔公差；$P$ 为扩张量。

图 1—53b 中 $P_a$ 为收缩量；$G$ 为铰刀制造公差；$N$ 为铰刀磨损公差。

若铰孔发生扩张现象，则设计及制造铰刀的最大、最小极限尺寸分别为：

$$d_{omax} = d_{wmax} - P_{max}$$
$$d_{omin} = d_{omax} - G$$

若铰孔发生收缩现象，则设计及制造铰刀的最大、最小极限尺寸分别为：

$$d_{omax} = d_{wmax} + P_{amin}$$
$$d_{omin} = d_{omax} - G$$

国家标准规定：铰刀制造公差 $G = 0.35$（IT）。根据一般经验数据，高速钢铰刀可取 $P_{max} = 0.15$（IT）；硬质合金铰刀铰孔后的收缩量往往因工件材料不同而不同，故常取 $P_{amin} = 0$ 或取 $P_{amin} = 0.1$（IT）。$P_{max}$ 及 $P_{amin}$ 的可靠确定办法是通过试验测定。

**2. 铰刀的齿数及齿槽**

铰刀的齿数影响铰孔精度、表面粗糙度、容屑空间和刀齿强度。其值一般按铰刀直径和工件材料确定。铰刀直径较大时，可取较多的齿数；加工韧性材料时，齿数应取少些；加工脆性材料时，齿数可取多些。为了便于测量铰刀直径，齿数应取偶数。在常用直径 $d_o = 8 \sim 40$ mm 范围内，一般取齿数 $z = 4 \sim 8$。

铰刀刀齿沿圆周可以等齿距分布，也可以不等齿距分布。为了便于制造，铰刀一般按等齿距分布。

如图 1—55 所示，铰刀的齿槽形状一般有直线齿背（见图 1—54a）、圆弧齿背（见图 1—54b）和折线齿背（见图 1—55c），硬质合金铰刀一般采用折线齿背。

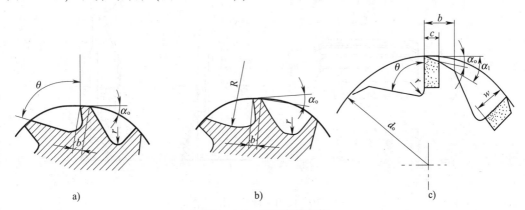

图 1—54　铰刀齿槽形状

a）直线齿背　b）圆弧齿背　c）折线齿背

铰刀的齿槽方向有直槽和螺旋槽两种，如图 1—55 所示。为了便于制造，常采用直槽。为改善排屑条件，提高铰孔质量，硬质合金铰刀常做成左旋螺旋槽，螺旋角取 $3° \sim 5°$。

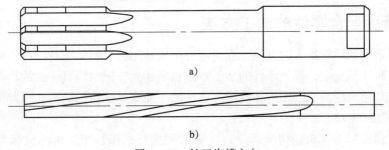

图 1—55　铰刀齿槽方向

a）直槽铰刀　b）螺旋槽铰刀

**3. 铰刀的几何角度**

（1）主偏角 $\kappa_r$。加工钢等韧性材料一般取 $\kappa_r = 15°$；加工铸铁等脆性材料一般取 $\kappa_r = 3° \sim 5°$；粗铰和铰盲孔时一般取 $\kappa_r = 45°$；手用铰刀一般取 $\kappa_r = 0.5° \sim 1.5°$。

（2）前角 $\gamma_o$。铰孔时一般余量很小，切屑很薄，切屑与铰刀前面接触长度很短，故前角的影响不显著。为了制造方便，一般取 $\gamma_o = 0°$。加工韧性材料时，为减小切削变形，可取 $\gamma_o = 5° \sim 10°$。

（3）后角 $\alpha_o$。铰刀是精加工刀具，为使其重磨后径向尺寸不致变化太大，一般铰刀后角取 $\alpha_o = 6° \sim 8°$。

（4）刃倾角 $\lambda_s$。一般铰刀的刃倾角 $\lambda_s = 0°$，这样的刃倾角能使切削过程平稳，提高铰孔质量。在铰削韧性较好的材料时，可在铰刀的切削部分磨出 $\lambda_s = 15° \sim 20°$ 的刃倾角，如图 1—56a 所示，这样可使铰削时切屑向前排出，不至于划伤已加工表面，如图 1—56b 所示。在加工盲孔时，可在这种带刃倾角的铰刀前端开出一较大的凹坑，以容纳切屑，如图 1—56c 所示。

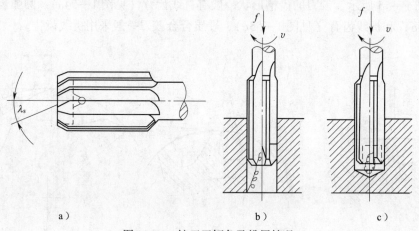

图 1—56　铰刀刃倾角及排屑情况
a）铰刀刃倾角　b）铰通孔　c）铰盲孔

# 第4节　零件修配

## 一、高精度配合零件的加工方法

随着制造业和科学技术的发展，模具零件中所使用的材料越来越广泛，模具零件的形状和结构越来越复杂，模具零件的加工难度越来越大，但对模具零件的加工精度和表面质量要求却越来越高，常用的传统加工方法已不能满足制造的需要，因此便产生和发展了精密的加工方法。

模具的精密加工（机械切削部分）主要采用坐标机床加工。坐标机床与普通机床的根本区别在于具有精密传动系统，可做准确的移动与定位。有了坐标机床，可以加工模具上有精密位置要求的孔、型腔，甚至三维空间曲面。

### 1. 坐标镗床加工

坐标镗床加工是在坐标镗床上，利用精密坐标测量装置，对零件的孔及孔系进行高精度（尺寸精度、几何精度、距离精度）切削加工，是一种高精度孔加工机床。

坐标镗床主要用于各类箱体、缸体和模具上的孔与孔系的精密加工。这类机床零部件的制造与装配精度很高，刚度与抗振性良好，并且具有工作台、主轴箱等运动部件的精密坐标测量装置，能实现工件和刀具的精确定位。孔的尺寸精度可达 IT7 ~ IT6 级，表面粗糙度 $Ra$ 值可达 0.8 μm，孔距精度可达 0.005 ~ 0.01 mm。坐标镗床还可用于镗孔、扩孔、铰孔等加工与划线、测量。

坐标镗床工作时，是按照直角坐标法或极坐标法进行孔系加工的。因此，工件加工前在机床上不但要定位，而且要将孔系间的各孔按照基准面转换为直角坐标或极坐标后再进行加工。如图 1—57 所示的工件，其定位与坐标转换的基本方法如下：

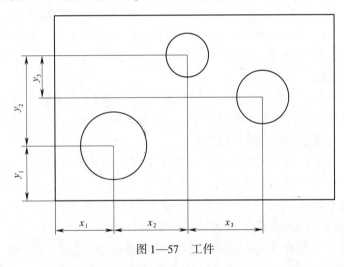

图 1—57 工件

（1）以工件上的划线或以外圆和内孔为定位基准，用定位角铁和光学中心测定器测定位置（见图 1—58），然后把工件正确地安装在工作台上。

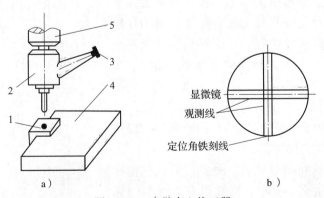

图 1—58 光学中心找正器

a）光学中心找正器结构 b）目镜上一对相互垂直的细线

1—定位角铁 2—光学中心测定器 3—目镜 4—工件 5—锥尾

（2）为方便工件在机床上的加工，把零件图上按设计要求标注的孔距尺寸换算成机床加工要求的直角坐标尺寸或极坐标尺寸。

在坐标镗床上进行孔加工时，其加工方法与被加工孔的孔径尺寸的大小、精度及孔距精度要求等有关。孔加工的主要方法有钻孔、铰孔、镗孔等。

钻孔与铰孔是零件上小孔常用的一种加工方法。加工时，先将钻头或铰刀在钻夹具上固定，再将钻夹具固定在坐标镗床的主轴锥孔内。铰孔是钻孔、扩孔或半精镗孔之后用来提高孔的几何形状精度和减小孔的表面粗糙度值的精加工方法，适合于加工孔径不大于 20 mm 的孔，铰孔的尺寸精度达 IT7 级，表面粗糙度 $Ra$ 值达 0.8 ~ 0.2 μm，但铰孔不能纠正孔的位置误差，因此，铰孔仅适用于孔距精度及位置精度要求不太高（0.03 ~ 0.05 mm）的场合。

镗孔时使用镗孔夹头和镗刀。镗孔夹头是坐标镗床最重要的附件之一，其作用是按被镗孔的孔径大小精确地调节镗刀刀尖与主轴轴线间的距离。常用镗孔夹头的结构如图1—59 所示。使用时，将镗孔夹头的锥尾 3 插入主轴的锥孔内，镗刀装在刀夹 1 内，旋转调节螺钉 4，可调整镗刀的径向位置，以镗削不同直径的孔。调整后用紧固螺钉 2 将刀夹锁紧。镗孔的加工余量小，精度高。

### 2. 坐标磨床加工

坐标磨床是近代在坐标镗床的加工原理和结构的基础上发展起来的一种高精密加工机床。它按精确的坐标位置对工件进行加工，是精密模具加工的关键设备，广泛用于加工精密级进模、精密塑料模和镶拼结构模。

坐标磨床特别适合加工尺寸较大、形状复杂的多型腔整体模具，间隙要求很小的凸、凹模，带有一定斜度要求的冲模，高硬度材料的模具，镶块互换性好的镶拼模以及模具中的各类坐标孔。加工精度达 5 μm，表面粗糙度 $Ra$ 值可达 0.8 ~ 0.2 μm。

对于精密模具，往往把坐标镗削加工作为孔加工的预加工，终加工则在坐标磨床上进行。主要用于厚度 1 ~ 200 mm 的淬火件、高硬度件的孔系或成形表面的磨削加工。

坐标磨床的工作台由坐标工作台和回转工作台组成。坐标工作台是一组高精度直角坐标系的导轨系统，导轨的直线度精度很高，相互垂直度误差一般不大于 4 μm，并具有高精度的坐标测量系统。坐标工作台位于回转工作台之上，用以调节工件的圆弧中心与回转工作台的中心重合。磨削时，工件放在工作台上，可做 $z$、$y$ 坐标移动和回转运动，以便进行成形轮廓和型孔的加工。

利用坐标磨床可磨削内孔、外圆、锥孔、坐标孔、台阶孔、台阶面、键槽、方孔以及直线与圆弧组成的曲线等。与坐标镗削加工一样，工件在磨削前必须先定位、找正。找正后，利用工作台的纵向、横向移动使机床主轴中心与工件圆弧中心重合，然

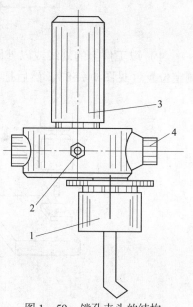

图 1—59　镗孔夹头的结构
1—刀夹　2—紧固螺钉
3—锥尾　4—调节螺钉

后再进行磨削。

（1）内孔磨削。内孔磨削是坐标磨床最基本的用途。孔径范围为 3～200 mm，表面粗糙度 Ra 值≤0.4 μm，圆度误差不超过 2 μm，直线度误差不超过 2 μm。

磨削时，工件不动，砂轮做高速旋转运动和行星运动，孔径的调整通过增大行星运动半径即径向进给运动来实现，如图 1—60 所示。

磨削内孔时，砂轮直径与磨孔孔径有关系。磨削小孔时，采用金刚石或立方氮化硼喷镀砂轮，砂轮直径取孔径的 3/4。为确保砂轮的线速度，砂轮必须高速回转，且直径越小，转速应越高。因此，需用高速风动磨头，其转

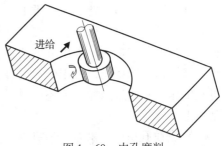

图 1—60　内孔磨削

速为 150 000～200 000 r/min。孔径小于 8 mm 时砂轮直径应适当增大，当孔径大于 20 mm 时砂轮直径应适当减小。砂轮直径约为心轴的 1.5 倍。心轴直径过小，磨削表面会出现磨削波纹。坐标磨床上最小的磨孔直径可达 0.8 mm。

砂轮的磨削速度与砂轮的磨料、工件材料等有关。普通磨料砂轮磨削碳素工具钢和合金工具钢时的磨削速度为 25～35 m/s，立方氮化硼砂轮磨削碳素钢和合金钢时的磨削速度为 20～30 m/s，金刚石砂轮磨削硬质合金时磨削速度为 16～25 m/s。

砂轮的转速可以根据下式计算：

$$n = \frac{318.33 v_{\mathrm{m}}}{D_{\mathrm{m}}}$$

式中　$n$——砂轮的转速，r/min；

$v_{\mathrm{m}}$——砂轮的磨削速度，m/min；

$D_{\mathrm{m}}$——砂轮的直径，mm。

（2）外圆磨削。磨削外圆时，砂轮的运动与磨削内孔基本相同，但外圆直径的调整是通过缩小行星运动的半径实现的（见图 1—61）。表面粗糙度 Ra 值≤0.4 μm，圆度误差不超过 0.4 μm。

（3）锥孔磨削。坐标磨床的功能之一是加工锥孔。磨削时，先将砂轮修整成所需的角度，利用磨锥孔的专门机构，使砂轮在轴向进给的同时，连续改变行星运动的半径进行磨削（见图 1—62），随着砂轮的轴向进给，行星运动半径逐渐增大。锥孔的锥角大小取决于两者变化的比值，一般锥角为 0°～16°。

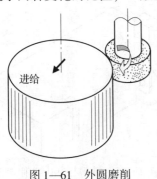

图 1—61　外圆磨削

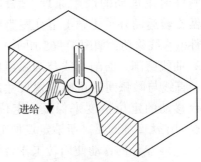

图 1—62　锥孔磨削

（4）坐标孔磨削。利用坐标磨床磨削坐标孔是最常用的一种加工方法，坐标磨床也由此而得名。此外，还可磨削极坐标孔。磨削坐标孔时，利用坐标工作台的移动便可加工出各种尺寸大小的坐标孔，其位置精度达 2 ~ 5 μm。因此，坐标磨床特别适合修整加工用坐标镗床加工后因淬火而变形的坐标孔。磨削极坐标孔时有两种方法：一是分度法，利用回转工作台进行分度；二是坐标法，利用直角坐标进行计算。当零件的极坐标半径小、分度孔较多时，采用分度法加工精度高、经济、方便；而极坐标半径较大时，由于受旋转精度的影响，采用坐标法可获得较高的加工精度。此外，在坐标磨床上，利用可倾工作台并通过坐标计算还可对零件上的空间平面、空间极坐标孔和各种斜孔进行磨削加工。

（5）台阶孔磨削。磨削台阶孔时，应根据所要磨的孔的直径确定行星运动的半径，并使砂轮向下进给，用其底部的棱边进行磨削加工，如图 1—63 所示。

将砂轮底部端面修磨成 3°左右的凹面，以提高磨削效率和方便排屑。磨削时，调整行星运动至所要求的外径或外形，砂轮做轴向进给运动，以砂轮端面及尖角进行磨削，砂轮直径与孔径的比值不宜过大，否则易形成凸面。磨台阶孔时，砂轮直径约为大孔径与通孔半径之和；磨盲孔时，砂轮直径约为孔径的一半。

（6）台阶直线磨削。砂轮仅做旋转运动而不做行星运动，工件做直线移动（见图 1—64），适用于平面轮廓的精密磨削加工。

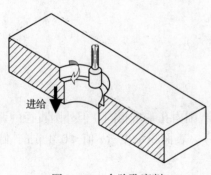

图 1—63　台阶孔磨削

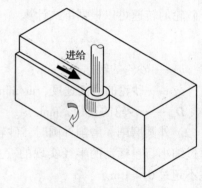

图 1—64　台阶直线磨削

（7）键槽与方孔磨削。使用专门的磨槽机构和砂轮可磨削键槽、带直角的型腔和方孔等，还适用于型槽及带清角的内、外型腔的磨削。该磨槽机构由砂轮轴驱动，其原理类似刨削时主运动的产生原理。磨削时，砂轮除做旋转运动外，还做上下往复直线运动，工件做直线移动，如图 1—65 所示。

（8）曲线磨削。磨削直线与圆弧组成的曲线时，直线与圆弧间的正确位置尺寸由坐标工作台移动的定位精度来保证。定位后，采用定点加工法磨削圆弧。所谓定点加工法，就是利用 $x$、$y$ 坐标的移动使回转工作台中心与工件上的圆弧中心重合，通过改变行星运

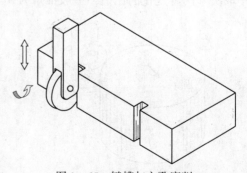

图 1—65　键槽与方孔磨削

动的半径控制圆弧半径的尺寸。

将上述几种基本磨削方法综合使用，便可加工出各种形状复杂的型孔。

随着模具制造精度和自动化程度的提高，国内外研制了数控坐标磨床和连续轨迹数控坐标磨床。其主要特点是可以进行高精度轮廓形状加工，并使凸模、凹模间隙均匀。使用一套程序，可把凸模、凹模、卸料板等尺寸相差不大的零件加工出来，适应性好。此外，不受操作者熟练程度的影响，可连续地进行无人化加工。因此，生产率和自动化程度较高。

数控坐标磨床用于加工电子元件的连续模、照相机及手表零件的精冲模、刻痕模和工程塑料模等。

**3. 成形磨削**

成形磨削是成形表面精加工的一种方法，是在成形磨床或平面磨床上，用成形砂轮或其他方法对模具成形表面进行磨削加工的方法，它具有精度高、效率高等优点，不仅适用于加工凸模，也可加工镶拼式凹模及电加工用成形电极的工作型面。根据企业的设备条件，成形磨削可在普通平面磨床上采用专用夹具或成形砂轮进行，也可在专用的成形磨床上进行。当模具的凸模、凹模等工作零件上的成形面技术要求很高时，可采用成形磨削加工。成形磨削可加工淬硬件和硬质合金材料。

磨削中常见的成形表面多为直母线成形表面，如样板、凸模、凹模拼块等。成形磨削就是把复杂的成形表面分解成若干个平面、圆柱面等简单的形状，然后分段磨削，并使其连接光滑、圆整并达到图样要求。成形磨削具有高精度、高效率的优点。成形磨削的加工精度可达 IT5 级，表面粗糙度 $Ra$ 值可达 0.1 μm。在模具制造中，用成形磨削对淬硬后的凸模、凹模拼块进行精加工，可以消除热处理变形对精度的影响，提高模具制造精度，同时可以减少钳工工作量，提高生产效率。

成形磨削的方法有成形砂轮磨削法和夹具磨削法两种。

（1）成形砂轮磨削法。成形砂轮磨削法又称仿形法，就是在选择好砂轮的基础上，利用砂轮修整工具将砂轮修整成与工件型面完全吻合的相反型面，然后用此砂轮磨削工件，保证工件的尺寸、形状精度和表面粗糙度，获得所需要的形状与要求。此法一次所能磨削的表面宽度不能太大，如图1—66a所示。

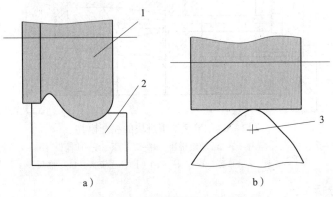

图1—66　成形磨削的两种方法

a) 成形砂轮磨削法　b) 夹具磨削法

1—砂轮　2—工件　3—夹具回转中心

（2）夹具磨削法。夹具磨削法又称展成法，是将工件按一定的条件装夹在专用的夹具上，在加工过程中通过调整夹具的位置，改变工件的加工位置，从而获得所需的形状，如图1—66b所示。

上述两种磨削方法各有特点，但在目前的生产中，特别是在模具制造中，一般以夹具磨削法为主，以成形砂轮磨削法为辅，两种方法结合使用。

## 二、高精度复杂镶拼组合体的修配方法

### 1. 认识镶拼组合体

现代工业产品，特别是利用模具进行加工时，大量地应用了组合体。例如，冷冲压加工大、中型工件，形状复杂工件，局部强度和刚度低的凸模、凹模结构以及机械加工和热处理难度大、局部易损坏的冷冲压凸模、凹模经常采用镶拼组合结构。在注塑模（主要用于热塑性塑料成形）结构中，凸、凹模的结构形式有整体式（无模具接缝痕迹）、整体嵌入式（凹模为整体，嵌入模具的模板内，易于维修和更换）、局部镶嵌式（便于对易损部位进行维修和更换）等。

如图1—67所示为带活动镶拼块的注塑模具，活动镶拼块由多块组成，既满足制件内腔形状成形需要，又易于取出制件。镶拼组合体结构件作为一个单元体，在使用过程中各部件不允许分离。镶拼结构的凸、凹模形状、尺寸和间隙易于控制及调整，便于维修或更换易损坏和过度磨损的部件。为保证尺寸要求，对组合体各部件的尺寸精度、直线度、平面度、平行度、垂直度、表面质量等要求较高。

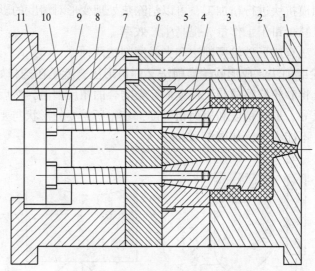

图1—67　带活动镶拼块的注塑模具

1—定模板　2—导柱　3—活动镶拼块　4—型芯座　5—动模板　6—支承板
7—支架　8—弹簧　9—推杆　10—推杆固定板　11—推板

### 2. 镶拼体分析

如图1—68所示为三件镶拼V形组合体装配简图，其中，凸件的结构如图1—69所示，凹件的结构如图1—70所示。

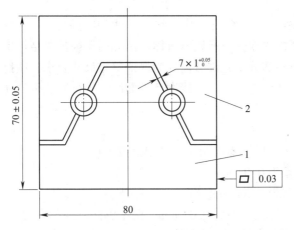
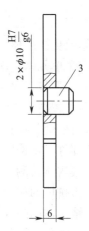

图 1—68　三件镶拼 V 形组合体装配简图

1—凸件　2—凹件　3—$\phi10 \times 15$ 心棒

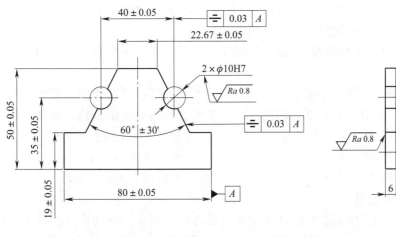
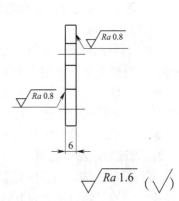

图 1—69　三件镶拼 V 形组合体凸件的结构

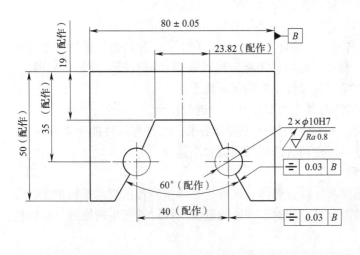
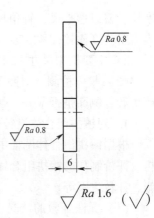

图 1—70　三件镶拼 V 形组合体凹件的结构

（1）结构分析。镶拼体由多个拼块组成，其形状、尺寸和间隙容易控制及调整，便于维修及更换已损坏或过度磨损的部分，所以镶拼体广泛应用于模具等结构中。镶拼体作为一个单元体，使用过程中各部分不允许分离。为保证整体尺寸要求，镶拼结构各拼块尺寸、形状要求非常严格，其尺寸精度、直线度、平面度、平行度、垂直度、表面质量等要求较高。

（2）技术要求分析

1）部件必须按照图样的形状、尺寸要求制作，且镶拼位置正确。

2）镶拼体的侧面平面度公差为 0.03 mm。

3）镶拼体的相互平行度公差为 0.03 mm。

4）镶拼体的凸件和凹件的对称度公差为 0.03 mm，两个侧面倾斜角度为 60°。

5）在插装心棒状态下检测镶拼体凸件和凹件之间的正、反向配合间隙，尺寸为 $1^{+0.05}_{0}$ mm。

6）组合体凸件和凹件的各个侧面应该与其表面保持必要的垂直度，图中未标注，按照垂直度公差为 0.05 mm 检验。

7）除上、下表面的表面粗糙度 $Ra$ 值为 0.8 μm 外，其余各个表面的表面粗糙度 $Ra$ 值均为 1.6 μm。

（3）材料的选择与分析。镶拼体作为模具产品的关键零件，在使用过程中必然与被加工的材料接触、摩擦。为了延长使用寿命，要求其具备一定的强度、硬度、耐磨性、耐冲击性和抗疲劳性。关于镶拼体的材料，一方面希望其加工时的硬度低一些，另一方面希望其使用时的硬度高一些。因此，镶拼体一般选择高碳钢、合金钢或工具钢等材料制作；工艺安排上先粗加工，再热处理提高硬度，最后精加工相关表面。

**3. 修配前的精度检测**

（1）精度检测。对照图样，观察镶拼体外形是否符合要求。分别检查凸件和凹件的结构，特别是倾斜角度的方向是否正确，能否正确镶拼，中间凸、凹镶拼部分左右是否对称，外形有无扭曲、翘曲现象存在，有无毛刺和尖角等情况存在。

（2）尺寸检测。对照图样，应用量具，逐项检查各尺寸的符合程度。

1）主要量具。包括游标高度尺、游标卡尺、外径千分尺、百分表、量块、万能角度尺、刀口形直尺、直角尺、塞尺、心棒、平板、磁性表座、钢直尺、心轴、V 形架、表面粗糙度比较样块、表面粗糙度测量仪、光切显微镜等。

2）主要检测尺寸。对照图样对各个主要尺寸一一进行检测。

（3）整体检测。对照图样，观察镶拼体是否符合要求，凸件与凹件能否正确镶拼。镶拼后各侧面是否平齐，凸件与凹件两者之间的间隙大小是否均匀。

**4. 对镶拼组合体进行修配**

根据镶拼组合体图样中的要求，综合形体、尺寸、整体检测各项技术指标情况，分析、评价制作的镶拼组合体是否合格。针对出现的问题深入探讨其产生的原因、预防措施、补救方案等。

（1）无法补救的情况——出现以下情况需重新制作：

1）制件的形状扭曲，尺寸加工到位，经压力校直纠正后检测外形尺寸超差变小。

2）凸件镶拼部分尺寸超差变小，凹件镶拼部分尺寸超差变大。

3）尺寸到位，侧面与表面不垂直。

4）尺寸到位，间隙超差。

5）厚度超差变小。

（2）能够修配的情况——出现以下情况需要对镶拼组合体进行修配：

1）尺寸不到位，锉修后可以保证尺寸要求。

2）镶拼部分左右不对称，无法装配，修正对称后组装，检测间隙是否合格。

3）形状扭曲，尺寸加工到位，经压力校直纠正后检测外形尺寸超差变大，锉修外形并检测尺寸是否合格。

4）凸件镶拼部分尺寸超差变大，凹件镶拼部分尺寸超差变小，锉修后检测尺寸是否合格。

5）尺寸不到位，侧面与表面不垂直，锉修后检测尺寸是否合格。

6）厚度尺寸大，锉修后检测尺寸是否合格。

## 第5节 零件研磨与抛光

## 一、高精度研磨与抛光方法、要点和操作知识

在模具制造过程中，形状加工后的平滑加工和镜面加工称为模具零件表面的研磨与抛光加工（简称模具的研磨与抛光）。

随着市场对工业产品的多样化、高档化、复杂化、短交货周期等条件的要求下，为适应各行业成形制件的加工需要，模具工作型面的精度和表面质量要求越来越高，尤其是长寿命、高精度模具，其精度已经要求达到微米级。如何提高影响产品质量的模具质量与精度，是一项重要的任务。

模具成形表面的表面粗糙度对模具使用寿命和制造质量都有较大影响。磨削成形表面不可避免地要留下磨痕、裂纹、伤痕等缺陷，这些缺陷对于某些精密模具影响较大，它们会造成模具刃口崩刃，尤其是硬质合金材料对此更为敏感。为消除这些缺陷，成形表面一部分可以采用超精密磨削达到设计要求，但异形和高精度的模具工作表面都需要进行研磨与抛光加工，应在磨削后进行研磨与抛光，它是模具制造过程中的最后一道工序。研磨与抛光工作的好坏直接影响模具使用寿命及成形制品的表面质量、尺寸精度等，它是提高模具质量的重要工序。

各种中、小型冷冲压模和型腔模的工作型面采用电火花和线切割加工后，成形表面形成一层薄薄的变质层，变质层上的许多缺陷也需要用研磨与抛光来去除，以保证成形表面的精度和表面质量。

研磨与抛光加工一般依靠钳工手工加工来完成，传统方法是用锉刀、砂布、油石或电动软轴磨头等工具，所耗费的工时占模具加工总工时的30%左右，既费工耗时，又难以保证质量，已成为模具生产的薄弱环节。随着现代制造技术的发展，采用了电解、超声波加工技术，出现了电解抛光、超声波抛光以及机械—超声波抛光等抛光新工艺，

应用这些工艺可以减轻工人劳动强度，提高抛光速度和质量。

**1. 研磨与抛光的目的、特点及分类**

（1）研磨与抛光的目的

1）提高模具型腔的表面质量，以满足制件表面质量与精度要求。

2）提高模具浇口、流道的表面质量，以降低注射的流动阻力。

3）使制件易于脱模。

4）提高模具接合面精度，防止渗漏。提高模具尺寸精度及形状精度，相对地也提高了制件的精度。

5）对产生反应性气体的材料进行模具成形时，可使模具表面状态良好，具有防止被腐蚀的效果。

6）在金属塑性成形加工中，防止出现粘连和提高成形性能，并使模具工作零件型面与工件之间的摩擦和润滑状态良好。

7）去除电加工时所形成的熔融再凝固层和微裂纹，以防止在生产过程中此层脱落而影响模具的精度和使用寿命。

8）减少了由于局部过载而产生的裂纹或脱落现象，提高了模具工作零件的表面强度和模具使用寿命，同时还可防止产生锈蚀。

（2）研磨与抛光的特点

1）尺寸精度高，加工热量少，表面变形和变质层很轻微，可获得稳定的高精度表面。尺寸精度可达 0.025 μm。

2）形状精度高。由于微量切削，研磨运动轨迹复杂，并且不受运动精度的影响，因此可获得较高的形状精度。球体圆度公差可达 0.025 μm，圆柱体圆度公差可达 0.1 μm。

3）表面粗糙度值低。在研磨过程中磨粒的运动轨迹不重复，有利于均匀磨掉被加工表面的凸峰，从而降低表面粗糙度值。表面粗糙度 $Ra$ 值可达 0.1 μm。

4）表面耐磨性高。由于研磨表面质量提高，使摩擦因数减小，又因有效接触表面积增大，因此使耐磨性提高。

5）抗疲劳强度提高。由于研磨表面存在着残余应力，因此可以提高零件表面的抗疲劳强度。

（3）研磨与抛光的分类

1）按研磨与抛光中的操作方式划分

①手工研磨与抛光。主要靠操作者采用辅助工具进行研磨与抛光。加工质量主要靠操作者的技能水平保证，劳动强度比较大，效率比较低。

②机械研磨与抛光。主要依靠机械进行研磨与抛光，如挤压研磨与抛光、电化学研磨与抛光等。机械研磨与抛光质量不依靠操作者的个人技能水平，工作效率比较高。

2）按磨料在研磨与抛光过程中的运动轨迹划分

①游离磨料研磨与抛光。在研磨与抛光过程中，利用研磨与抛光工具给游离状态的研磨抛光剂施以一定压力，使磨料以不重复的轨迹运动进行微切削作用和微塑性挤压变形。

②固定磨料研磨与抛光。研具本身含有磨料，在加工过程中，研具以一定压力接触被加工表面，磨料和工具的运动轨迹一致。

3）按研磨与抛光的机理划分

①机械作用研磨与抛光。以磨料对被加工表面进行微切削为主的研磨与抛光。

②非机械作用研磨与抛光。主要依靠电能、化学能等非机械能形式进行研磨与抛光。

4）按研磨抛光剂使用的条件划分

①湿研。将由磨料和研磨液组成的研磨抛光剂连续加注或涂敷于研具表面，磨料在研具和被加工表面之间滚动或滑动，形成对被加工表面的切削运动。这种方法加工效率较高，加工表面的几何形状和尺寸精度不如干研，多用于粗研或者半精研。

②干研。将磨料均匀地压嵌在研具表层中，施以一定压力进行研磨加工。这种方法可获得很高的加工精度和低的表面粗糙度值，加工效率低，一般用于精研。

③半干研。类似湿研，使用糊状研磨膏，用于粗研、精研均可。

**2. 研磨与抛光的基本原理**

（1）研磨的基本原理。研磨是使用研具、游离磨料对被加工表面进行微量加工的精密加工方法。将研具表面嵌入或敷涂磨料并添加润滑剂，在一定压力作用下，使研具与工件接触并做相对运动，通过磨料作用，从工件表面切去一层极薄的切屑，使工件具有精确的尺寸、准确的几何形状和较低的表面粗糙度值，这种对工件表面进行的精密加工方法称为研磨。

在研磨过程中，被加工表面发生复杂的物理、化学作用，其主要作用如下：

1）微切削作用。在研具和被加工表面做相互运动时，磨料在压力作用下对被加工表面进行微量切削。在不同加工条件下，微量切削的形式不同。当研具硬度较低、研磨压力较大时，磨粒可镶嵌到研具上，产生刮削作用，这种方式有较高的研磨效率；当研具硬度较高时，磨粒不能镶嵌到研具上，磨粒在研具和被加工表面之间滚动，以其锐利的尖角进行微切削。在研磨脆性材料时，除滑动切削作用和滚动切削作用外，磨粒在压力作用下使加工面产生裂纹，随着磨粒的运动，裂纹不断地扩大、交错，直至形成碎片，成为切屑脱离工件。

2）挤压塑性变形。钝化的磨粒在研磨压力的作用下挤压被加工表面的粗糙凸峰，使凸峰趋向平缓和光滑，被加工表面产生微挤压塑性变形。

3）化学作用。在湿研磨时，所用的研磨剂内除了有磨粒外，还常加有油酸、硬脂酸等酸性物质，这些物质会使工件表面产生一层很软的氧化物薄膜，钢铁材料成膜时间只需 $0.05\ \mathrm{s}$，氧化膜厚度为 $2 \sim 7\ \mathrm{\mu m}$。凸点处的薄膜很容易被磨粒去除，露出的新鲜表面很快地继续被氧化，继续被去掉，如此循环，加速了去除的过程，提高了研磨效率。

（2）抛光的基本原理。抛光是一种比研磨切削更微小的加工，其加工过程与研磨基本相同。研磨所用模具较硬，其微切削作用和挤压塑性变形作用较强，在尺寸精度和表面粗糙度两方面都有明显的加工效果。抛光所用研具较软，其作用是进一步降低表面粗糙度值，获得光滑表面，但是不能改变表面的形状精度和位置精度。抛光加工后的表面粗糙度 $Ra$ 值 $\leqslant 0.4\ \mathrm{\mu m}$。

在所有的机械加工痕迹都被消除，获得洁净的金属表面后，就可以开始抛光加工。通过抛光可以获得很高的表面质量，表面粗糙度 $Ra$ 值可达 0.008 $\mu m$，并使加工面呈现光泽。由于抛光是工件的最后一道精加工工序，因此，要使工件达到尺寸、形状、位置精度和表面粗糙度的要求，加工余量应适当，一般在 0.005～0.05 $\mu m$ 范围内较为适宜，不能太大。加工余量可根据工件的尺寸精度而定，有时就留在工件的公差以内。

**3. 研磨工艺**

（1）研磨运动轨迹。研磨时，研具与工件之间所做的相对运动称为研磨运动。在研磨运动中，研具（或工件）上的某一点在工件（或研具）表面所走过的路线就是研磨运动的轨迹。研磨时选用不同的运动轨迹能使工件表面各处都受到均匀的研磨，通过工件的被加工面与研具工作面做相密合的研磨运动，获得比较理想的研磨效果，保持研具的均匀磨损，延长研具的使用寿命。

研磨运动应满足以下几点要求：

1）研磨运动应保证工件均匀地接触研具的全部表面。这样可使研具表面均匀受载、均匀磨损，且能长久地保持研具本身的表面精度。

2）研磨运动应保证工件受到均匀研磨，即被研工件表面每一点的研磨量均应相同。这对于保证工件的几何形状精度和尺寸均匀性来说至关重要。

3）研磨运动应使运动轨迹不断有规律地改变方向，避免过早地出现重复。这样可使工件表面的无数条切削痕迹能有规律地相互交错抵消，既越研越平滑，从而达到提高工件表面质量的目的。

4）研磨运动应根据不同的研磨工艺要求，具体选取最佳运动速度。研磨细长的大尺寸工件时，需要选取低速研磨；而研磨小尺寸或低精度工件时，则要选择中速或高速研磨，以提高生产效率。

5）整个研磨运动自始至终应力求平稳，特别是研磨面积小而细长的工件时，更要注意使运动方向的改变缓慢，避免拐小弯，运动方向要尽量偏于工件的长边方向并放慢运动速度；否则，会因运动的不平稳造成被研表面的不平或掉边、掉角等质量缺陷。

6）在研磨运动中，研具与工件之间应处于弹性浮动状态，而不应是强制的限位状态。这样可以使工件与研具表面能够更好地接触，把研具表面的几何形状准确地传递给工件。

常用的手工研磨运动形式有直线、摆线、螺旋线、仿"8"字形等。

（2）研磨余量

1）研磨预加工余量的确定。工件在研磨前的预加工将直接影响以后的研磨加工精度和研磨余量。如果研磨前的预加工精度很低，不但研磨工序消耗的工时多，而且研具的磨损也快，往往达不到研磨后预期的工艺效果。因此，为了保证研磨的精度和加工余量，工件在研磨前的预加工应有足够的尺寸精度、几何形状精度和表面质量。

研磨前预加工的精度要求和余量的大小要结合工件的材质、尺寸、最终精度、工艺条件、研磨效率等来确定。对面积大或形状复杂且精度要求高的工件，研磨余量应取较大值；预加工的质量高，研磨余量取较小值。

2）研磨中研磨余量的确定。为了达到最终的精度要求，工件往往需要经过粗研、半精研、精研等多道研磨工序才能完成。而研磨工序之间的加工余量也应考虑研磨加工精度和研磨余量。余量小，下道工序研磨不出应有的效果；余量大，下道工序加工困难。淬硬钢件双向平面研磨余量参考值见表1—7。

表1—7 淬硬钢件双向平面研磨余量

| 工序名称 | | 加工余量（mm） | 磨料粒度 | 表面粗糙度 $Ra$ 值（μm） |
|---|---|---|---|---|
| 备料成形 | | | | 3.2 |
| 淬火前粗磨 | | 0.35 ~ 0.05 | 46# | 0.8 |
| 淬火后精磨 | | 0.05 ~ 0.01 | 60# | 0.4 |
| 1 次 | 粗研 | 0.011 ~ 0.003 | W5 ~ W7 | 0.1 |
| 2 次 | | 0.004 ~ 0.001 | W3.5 | 0.05 |
| 1 次 | 半精研 | 0.001 5 ~ 0.000 5 | W2.5 | 0.025 |
| 2 次 | | 0.000 5 ~ 0.000 3 | W1.5 | 0.012 |
| 精研 | | 达到最后公称尺寸 | W1 ~ 1.5 | 0.008 |

### 4. 研磨的压力、速度、时间和步骤

（1）研磨的压力。研磨过程中，工件与研具的接触面积由小到大，适当地调整研磨压力，可以获得较高的效率和较低的表面粗糙度值。但是研磨的压力不能太大，当研具硬度较高而研磨压力太大时，磨粒很快被压碎，使切削能力降低，特别是在干研磨时更明显。当研具硬度较低而研磨压力过大时，磨料会被大量地嵌进研具表面，使切削能力大大增强，但因研具的动作加剧而导致工件和研具受热变形，直接影响到研磨质量和研具的使用寿命。反之，研磨的压力也不能太小，压力太小会使切削能力降低，同时生产效率也降低。在一定范围内，研磨压力与生产效率成正比。

研磨压力一般取 0.01 ~ 0.5 MPa。一般手工粗研磨的压力为 0.1 ~ 0.2 MPa；精研磨的压力为 0.01 ~ 0.05 MPa。对于机械研磨来说，因机床开始启动时摩擦力很大，研磨压力可以调小些。在研磨过程中，可调到某一定值。研磨终了时，为获得高精度，研磨压力可再减小些。在所用压力范围内，工件表面粗糙度值是随着研磨压力的降低而降低的。当研磨压力为 0.04 ~ 0.2 MPa 时，对降低工件表面粗糙度值收效较为显著。一般对较薄的平面工件，允许的最大压力为 0.3 MPa。

（2）研磨的速度。在一定条件下，提高研磨速度可以提高研磨效率；但是，如果工件的加工精度要求很高，采用较高的研磨速度进行研磨就不能得到令人满意的效果。较高研磨速度的缺点如下：

1）将产生较高的热量，使精度降低。

2）使研具表面磨损较快，从而影响工件的几何形状和精度。

3）对圆盘研磨来说，可使研磨盘外圈和内圈的速度差增大，因研磨量与研磨所走

的路程成正比，所以经常是外圈的研磨量大于内圈的研磨量。

合理地选择研磨速度应考虑加工精度以及工件的材质、硬度、研磨面积等，同时也要考虑研磨的加工方式等多方面因素。一般研磨速度应为 10~150 m/min；对于精密研磨来说，其研磨速度应选择 30 m/min 以下；一般手工粗研磨每分钟往复 40~60 次；精研磨每分钟往复 20~40 次。

（3）研磨的时间。研磨的时间和研磨速度这两个研磨要素是密切相关的，它们都与研磨中工件所走的路程成正比。在研磨的初始阶段，因有工件的原始表面粗糙度和几何误差，工件与研具接触面积较小，使磨粒压下较深。随着研磨时间的增加，磨粒压下渐浅，通过工件表面的磨粒增多，工件几何误差的消除和表面质量的改善较快，随后工件与研具上的磨粒接触较多，此时磨粒压下的深度较浅，各点切削厚度趋于均匀，则研磨速度逐步慢下来。研磨时间再加长，超过一定的研磨时间后，磨粒钝化得更细，压下更浅，切削能力也更低，并逐渐趋向稳定，不仅加工精度趋向稳定不再提高，甚至会因过热变形而丧失精度，并使研磨效率降低。

对粗研磨来说，为获得较高的研磨效率，其研磨时间主要根据磨粒的切削快慢来决定。对精研磨来说，研磨时间在 1~3 min 范围时，对研磨效果的改变已变缓；超过 3 min 时，对研磨效果的提高没有显著影响。为提高研磨效率，缩短总的研磨时间，对每种粒度的磨料所对应的最佳研磨时间应严格控制。

（4）研磨的步骤。仅就研磨来说，使工件表面呈镜面，并不是最后的抛光这一个工序所能加工出来的，而是要经过粗研磨、半精研磨、精研磨等多道工序的预加工。工件表面粗糙度值要求得越低，抛光之前的预研磨工序也就越多，表面粗糙度值的降低是循序渐进的。例如，进行一次粗研磨，可使工件表面呈暗光泽面，表面粗糙度 $Ra$ 值达 0.1 μm；进行两次粗研磨，可使工件表面呈亮光泽面，表面粗糙度 $Ra$ 值达 0.05 μm；进行一次半精研磨，可使工件表面呈镜状光泽面，表面粗糙度 $Ra$ 值达 0.025 μm；进行两次半精研磨，可使工件表面呈雾状镜面，表面粗糙度 $Ra$ 值达 0.012 μm；进行最终精研磨（抛光），可使工件表面呈镜面，表面粗糙度 $Ra$ 值达 0.008 μm。

### 5. 磨料与研磨剂

（1）磨料。在研磨与抛光加工中，磨料起着对被加工工件表面进行微切削和微挤压的作用，对加工质量起着重要作用。

1）磨料的种类。磨料的种类很多，一般是按硬度来划分的。硬度最高的是金刚石，包括人造金刚石和天然金刚石两种；其次是碳化物类，如黑碳化硅、绿碳化硅、碳化硼等；再次是硬度较高的刚玉类，如棕刚玉、白刚玉、单晶刚玉、铬刚玉、微晶刚玉、黑刚玉、锆刚玉、烧结刚玉等；硬度最低的是氧化物类（又称软质化学磨料），有氧化铬、氧化铁、氧化镁、氧化铈等。磨料也可按天然磨料和人造磨料来分类。由于天然磨料存在着杂质多、磨料不均匀、售价高、优质磨料资源缺乏等限制，因此目前几乎全部使用人造磨料。

可根据被加工材料的软硬程度和表面粗糙度以及研磨与抛光的质量要求等选择磨料的种类。常用磨料的种类及用途见表1—8。

表1—8 常用磨料的种类及用途

| 系列 | 磨料名称 | 颜色 | 硬度和强度 | 用途 | |
|---|---|---|---|---|---|
| | | | | 工件材料 | 应用范围 |
| 金刚石 | 人造金刚石 | 灰色至黄白色 | 最硬 | 硬质合金、光学玻璃 | 粗研磨 |
| | 天然金刚石 | | | | 精研磨 |
| 碳化物 | 黑碳化硅 | 黑色半透明 | 比刚玉硬，性脆而锋利 | 铸铁、黄铜 | |
| | 绿碳化硅 | 绿色半透明 | 比黑碳化硅硬而脆 | 硬质合金 | |
| | 碳化硼 | 灰黑色 | 比碳化硅硬而脆 | 硬质合金、硬铬 | |
| 刚玉 | 棕刚玉 | 棕褐色 | 比碳化物稍软，韧性好，能承受较大压力 | 淬硬钢、铸铁 | |
| | 白刚玉 | 白色 | 硬度比棕刚玉高，而韧性稍低，切削性能好 | | |
| | 铬刚玉 | 紫红色 | 韧性比白刚玉高 | | |
| | 单晶刚玉 | 透明，无色 | 多棱，硬度高，强度高 | | |
| 氧化物 | 氧化铬 | 深绿色 | 质软 | 淬硬钢、铸铁、黄铜 | 极细的精研磨（抛光） |
| | 氧化铁 | 铁红色 | 比氧化铬软 | | |
| | 氧化镁 | 白色 | 质软 | | |
| | 氧化铈 | 土黄色 | 质软 | | |

2）磨料的粒度。磨料的粒度是指磨料的颗粒尺寸。磨料可按其颗粒尺寸的大小分为磨粒、磨粉、微粉和超微粉四组。其中磨粒和磨粉这两组磨料的粒度号数用每英寸筛网长度上的网眼数目表示，其标志是在粒度号数的数字右上角加"#"符号。例如，240#是指每英寸筛网长度上有240个孔。粒度号的数值越大，表明磨粒和磨粉越细小。而微粉和超微粉这两组磨料的粒度号数是以颗粒的实际尺寸来表示的，其标志是在颗粒尺寸数字前加一个字母"W"，有时也可将其折合成筛孔号。例如，W20是表示磨料颗粒的实际尺寸在14~20 μm之间，折合筛孔号为500#。

在各种磨料的粒度中又有粗、中、细不同的颗粒。中粒是研磨粉中的基本粒度，是决定磨料研磨能力的主要因素，在粒度组成中占有较大的比例；细粒在研磨中起很小的研削作用；粗粒除对研磨工件的质量不利外，还会降低研磨效率，应在粒度组成中尽量减少它们的数量。因此，从研磨的效率和工作的质量来说，都要求磨料的颗粒均匀。经过离心分选后研磨粉的研磨能力将比分选前提高20%。

磨料粒度主要依据研磨与抛光前被加工表面的表面粗糙度以及研磨与抛光后的质量要求进行选择。粗加工选择大的粒度，精加工选择小的粒度。磨料粒度的选择见表1—9。

表1—9　　　　　　　　　　　　　　　磨料粒度的选择

| 粒度 | 能达到的表面粗糙度 $Ra$ 值（ μm） | 粒度 | 能达到的表面粗糙度 $Ra$ 值（ μm） |
| --- | --- | --- | --- |
| $100^\# \sim 120^\#$ | 0.8 | W28 ～ W14 | 0.20 ～ 0.10 |
| $120^\# \sim 320^\#$ | 0.8 ～ 0.20 | ＜ W14 | ≤0.10 |

3）磨料的硬度。磨料的硬度是指磨料表面抵抗局部外作用的能力，而磨具（如油石）的硬度则是黏结剂黏结的磨料在受外力时的牢固程度，它是磨料的基本特性之一。研磨加工就是利用磨料与被研工件的硬度差来实现的，磨料的硬度越高，它的切削能力越强。

4）磨料的强度。磨料的强度是指磨料本身的牢固程度，也就是当磨粒锋刃还相当尖锐时能承受外加压力而不破碎的能力。强度差的磨料，它的磨粒粉碎得快，切削能力低，使用寿命短。这就要求磨粒除了具有较高的硬度外，还应具有足够的强度，才能更好地进行研磨加工。

（2）研磨剂。研磨剂是磨料与润滑剂合成的一种混合剂。常用的研磨剂有液体和固体（或膏状）两大类。

1）液体研磨剂。液体研磨剂由磨料、硬脂酸、航空汽油、煤油等配制而成。其中，磨料主要起切削作用；硬脂酸溶于汽油中，可增加汽油的黏度，以降低磨料的沉淀速度，使磨料更易均布，此外，在研磨时硬脂酸还有冷却、润滑和促进氧化的作用；航空汽油主要起稀释作用，将磨料聚团稀释开，以保证磨料的切削性能；煤油主要起冷却、润滑作用。

2）固体研磨剂。固体研磨剂主要是指研磨膏，常用的有抛光用研磨膏、研磨用研磨膏、研磨硬性材料（如硬质合金等）用研磨膏三大类。一般选择多种无腐蚀性载体（如硬脂酸、二乙醇胺、肥皂片、石蜡、凡士林、聚乙二醇硬脂酸酯、雪花膏等）加不同磨料来配制研磨膏。

**6. 研具**

（1）研具材料。研具材料应具备以下技术条件：组织结构细致、均匀；有很高的稳定性和耐磨性；具有很好的嵌存磨料的性能；原则上工作面的硬度应比工件表面硬度稍低，但研具材料过软会使磨粒全部嵌入研具表面而使切削作用降低。

一般金属研具材料有灰铸铁、低碳钢、纯铜、黄铜、青铜、铅、锡、铅锡合金、铝、巴氏合金等。非金属研具主要使用木、竹、皮革、毛毡、玻璃、涤纶织物等材料。

灰铸铁中含有石磨，所以耐磨性、润滑性和研磨效率都比较理想（特别是精研磨），灰铸铁研具用于淬硬钢、硬质合金和铸铁材料的研磨；低碳钢强度较高，用于较小孔径的研磨；黄铜和纯铜用于研磨余量较大的情况，加工效率比较高，但加工后表面光泽性差，常用于粗研磨；硬木、竹片、塑料、皮革等材料常用于窄缝、深槽及非规则几何形状的精研磨和抛光。

（2）研具

1）普通油石。普通油石一般用于粗研磨，它由氧化铝或碳化硅等磨料和黏结剂压制烧结而成。使用时根据型腔形状磨成需要的形状，并根据被加工表面的表面粗糙度和材料硬度选择硬度与粒度。当被加工零件材料较硬时，应该选择较软的油石；反之，则选较硬的油石。当被加工零件表面质量要求较高时，油石要细一些，组织要致密些。

2）研磨平板。研磨平板主要用于单一平面及中、小镶件端面的研磨与抛光，如冲裁凹模端面、塑料模中的平面分型面等。研磨平板使用灰铸铁材料，并在平面上开设相交成60°或90°、宽1～3 mm、距离为15～20 mm的槽。研磨与抛光时在研磨平板上放置微粉和抛光液。

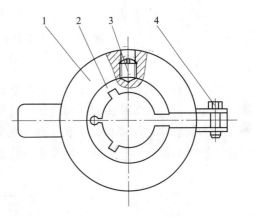

图1—71　可调式研磨环
1—研磨套　2—研磨环
3—限位螺钉　4—调节螺钉

3）研磨环。研磨环是用于车床或磨床上对外圆表面进行研磨的一种研具，研磨环有固定式和可调式两类。固定式研磨环的研磨内径不可调节，而可调式研磨环的研磨内径可以在一定范围内调节，以适应研磨外圆尺寸的变化，如图1—71所示。

4）研磨心棒。固定式研磨心棒的外径不可调节，心棒外圆表面带有螺旋槽，以容纳研磨抛光剂。可调节心棒如图1—72所示。

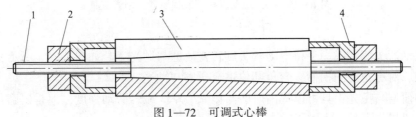

图1—72　可调式心棒
1—心棒　2—螺母　3—研磨套　4—套

5）研磨与抛光辅助工具。研磨与抛光辅助工具有多种，如手持电动往复式、电动直杆螺旋式、电动弯头旋转式等，应根据被加工表面的形状特点进行选择。

　　①手持电动往复式。如图1—73所示，它的质量约为0.5 kg，操作灵活、方便。工作时手握研磨柄，动力从软轴传来，带动球头杆做直线往复运动，最大行程为20 mm，每分钟往复次数最多为5 000次。球头杆前端配2~6 mm大小的圆形或矩形研磨环，可进入狭长的沟槽研磨与抛光。若将球头杆换成油石夹头、砂布夹头或金刚石整形锉刀等，可进行较大尺寸的平面或曲面的研磨与抛光。

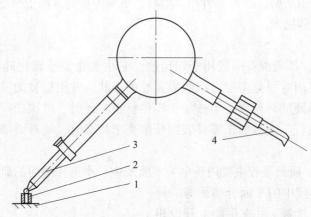

图1—73　手持电动往复式研磨与抛光工具
1—工件　2—研磨环　3—球头杆　4—软轴

　　②电动直杆螺旋式。手持电动直杆螺旋式研磨与抛光工具如图1—74所示，安装研磨与抛光工具的夹头高速旋转实现研磨与抛光。夹头上可以配置特形金刚石砂轮，研磨与抛光不同曲率的凹弧面。夹头上也可配置 $R4~12$ mm 的塑胶研磨与抛光套或毛毡抛光轮，研磨与抛光形状复杂的型腔或型孔。

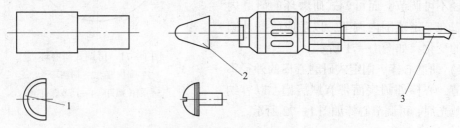

图1—74　手持电动直杆螺旋式研磨与抛光工具
1—抛光套　2—砂轮　3—软轴

　　③电动弯头旋转式。手持电动弯头旋转式研磨与抛光工具如图1—75所示，它可以伸入型腔，对有角度的拐槽、弯角部位进行研磨与抛光。

　　辅助研磨与抛光工具可以提高研磨与抛光效率，减轻劳动强度，但是研磨与抛光质量仍取决于操作者的技术水平。

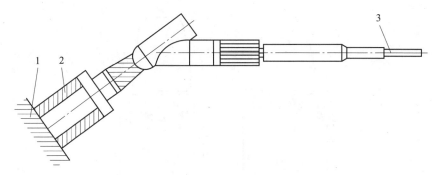

图1—75  手持电动弯头旋转式研磨与抛光工具
1—工件  2—研抛环  3—软轴

**7. 抛光工具**

（1）手工抛光工具

1）平面用抛光器。如图1—76所示，抛光器手柄的材料为硬木，在抛光器的研磨面上用刀刻出大小适当的凹槽，在离研磨面稍高的地方刻出用于缠绕布类制品的止动凹槽。

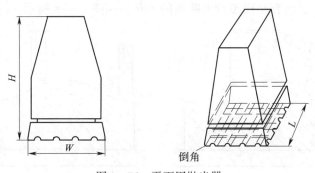

图1—76  平面用抛光器

若使用粒度较粗的研磨剂进行研磨加工，只需将研磨膏涂在抛光器的研磨面上进行研磨即可。

若使用极细的超微粉（如W1）进行抛光作业，可将人造皮革缠绕在研磨面上，再把磨粒放在人造皮革上并以尼龙布缠绕，用铁丝沿止动凹槽捆紧后进行抛光加工。

若使用更细的磨料进行抛光，可把磨料放在经过尼龙布包扎的人造皮革上，以粗料棉布或法兰绒再包扎后进行抛光加工。原则上是磨料越细，采用越柔软的布包卷。每一种抛光器只能使用同种粒度的磨料。各种抛光器不可混放在一起，应使用专用密封容器保管。

2）球面用抛光器。如图1—77所示，球面用抛光器的制作方法与平面用抛光器基本相同。抛光凸型工件的研磨面时，抛光器的曲率半径一定要比工件曲率半径大3 mm；抛光凹形工件的研磨面时，抛光器的曲率半径应比工件曲率半径小3 mm。

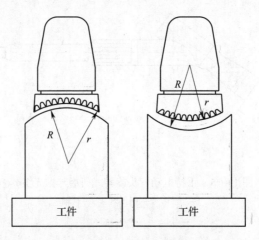

图 1—77　球面用抛光器

3）自由曲面用抛光器。对于平面或球面的抛光作业，由于其研磨面和抛光器保持紧密接触的位置关系，因此不在乎抛光器的大小。但是自由曲面是呈连续变化的，使用太大的抛光器容易损伤工件表面的形状，因此，对于自由曲面，应使用小型抛光器进行抛光，抛光器越小，越容易模拟自由曲面的形状，如图 1—78 所示。

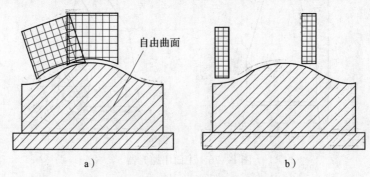

图 1—78　自由曲面用抛光器
a）大型抛光器　b）小型抛光器

（2）电动抛光工具。由于模具工作零件型面的手工抛光工作量大，因此在模具行业中正在逐步扩大应用电动抛光工具，以提高抛光效率及降低劳动强度。所使用的电动抛光工具即前面所述的研磨与抛光辅助工具。

电动抛光机的结构在前面已经介绍过，下面介绍两种常用的抛光方法：

1）加工面为平面或曲率半径较大的规则面时，采用手持角式旋转研抛头或手持直身式旋转研抛头，配用铜环，将抛光膏涂在工件上进行抛光加工。

2）加工面为小曲面或形状复杂的型面时，采用手持往复式研抛头，配用铜环，将抛光膏涂在工件表面进行抛光加工。

（3）新型抛光磨削头。新型抛光磨削头是采用高分子弹性多孔性材料制成的一种新型磨削头。这种磨削头具有微孔海绵状结构，磨料均匀，弹性好，可以直接进行镜面加工，使用时磨削力均匀，产生热量少，不易堵塞，能获得平滑、光洁、均匀的表面。

弹性磨料配方有多种，分别用于磨削各种材料。磨削头在使用前可用砂轮修整成各种需要的形状。

### 8．常用的研磨与抛光方法

（1）手工研磨与抛光

1）用油石研磨与抛光。用油石研磨主要是对型腔的平坦部位和槽的直线部分进行抛光。研磨与抛光前应做好以下准备工作：

①选择适当种类的磨料、粒度、形状和硬度的油石。

②应根据研磨与抛光面的大小选择适当大小的油石，以使油石能纵横交叉运动。当油石形状与加工部位的形状不吻合时，需用砂轮修整器对油石形状进行修整。如图1—79 所示为修整后用于加工狭小部位的油石。

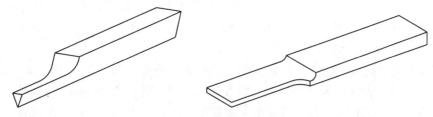

图1—79　修整后的油石

当型面存在较大的加工痕迹时，油石粒度可以选择320#左右，按表1—10 选用。硬的油石会加深痕迹。

表1—10　　　　　　　　　　　　　　　　　油石的选用

| 油石粒度 | 320# | 400# | 600# | 800# |
|---|---|---|---|---|
| 能达到的表面粗糙度 $Ra$ 值（μm） | 1.6 | 1.0 | 0.40 | 0.32 |

研磨与抛光过程中由于油石与工件紧密接触，油石的平面度将因磨损而变差。对磨损变钝的油石应及时在铁板上用磨料加以修整。

研磨与抛光时需要使用研磨液，研磨液在研磨过程中起调和磨料的作用，使磨料分布均匀，也起润滑和冷却的作用，有时还起一定的化学作用，加速研磨与抛光过程。常用的研磨液是 L—AN15 全损耗系统用油。精研时可用 L—AN15 全损耗系统用油一份，煤油三份，透平油或锭子油少量，轻质矿物油和变压器油适量。

在加工过程中要经常用清洗油对油石和加工表面进行清洗；否则，会因油石气孔堵塞而使加工速度下降。

2）用砂布研磨与抛光。研磨与抛光用砂布有氧化铝、碳化硅、金刚砂砂布，根据不同的研磨与抛光要求可采用不同粒度号数的砂布。操作时手持砂布，压在加工表面上做缓慢运动，以去除机械加工的切削痕迹，使表面粗糙度值减小，这是一种常见的研磨与抛光方法。研磨与抛光时可用比研磨零件材料软的竹或硬木压在砂布上进行。抛光过程中必须经常对抛光表面和砂布进行清洗，并按照抛光的程度依次改变砂布的粒度号数，研磨液可使用煤油、轻油。

3）用磨粒研磨与抛光。用磨粒进行研磨是在工件和工具（研具）之间加入研磨剂，在一定压力下由工具和工件间的相对运动驱动大量磨粒在加工表面上滚动或滑擦，切下微细的金属层而使加工表面的表面粗糙度值减小。同时，研磨剂中加入硬脂酸或油酸，它与工件表面的氧化物薄膜产生化学作用，使被研磨表面软化，从而促进研磨效率的提高。

研磨剂由磨料、研磨液（煤油或煤油与汽油的混合液）及适量辅料（硬脂酸、油酸或工业甘油）配制而成。研磨钢时，粗加工用碳化硅或白刚玉，淬火后的精加工则使用氧化铬或金刚石粉作磨料。

4）用研磨膏研磨与抛光。用竹棒、木棒作为研磨与抛光工具涂上研磨膏进行研磨。研磨膏在使用时要用煤油或汽油稀释。

（2）电动工具研磨与抛光。主要用于模具研磨与抛光的手持电动工具是电动抛光机。电动抛光机带有三种不同的研抛头。使用不同的研抛头，配上不同的磨削头，可以进行各种不同的研磨与抛光工作。

1）往复式研抛头。往复式研抛头的一端与软轴连接，另一端可安装研具或锉刀、油石等。研抛头在软轴传动下可频繁地往复运动，最大行程为 20 mm，往复频率最高可达 5 000 次/min。研抛头工作端可按加工需要在 270°范围内调整。应用的研具主要以圆形或方形铜环、圆形或方形塑料环配上球头杆。卸下球头杆可安装金刚石锉刀、油石夹头或砂布夹头。

2）直身式旋转研抛头。直身式旋转研抛头在软轴传动下做高速旋转运动。可装夹 $\phi 2 \sim 12$ mm 的特型金刚石砂轮进行复杂曲面的修磨。装上打光球用的轴套，用塑料研磨套可研抛圆弧部位。装上各种尺寸的羊毛毡抛光头可进行研磨与抛光。

3）角式旋转研抛头。角式旋转研抛头呈角式，因此便于伸入型腔。应用的场合主要包括：与铜环配合适用于研磨与抛光工序；与塑料环配合适用于抛光、研光工序；将尼龙纤维圆布、羊毛毡紧箍于布用塑料环上用于抛光。

**9. 其他研磨与抛光技术**

（1）超声波抛光。人耳能听到的声波频率为 16 ～ 16 000 Hz，频率低于 16 Hz 的声波称为次声波，频率超过 16 000 Hz 的声波称为超声波。用于加工和抛光的超声波频率为 16 000 ～ 25 000 Hz。超声波和普通声波的区别是频率高，波长短，能量大，有较强的束射性，传播过程中反射、折射、共振、损耗等现象显著。

超声波抛光是超声波加工的一种特殊应用，超声波抛光是利用工具端面做超声波振动，迫使磨料悬浮液对硬脆材料表面进行加工的一种方法。它对工件只进行微量尺寸加工，加工后能提高表面精度。超声波抛光不但可以减小工件表面粗糙度值，而且可以得到近似镜面的光亮度。

1）超声波抛光的基本原理。超声波的作用是降低表面粗糙度值，其原理如图 1—80 所示。超声波抛光的主要作用是磨料在超声波振动下的机械撞击和抛磨。抛光时，抛光工具 4 与工件 6 之间加入由磨料和工作液组成的磨料悬浮液 5，并使抛光工具对工件保持 3 ～ 5 N 的静压力，推动抛光工具以 10 ～ 30 次/min 的频率做平行于工件表面的往复运动，换能器 2 通入 50 Hz 的交流电，产生 16 000 Hz 以上的超声波纵向振动，并借助变幅杆 3 把位移振幅放大到 0.05～0.1 mm，驱使抛光工具端面做超声振动，迫使悬浮液中的磨料以很大的速度不断撞击、抛磨被加工表面，使被加工表面的材料不断遭到破坏，并粉碎成很细的微粒，从材料上被打击下来，实现微切削作用。虽然每次打击下来的粉末很少，但由于每秒打击次数多达 16 000 次以上，因此仍能保持一定的加工效率。其次是工作液中的空化作用加速了超声波抛光和加工的效率。所谓空化作用，是指当产生正面冲击时促使工作液钻入被加工表面的微裂处，加速了机械破坏作用。在高频振动的某一瞬间，工作液又以很大的加速度离开工件表面，工件表面的微细裂纹间形成负压和局部真空。同时，在工作液内也形成很多微空腔，当

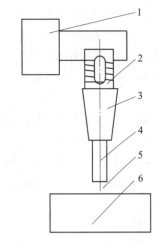

图1—80 超声波抛光基本原理
1—超声波发生器 2—换能器 3—变幅杆
4—抛光工具 5—磨料悬浮液 6—工件

工具端面以很大的加速度接近工件表面时，迫使空泡闭合，引起极强的液压冲击波，强化了加工过程。

2）超声波抛光的特点

①适用于加工硬脆材料及不导电的非金属材料。

②抛光工具对工件的作用力和热影响小，不会产生变形、烧伤和变质层，表面的加工量非常微小，加工精度可达 0.01～0.02 mm，表面粗糙度 $Ra$ 值可达 0.012 μm。

③可以抛光薄壁、薄片、窄缝及低刚度零件。

④超声波抛光设备简单，使用及维修方便，操作容易，效率高。

⑤由于抛光时工具头无旋转运动，因此工具头可以用软材料做成复杂形状，可以抛光复杂的型孔和型腔表面。

3）超声波抛光工艺

①抛光余量。模具成形表面经过电火花精加工后，进行超声波抛光时的抛光余量一般控制为 0.02～0.04 mm，特殊情况下抛光余量可小于或等于 0.15 mm。

②抛光方式。欲使表面粗糙度 $Ra$ 值为 2.5～1.25 μm 的表面抛光后达到 0.63～0.08 μm，要经过逐级抛光才能实现。一般要经过粗抛、细抛和精抛三个阶段。粗抛光时采用固定磨料或采用 180# 左右的磨料进行抛光；细抛光时采用游离磨料方式，磨料粒度为 W40 左右；最后精抛光时采用 W5～W3.5 的磨料进行干抛（不加工作液）。每次更换磨料时，都应该将工具头和抛光表面清洗干净。

（2）挤压研磨与抛光。挤压研磨与抛光属于磨料流动加工，也称为挤压研磨。它不仅能对零件表面进行光整加工，还可以去除零件内部通道上的毛刺。

1）基本原理。挤压研磨与抛光是指将含有磨料的油泥状黏弹性高分子介质组成的黏弹性研磨抛光剂，用一定压力挤过被加工表面，通过磨料颗粒的刮削作用去除被加工

表面的微观不平材料的工艺方法。磨料颗粒相当于"软砂轮"，在流动中紧贴零件加工表面的磨料实施摩擦和切削作用，将"切屑"从被加工表面刮离。如图1—81所示为挤压研磨与抛光的加工过程，工件5安装在夹具4中，夹具与上、下磨料室相通，磨料室内充满黏弹性研磨抛光剂，由上、下活塞依次往复运动，对研磨抛光剂施加压力，使研磨抛光剂在一定压力作用下反复从被加工表面滑擦通过，从而达到研磨与抛光的目的。

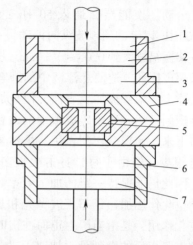

图1—81　挤压研磨抛光的加工过程
1—上磨料室　2—上活塞
3—研磨抛光剂　4—夹具　5—工件
6—下磨料室　7—下活塞

2）特点

①适用范围广。由于研磨抛光剂是一种半流体状态的黏弹性介质，它可以与任何形状复杂的被加工表面相吻合，因此适用于各种复杂表面的加工。同时，它的加工材料范围广，无论是高硬度模具材料，还是铸铁、铜、铅等材料，以及陶瓷、硬塑料等非金属材料都可以加工。

②抛光效果好。挤压研磨与抛光后的尺寸精度、表面粗糙度与抛光前的原始状态有关。电火花线切割加工后的表面经挤压研磨与抛光后表面粗糙度 $Ra$ 值可达 $0.05 \sim 0.04 \mu m$，尺寸精度可达 $0.002\,5 \sim 0.01\,mm$，完全可以去除电火花加工后的表面质量缺陷。但是挤压研磨与抛光属于均匀"切削"，它不能修正原始加工的形状误差。

③抛光效率高。挤压研磨与抛光的加工余量一般为 $0.01 \sim 0.1\,mm$，所需要的研磨与抛光时间为几分钟至十几分钟，与手工研磨与抛光相比，大大提高了生产效率。

3）工艺参数。挤压研磨与抛光的工艺参数包括磨料的种类和粒度与磨料在研磨抛光剂中的含量、研磨抛光剂的黏度、挤压压力、研磨抛光剂的流动速度和流量四个方面。

磨料的种类和粒度与磨料含量可根据被加工零件的材料类型和加工要求选取。

研磨抛光剂的黏度根据加工要求选取。对于完全是研磨抛光性的加工，选取高黏度研磨抛光剂。如果有去毛刺和倒圆性质的研磨与抛光，应选取中等黏度的研磨抛光剂。

挤压压力一般根据机床提供的范围选取，机床可提供的挤压压力在 $700 \sim 20\,000\,kPa$ 之间。一般先从低压力开始选取。

挤压研磨抛光剂的流量也在机床提供的范围内选取，一般机床的流量范围为 $7 \sim 225\,L/min$，机床磨料缸的容量为 $0.1 \sim 3\,L$，研磨与抛光时可根据不同的加工要求选取。

例如，某硬质合金拉丝模进行挤压研磨与抛光的工艺参数如下：金刚石磨料，研磨抛光剂用高黏度研磨抛光剂，研磨抛光剂容积为 $2 \sim 4\,L$，研磨抛光剂温度为43℃，挤压压力为 $5\,488\,kPa$，冲程次数（单程）为 $30$ 次/min，研磨抛光余量（单面）为 $0.025 \sim 0.05\,mm$，加工时间为 $3.8\,min$，表面粗糙度 $Ra$ 值由 $0.75\,\mu m$ 降到 $0.15\,\mu m$。

（3）喷丸抛光。喷丸抛光是指利用含有细微玻璃球的高速干燥气流对被抛光表面进行喷射，去除表面微量金属材料，降低表面粗糙度值的方法。喷丸抛光与喷砂使用的磨料类型不同，喷丸抛光所用的玻璃球颗粒更细，喷射后的玻璃球不循环使用。

喷丸抛光在模具加工中主要用于去除电火花加工后形成的表面变质层。影响其加工速度的因素有磨料粒度、喷嘴直径、喷嘴到加工面的距离、喷射速度和喷射角度。喷丸抛光的工艺参数如下：

1）磨料。喷丸抛光所用的磨料为玻璃球，磨料颗粒尺寸为 10～150 μm。

2）载体。气体喷丸抛光的载体可用干燥空气、二氧化碳等，但不得用氧气。气体流量为 28 L/min 左右，气体压力为 0.2～1.3 MPa，流速为 152～335 m/s。

3）喷嘴。喷嘴材料要求耐磨性好，多采用硬质合金材料。

在加工非球面透镜塑料注塑模成形表面时，成形表面的表面粗糙度值要求很低，为实现高质量表面抛光和形状复杂表面的抛光，研制出程序控制抛光机，它适用于各种高精度复杂曲面的研磨与抛光。

程序控制抛光机由计算机、数控系统、机械系统、附件等组成。这种抛光方式能有效地保证加工质量，减轻人工研磨与抛光的随意性，同时降低了劳动强度，提高了生产效率。

加工前将被加工工件的材料状态、抛光前的表面质量和加工尺寸与研磨和抛光后的表面质量要求等参数输入计算机中，由计算机自动设定各项工艺参数，控制各种形状曲面的运动轨迹和加工压力。为保证加工的均匀性，可改变抛光头的运动速度，移动加工表面，改变工作台的回转速度等。在加工前和加工过程中，均可以采用人机对话修正加工工艺参数。

（4）照相腐蚀。随着人们审美意识的加强，越来越多的塑料制品表面装饰有凸凹文字、图案或花纹（皮革纹、橘皮纹等）。照相腐蚀广泛用于模具工作型面上图形、文字和花纹的加工，这是一种高质量、低成本、高效、可靠的加工工艺，是照相制版和化学腐蚀的结合。简单的图案、文字也可采用机械刻制或电火花加工法进行加工。

1）特点。照相腐蚀作为模具成型面精饰加工的一种特殊工艺有如下特点。

①用照相腐蚀加工的图案、文字精度高，图案仿真性强，腐蚀深度均匀。

②用照相腐蚀加工的模具图案、文字可在零件淬火、抛光后进行。

③可以在曲面上加工图案、文字。

④可靠性高（图案、文字加工是零件加工的最后一道工序）。

2）对模具成形零件的要求

①材料要求。钢材除应具有强度高、韧性好、硬度高、耐磨性和耐腐蚀性好、切削加工性能优良、易抛光等优点外，还应具有良好的图案、文字蚀刻性能，即钢质晶粒细小，组织结构均匀。常用的 45 钢、T8、T10、40Cr、CrWMn 等均具有良好的蚀刻性，而 00Cr12、Cr12MoV 等材料的蚀刻性较差，花纹装饰效果不太理想。另外，在加工前应对钢材的偏析做相应处理。

②脱模斜度。如果型腔侧壁要制作图案、文字，则应有较大的脱模斜度。脱模斜度除根据塑件的材料、尺寸、精度确定以外，还须考虑图案、文字深度对脱模斜度的要求，图案、文字越深，脱模斜度越大（一般为 1°～2.5°），当图案、文字深度大于 100 μm 时，脱模斜度应在 4°以上。

③表面粗糙度。在极光洁的型腔表面制作图案、文字时，涂感光胶和贴花纹版时会打滑，不易粘牢，但表面太粗糙时图案、文字的效果也不好，因此表面粗糙度要适当。如果是亚光细砂纹，取表面粗糙度 $Ra$ 值为 0.8～0.4 μm；对于细花纹或砂纹，取表面粗糙度 $Ra$ 值为 1.6 μm；对于一般花纹，取表面粗糙度 $Ra$ 值为 3.2 μm；如果是粗花纹，表面粗糙度值还可适当增大。

④镶嵌块结构。如果图案、文字面积很小，可做成镶嵌块，只对镶嵌块进行照相腐蚀。这种方法的工艺性好，容易制作，不会因为腐蚀的失败而报废模具成形零件，且花纹磨损后镶嵌块更换方便。

## 二、互换性知识

### 1. 互换性与公差的概念和作用

（1）互换性的概念。互换性的概念在日常生活中随处可见。例如，灯泡坏了，可以换个新的；自行车、缝纫机、钟表的零部件坏了，也可以换个新的。之所以这样方便，是因为这些合格的产品和零部件具有在尺寸、功能上能够彼此互相替代的性能，即它们具有互换性。广义地说，互换性是指一种产品、过程或服务代替另一产品、过程或服务能满足同样要求的能力。

机械工业生产中，经常要求产品的零部件具有互换性。什么是机械产品零部件的互换性呢？以圆柱齿轮减速器为例，它由箱体、端盖、滚动轴承、输出轴、平键、齿轮、轴套、齿轮轴、垫片、挡油环、螺钉等许多零部件组成，而这些零部件是分别由不同的企业和车间制成的。装配减速器时，在制成的统一规格零部件中任取一件，若不需经过任何挑选或修配，便能与其他零部件安装在一起成为一台减速器，并且能够达到规定的功能要求，则说这样的零部件具有互换性。零部件的互换性就是同一规格零部件按照规定的技术要求制造，能够彼此相互替换使用而效果相同的性能。

在加工零件的过程中，由于种种因素的影响，零件各部分的尺寸、形状、方向、位置、表面粗糙度轮廓等几何量难以达到理想状态，总是有或大或小的误差。但从零件的功能看，不必要求零件几何量制造得绝对准确，只要求零件几何量在某一规定范围内变动，保证同一规格零件彼此充分近似。这个允许变动的范围称为公差。

设计时要规定公差，而加工时会产生误差，因此要使零件具有互换性，就应把完工零件的误差控制在规定的公差范围内。设计者的任务就在于正确地确定公差，并把它在图样上明确表示出来。这就是说，互换性要用公差来保证。显然，在满足功能要求的前提下，公差应尽量规定得大些，以获得最佳的技术经济效益。

零部件的互换性应包括几何量、力学性能、物理性能、化学性能等方面的互换性。但这里仅讨论几何量的互换性及与之联系的几何量公差和检测。

（2）互换性的作用。在设计方面，零部件具有互换性，就可以最大限度地采用标准件、通用件和标准部件，大大简化绘图、计算等工作，缩短设计周期，有利于计算机辅助设计和产品品种的多样化。

在制造方面，互换性有利于组织专业化生产，采用先进工艺和高效率的专用设备，以及采用计算机辅助制造，实现加工过程和装配过程的机械化、自动化，从而可以提高劳动生产率，提高产品质量，降低生产成本。

在使用及维修方面，零部件具有互换性，有利于及时更换那些已经磨损或损坏了的零部件（如减速器中的滚动轴承等），因此，可以减少机器的维修时间和费用，保证机器能连续而持久地运转，从而提高机器的使用价值。

总之，互换性在提高产品质量和可靠性、经济效益等方面均具有重要的意义。互换性原则已成为现代机器制造业中一个普遍遵守的原则。互换性生产对我国社会主义现代化建设具有十分重要的意义。但是应当指出，互换性原则不是在任何情况下都适用的。有时，只有采取单个配制才符合经济原则，这时零件虽不能互换，但也存在公差和检测的要求。

**2. 互换性的种类**

在不同的场合，零部件互换的形式和程度有所不同。因此，互换性可分为完全互换性和不完全互换性两类。

完全互换性简称互换性，完全互换性以零部件装配或更换时不需要挑选或修配为条件。例如，对一批孔和轴装配后的间隙要求控制在某一范围内，据此规定了孔和轴的尺寸允许变动范围。孔和轴加工后只要符合设计的规定，则它们就具有完全互换性。

不完全互换性也称为有限互换性，在零部件装配时允许有附加的选择或调整。不完全互换性可以用分组装配法、调整法或其他方法来实现。

分组装配法的措施如下：当机器上某些部位的装配精度要求很高时，例如，孔和轴间的间隙装配精度要求很高，即间隙变动量要求很小时，若要求孔和轴具有完全互换性，则孔和轴的尺寸公差就要求很小，这将导致加工困难。这时，可以把孔和轴的尺寸公差适当放大，以便于加工。将制成的孔和轴按实际尺寸的大小各分为若干组，使每组内零件（孔、轴）的尺寸差别比较小。然后，把对应组的孔和轴进行装配，即大尺寸组的孔与大尺寸组的轴装配，小尺寸组的孔和小尺寸组的轴装配，从而达到装配精度要求。采用分组装配时，对应组内的零件可以互换，而非对应组之间则不能互换，因此零件的互换范围是有限的。

调整法也是一种保证装配精度的措施。调整法的特点是在机器装配或使用过程中，对某一特定零件按所需要的尺寸进行调整，以达到装配精度要求。如前面所讲的例子，减速器中端盖与箱体件的垫片厚度在装配时做调整，使轴承的一端与端盖的底端之间预留适当的轴向间隙，以补偿温度变化时轴的微量伸长，避免轴在工作时弯曲。

一般来说，对于企业之间的协作，应采用完全互换法。至于企业内生产的零部件的装配，可以采用不完全互换法。

# 模具装配

模具装配是模具制造过程的最后阶段，也是至关重要的工序之一。模具的装配质量不但影响模具的性能、精度及使用寿命，还是决定模具制造周期和生产成本的重要因素。对于一些具有特殊结构的模具来说，进行装配方法与装配工艺的研究有非常重要的意义。

# 第1节 注塑模部件装配

→ 1. 能够说出热流道模具的成形原理并完成模具部件的装配。
→ 2. 能够装配大型模具、微型模具及高精度模具部件。
→ 3. 能够说出气辅模具的成形原理并完成模具部件的装配。

## 一、热流道模具成形原理及装配

### 1. 热流道模具成形技术

热流道注塑模又称无流道注塑模或无流道凝料注塑模，最早出现于20世纪40年代，是注塑模具发展的一个重要方向。

热流道技术采用对流道进行加热或绝热的方法，使从注射机喷嘴到模具型腔浇口之间的塑料始终保持熔融状态。在每一个注射成形周期中，由于没有浇注系统凝料的产生，因此只需取出制件即可。

热流道注射成形技术是塑料成形工艺向节能、低耗、高效加工方向发展的一项重大改革。随着技术的不断完善与发展，在大批量自动化生产项目、塑料原材料价格昂贵的项目以及制件质量要求严格的项目中，广泛采用热流道模具。当前，在工业发达国家，热流道注塑模具已经实现标准化，几乎达到注塑模具总量的40%；在大型制件的注塑模具中，已达到90%以上。

与普通注塑模相比，热流道模具具有节约原材料的使用量及劳动生产率高的优点，但模具结构相对复杂，制造工艺要求较高，模具温度控制要求严格，模具的制造、使用及维护费用大幅度提高。有时，模具热流道部分的成本会超过全套普通流道模具的成本。在新产品开发过程中，应从经济和技术两方面综合考虑是否选择热流道模具。

### 2. 热流道模具的分类

根据保持流道内塑料原材料熔融状态方法的差异，热流道注塑模具可分为绝热流道模具和加热流道模具两大类，如图2—1所示。绝热流道模具依靠流道中冷凝的塑料外层对流道中心熔融材料起保温作用，加热流道模具通过设置在流道板内的加热元件对流道进行温度控制。

### 3. 适用于热流道模具成型的塑料

热流道模具对于所成型的塑料材料具有以下要求：

（1）塑料的熔融温度范围较宽，黏度在熔融温度范围内变化较小，在较低的温度下具有较好的流动性，在较高的温度下具有优良的热稳定性。

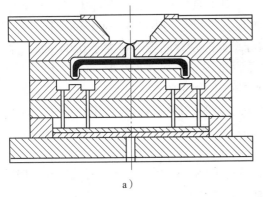
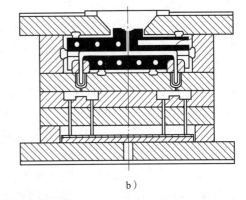

a )                                          b )

图 2—1  绝热流道模具和加热流道模具

a) 绝热流道模具  b) 加热流道模具

（2）塑料的黏度或流动性对压力较敏感，不施加注射压力时不流动，稍加注射压力即可流动。

（3）塑料的热变形温度较高，且在较高温度下可快速冷凝。这样，可以尽快推出制件，且推出时不产生变形。

（4）塑料的比热容小，能够快速凝固。适用于热流道模具注射成型的热塑性塑料有聚乙烯、聚丙烯、聚苯乙烯等。通过对模具结构的改进，聚氯乙烯、ABS、聚碳酸酯、聚甲醛等材料也可用热流道模具注射成型。

**4. 热流道模具装配要点**

与普通模具相比，热流道模具中的浇注系统在使用过程中始终处于高温状态。塑料熔体在高温、高压的作用下容易在热流道系统零件连接处发生泄漏。熔体泄漏不仅影响制件质量，而且会导致模具损坏。

在装配热流道模具时，要特别注意热流道系统的装配精度和安装次序，精确检验关键部位的装配精度，例如，一模多型腔模具中各喷嘴间的高度差异，模具支脚、垫块与喷嘴高度差异等，严格按照工艺要求设定的间隙量进行装配。

# 二、大型、微型模具装配知识

**1. 大型模具的装配**

我国国家标准规定，周界尺寸大于 630 mm × 630 mm 的塑料注塑模属于大型模具。大型模具装配时应注意以下问题：

（1）外观方面。模具各配件不得影响模具的吊装和存放。模具下方外露的油缸、水嘴等机构应有支承保护。在吊装时，吊环不得与水嘴、油缸及外露的先复位机构、侧面分型抽芯机构发生干涉。模具的定位圈应牢固、可靠，其外表面应高出模具定模底板端面 15 mm 以上。

（2）浇注系统。模具流道应通畅。当分流道同时开设在不同模板时，不得发生错位现象。拉料杆的固定应可靠，不得转动或窜动。当模具设有多处 Z 型拉料杆时，其倒钩方向应一致。

（3）模板、成型部分及分型面。装配前，应对模具模板各表面进行清理，去除毛刺、裂纹、凹坑、锈斑、擦伤与挤压痕迹。模板宽度尺寸为 630 ~ 1 000 mm 时，模具上、下平面的平面度误差不得大于 0.1 mm，分型面的贴合间隙不得大于 0.06 mm；宽度尺寸大于 1 000 mm 时，模具上、下平面的平面度误差不得大于 0.16 mm，分型面的贴合间隙不得大于 0.08 mm。镶块与配合孔四周圆角的间隙不得大于 1 mm。模具排气槽的深度应小于所用塑料的溢边值。嵌件、镶块、型芯的研配应到位，定位可靠，圆形零件要设有止转装置。模具中的锁紧面应研配到位，接触面积不得小于 75%；分型面接触位置的宽度不小于 30 mm。

（4）加热、冷却系统。模具加热、冷却系统应通畅，密封应可靠。安装密封圈时，应涂抹润滑脂，密封圈装配后应高于模架表面。

（5）导向及顶出、复位装置。模具装配时，导向零件的配合应灵活，无卡滞现象，其紧固部分须牢固、可靠。顶出装置的动作应顺畅，无卡滞、异响。顶杆不得上下窜动，其头部不得高于型芯表面，尾部应止转。复位杆的头部必须低于分型面 0 ~ 0.5 mm，并应保持一致。

**2. 微型模具的装配**

微型模具装配时，其方法与步骤与大型模具类似，但模板间的平行度及导柱孔的垂直度要求相应提高。

装配后，模具定位圈外表面应高出模具定模底板端面 10 mm 以上，分型面接触位置的宽度不得小于 10 mm，贴合间隙值应在 0.02 mm 以下。模具主要模板组装后，基准面的位移偏差不大于 0.04 mm。

# 三、高精密模具装配知识

**1. 精密注射成型的概念**

精密注射成型技术可以得到高精度塑料制件，是一种新兴的注射成型工艺方法。精密成型技术代表企业的整体技术能力，是许多相互关联技术的组合，包括塑料质量、模具质量、成型条件、加工环境、产品结构等。

在精密注射成型中，正确、合理地确定制件的精度和表面粗糙度是非常重要的。表 2—1 所列为日本塑料工业技术研究会综合塑料模具结构和塑料品种两方面因素而提出的精密注射成型制件的基本尺寸与公差数值。表中最小极限值是在采用单型腔模具结构时制件所能达到的最小公差数值，不适用于多型腔模具和大批量生产。表中列出的实用极限值是指采用四个以下型腔时制件所能达到的最小公差数值。

表 2—1　　　　　　　　　　　精密注射成型制件的基本尺寸与公差　　　　　　　　　　mm

| 基本尺寸 | PC、ABS | | PA、POM | |
| --- | --- | --- | --- | --- |
| | 最小极限值 | 实用极限值 | 最小极限值 | 实用极限值 |
| 0 ~ 0.5 | 0.003 | 0.003 | 0.005 | 0.01 |
| 0.5 ~ 1.3 | 0.005 | 0.01 | 0.008 | 0.025 |
| 1.3 ~ 2.5 | 0.008 | 0.02 | 0.012 | 0.04 |

| 基本尺寸 | PC、ABS | | PA、POM | |
|---|---|---|---|---|
| | 最小极限值 | 实用极限值 | 最小极限值 | 实用极限值 |
| 2.5~7.5 | 0.01 | 0.03 | 0.02 | 0.06 |
| 7.5~12.5 | 0.015 | 0.04 | 0.03 | 0.08 |
| 12.5~25 | 0.022 | 0.06 | 0.04 | 0.10 |
| 25~50 | 0.03 | 0.08 | 0.05 | 0.15 |
| 50~75 | 0.04 | 0.10 | 0.06 | 0.20 |
| 75~100 | 0.05 | 0.15 | 0.08 | 0.25 |

**2. 精密注射成型塑料**

精密注射成型制件所要求的公差值并不是所有塑料品种都能够达到的。目前，适用于精密注射成型的塑料品种主要包括 PC、PA、POM、ABS、PBT 等。

**3. 精密注塑模具结构与装配要点**

（1）模具精度要求高。精密注塑模具的型腔精度和分型面精度要与制件精度相适应。通常情况下，精密注塑模具成型零件的尺寸公差小于制件公差的 1/3。对于小型精密注塑成型制件，当基本尺寸为 50 mm 时，模具成型尺寸的公差为 0.003~0.005 mm；基本尺寸为 100 mm 时，模具成型尺寸的公差为 0.005~0.01 mm。为保证成型零件的精度，模具分型面的平行度误差应在 0.005 mm 以内。

在精密注塑模中，应确保动模与定模的配合精度。在采用导柱、导套导向的同时，可采用锥面或斜面辅助定位机构和圆柱导正销定位机构。为保证模具中滑块的位置精度，应在其头部设置斜面定位结构，如图 2—2 所示。

（2）选择适当的模具结构、加工精度及加工方法。为保证精密注塑模具成形零件在使用过程中的精度要求，需对其进行淬火。由于淬火后的钢材难以加工，因此此类零件多采用磨削加工或电加工。对于形状复杂的型腔，往往需要设计成镶拼式结构。这样不仅有利于磨削加工，而且利于模具的排气和零件的热处理，如图 2—3 所示。

此外，还可以把型芯等镶拼件设计成通用结构，以提高其互换性及更换、维修的方便性。目前，能够使用的配合公差等级最高为 IT5 级。因此，在确定精密注塑成型制件的精度时，一般不要使模具的公差等级因制件精度过高而超过 IT6~IT5 级。

（3）型腔的布置及浇注系统的结构。精密注塑模具成形时，应尽量避免一模多腔但不能同时充满的现象。若熔体在各型腔中所受的压力不同，同一模具中不同型腔所成型制件的收缩率会有很大差异。为了保证浇注系统的料流平衡，精密注塑模的型腔数一般不超过四个，而且多采用对称布置，如图 2—4 所示。

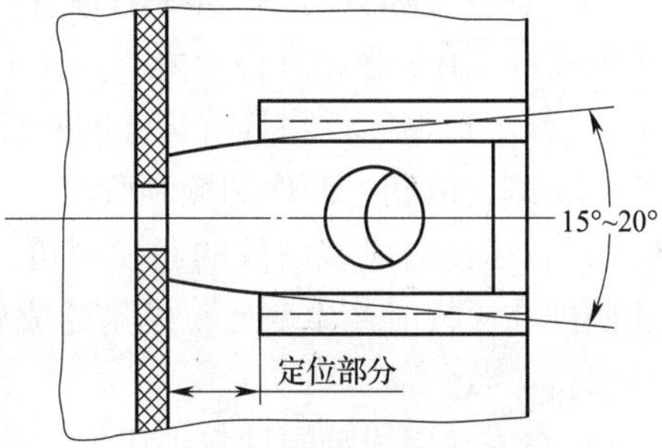

图 2—2　精密注塑模中的斜面定位结构

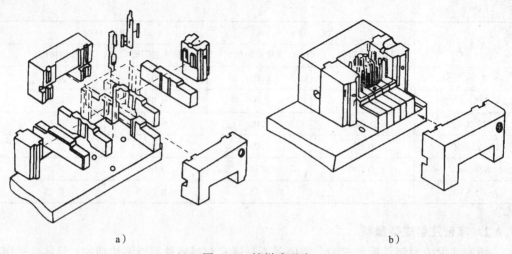

a)                                                      b)

图 2—3　镶拼式型腔

a）分解状态　b）组装状态

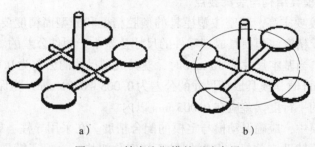

a)                                b)

图 2—4　精密注塑模的型腔布局

a）H 形布局　b）圆形布局

（4）一模多腔时，应单独调节各型腔的温度。为使各型腔的温度保持一致，防止因型腔间的温度差而引起制件收缩率的差异，最好对每个型腔单独设置冷却水路，并在各型腔冷却水路出口处设置流量控制装置，以使各水路的流量保持一致。若采用串联式冷却水路，必须严格控制入水口和出水口的温度。通常情况下，精密注塑模具水温调节的精度应为 ±0.5℃，入水口和出水口的温差在 2℃ 以内。

（5）防止因模具问题产生制件脱模变形现象。精密注射成型制件的尺寸一般均较小，壁厚也较薄，有的还带有许多薄肋。为防止制件出现脱模变形现象，应注意以下几点：

1）模具成型零件除具有足够的刚度外，还必须保证制件在开模后滞留在带有脱模机构的一侧，以利于制件的顺利脱出。

2）精密注射成型制件的脱模斜度一般都比较小，不易脱模。为了减小脱模阻力，防止制件在脱模时产生变形，模具的成型部位必须进行镜面抛光或要求抛光方向与脱模方向保持一致。

3）精密注射成型制件多采用推件板脱模，当制件带有矩形薄肋时，可在肋部均衡布置小直径圆顶杆或宽度很小的矩形顶杆。

（6）制作试验模。对于成型精度要求特别高的制件，必要时可事先制作试验模，并按大量生产的成型条件成型。然后，再根据实测数据设计并制造生产用模具。

（7）精密注塑模具装配要点。精密注塑模具的装配过程与一般注塑模具类似，但要特别注意零件的装配顺序和装配精度，尤其是模具中的精定位部分和具有相对运动的部位。此外还应注意以下几点：

1）模具外表面应按客户要求打上文字。对于一模多腔的模具，应打上型腔编号和成型镶件编号。

2）三板模应安装刚性扣锁或锁紧钉，以保证模具的正确开模顺序。

3）模具顶出机构的间隙要合理，以确保顶出动作的平衡。

4）模具各部位的运动应顺畅，接触面应开设油槽。

5）均匀布置在模具底板上的限位钉高度必须一致。

6）模具冷却系统不得漏水，冷却水出口和入口应有相关标识。

7）型腔边缘 5 mm 范围内不允许有涂红丹粉测试不到之处。在分型面上，用红丹粉测试时接触精度不允许低于 95%。

8）所有螺钉应紧固，拉料杆的方向要相同。

## 四、气辅成型知识

气体辅助注射成型技术始于 20 世纪 80 年代，目前广泛应用于欧洲和北美地区。近年来，国内的一些生产厂家已经开始应用这项技术。与传统注射成型工艺相比，气体辅助注射成型增加了一个气体注射阶段，由气体推动塑料熔体充满模具型腔。气辅成型的全称是氮气中空注射成型或低压中空注射成型，是指在注射成型过程中将氮气注入型腔，并以氮气压力进行保压，使制件内部形成中空断面而保持完整的外形，从而达到减轻制件质量，防止成品收缩凹陷并降低成型压力的目的。

### 1. 气辅成型工艺过程

气体辅助注射成型的工艺过程可分为注射期、充气期、气体保压期和脱模期四个阶段，如图 2—5 所示。

第一阶段是把定量的塑化塑料充填入模具型腔内，当熔料遇到温度较低的型腔壁

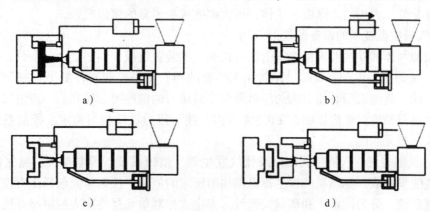

a)　　　　　　　　　　　　b)

c)　　　　　　　　　　　　d)

图 2—5　气体辅助注射成型周期

a）注射期　b）充气期　c）气体保压期　d）脱模期

时，形成一个较薄的凝固层。充填的塑料量要通过试验确定，以保证在充氮期间气体不会把成品表面冲破以及能够形成一个理想的充氮体积。第二阶段是把惰性气体充入熔融的塑料中，气体注入的压力必须大于注射压力，以推动中心尚未凝固的塑料充满型腔。在第三阶段，气体压力保持不变或略有升高，使气体在塑料熔体内部继续穿透，以补偿塑料熔体冷却引起的材料收缩。在第四阶段，当制件冷却到具有一定刚度和强度时，开模并将其顶出，完成一个工艺循环。

气辅成型后，制件中由气体形成的中空部分称为气道，压缩气体通常选用氮气。

**2. 气辅成型的优点**

与传统注射成型工艺相比，气辅注射成型具有以下优点：

（1）提高制件品质

1）消除凹陷痕迹。气辅成型可借助中空气道施压，以补偿熔体在冷却过程中的收缩，避免制件中气孔和凹陷的产生。

2）减小制件的内应力和翘曲变形。气辅注射成型可大幅度降低注射压力，在制件冷却的过程中，熔体内部的气压一致，可减少制件的翘曲变形。

3）提高制件强度。采用气辅注射成型技术可以在制件上设置中空的加强肋，可提高制件刚度和强度而不增加制件质量。

4）可成形壁厚不均匀的制件。采用气辅技术注射成型壁厚不均匀的制件时，可在制件壁厚处设计气道，从而保证壁厚差异较大的制件能够具有较高的成型质量。

（2）节省投资成本

1）节约原材料。气辅注射成型可在制件厚壁处形成空腔，与传统的注射成型相比，可节约材料10%～50%。

2）降低设备成本。与普通注射成型相比，气辅注射成型需要的注射压力和保压压力较小，所需的锁模力可节省25%～60%。

3）成型周期。气辅成型制件内部中空，所需冷却及保压时间比传统实心制件短，从而提高了注射成型的生产效率。

4）延长模具使用寿命。使用气辅成型技术后，注射及保压压力、锁模压力降低，模具所承受的压力也随之降低。这样，可大幅度减少模具的维修次数。

**3. 气辅成型技术的设备配置**

典型的气体辅助注射成型设备由注射机和气辅装置组成，如图2—6所示。

（1）注射机。由于需要通过控制注入型腔的塑料量来控制制件的中空率和气道的形状，因此，气辅成型对注射机的注射量和注射压力的精度要求较高。一般情况下，注射机的注射量精度误差应控制在±0.5%以内，注射压力波动相对稳定，控制系统能够与气体控制单元匹配。

（2）气辅装置。气辅装置由标准氮气发生器、增压系统、控制单元、氮气回收装置和进气喷嘴组成。标准氮气发生器提供注射所需的氮气。控制单元包括压力控制阀和电子控制系统，分为固定式和移载式两种。固定式控制单元是将压力控制阀直接安装在注射机上，将电子控制系统直接装在注射机控制箱内，即控制单元和注射机是连为一体的。移载式控制单元是将压力控制阀和电子控制系统做在一套控制箱内，使其在不同的

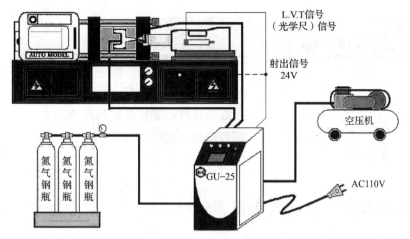

图 2—6　气体辅助注射成型设备

时间能与不同的注射机搭配使用。氮气回收装置用于回收气体注射通路中残留的氮气。进气喷嘴可分为两类，一类是主流道式喷嘴，即塑料熔体和气体共用同一个喷嘴，塑料熔体注射结束后，喷嘴切换到气体通路上实现气体注射；另一类是气体通路专用喷嘴，又可分为嵌入式和平面式两种。

**4. 气辅成型的分类**

根据气辅成型时射入型腔熔料体积的不同，气辅成型工艺可分为中空成型和短射成型两类。

（1）中空成型。当熔体充填到型腔体积的 60%～70% 时，停止注射熔体，开始注入气体，直至保压冷却定型。中空成型工艺主要适用于成型类似把手、手柄之类的大壁厚制件，如图 2—7 所示。

图 2—7　中空气辅成型制件

（2）短射成型。当熔体充填到型腔体积的 90%～98% 时，开始注入气体，由气体补充因熔体收缩而产生的空间，从而大幅度降低制件的翘曲变形量。短射成型工艺主要适用于成型具有较大平面的薄壁或偏壁制件，如图 2—8 所示。

图 2—8　短射气辅成型制件

# 第2节 注塑模总装配

➡ 1. 能够说出热流道模具的结构并完成模具的装配。

➡ 2. 能够说出双色模具的结构与装配方法。

➡ 3. 初步了解模流分析知识。

## 一、热流道模具的结构与装配方法

### 1. 绝热流道注塑模

绝热流道注塑模具的特点是模具主流道和分流道的截面尺寸都很大。在注射成型过程中，靠近流道侧壁的塑料很容易散热而形成冷硬层，起绝热作用，使流道中心部位熔料的热量难以扩散，一直保持熔融状态，从而在注射压力的作用下连续流动并顺利充模。

绝热流道注塑模可分为井式喷嘴注塑模和多型腔绝热流道注塑模两类。

（1）井式喷嘴注塑模。又称为绝热主流道注塑模，这是一种最简单的绝热流道注塑模具，适用于单型腔注射成型。井式喷嘴注塑模一般用于成型熔融温度范围较宽的聚乙烯、聚丙烯等塑料；成型聚苯乙烯、ABS 等塑料较为困难；不适于成型聚甲醛、硬聚氯乙烯等热敏性塑料。

井式喷嘴注塑模的特点是在注射机喷嘴和模具浇口之间有一个主流道杯，杯内设有占制件体积 1/3 ~ 1/2 的"井坑"，如图 2—9 所示。

首次注射成型时，塑料熔体充满井坑，靠近井坑侧壁的塑料冷凝形成绝热层，防止井坑中心部位塑料的热量过多散失，始终保持熔融状态并能连续成型。为了保持主流道杯中心部位的熔体不冷凝，注射机喷嘴与主流道杯的井坑应始终紧密接触。井式喷嘴注塑模只适用于操作周期在 20 s 以内的情况。模具主流道杯中井坑的尺寸不宜过大；否则，注射成型时熔体的反压力可能导致注射机使喷嘴后退而发生溢料现象。

（2）多型腔绝热流道注塑模。又称为绝热分流道注塑模。根据其浇口类型的不同，绝热分流道注塑模可分为主流道型浇口绝热流道模和点浇口型绝热流道模两种，分别如图 2—10、图 2—11 所示。

### 2. 加热流道注塑模

加热流道模具适用于能够注塑成型的一切热塑性塑料，可采用各种浇口方式，成型条件设定方便，能够用于精密成型。

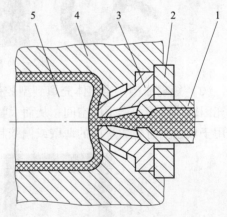

图 2—9　井坑式喷嘴

1—注射机喷嘴　2—定位圈　3—主流道衬套

4—型腔板　5—型芯

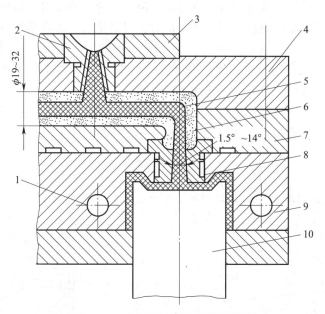

图2—10　主流道型浇口绝热流道模

1—冷却水路　2—浇口套　3—定位圈　4—定模座板　5—熔体

6—塑料冷凝层　7—分流道板　8—浇口衬套　9—定模型腔板　10—型芯

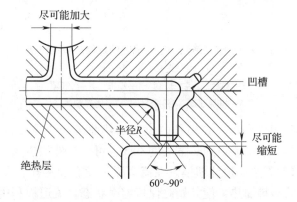

图2—11　点浇口型绝热流道模

加热流道注塑模流道部分设置的加热器使浇注系统内的塑料一直保持熔融状态，停机后无须打开流道板取出流道凝料。再开机时，只需接通电源重新加热流道使其达到所需温度即可。

（1）延伸式喷嘴注塑模。适用于单型腔注塑模，是将注射机喷嘴延伸到模具浇口附近或直接与浇口接触，从而消除浇注系统凝料。

为防止喷嘴的热量过多地传给温度较低的型腔，必须采取有效的绝热措施。常见的绝热方法有空气绝热和塑料绝热两种，如图2—12所示。

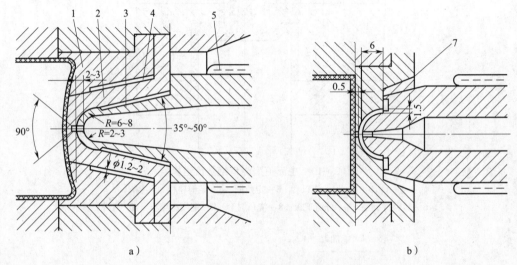

图2—12　空气绝热和塑料绝热的延伸式喷嘴注塑模

a）空气绝热　b）塑料绝热

1—衬套　2—浇口套　3—喷嘴　4—空气隙
5—电加热圈　6—密封圈　7—绝热塑料层

（2）多型腔热流道注塑模。在模具内设有加热流道板，主流道、分流道及加热装置均设置在这块板上。根据流道加热方法的不同，可分为外加热式和内加热式两种。

1）外加热式多型腔热流道注塑模。在流道板中设有加热孔，孔内放入电热棒等管式加热器对流道内的塑料加热，使其始终保持熔融状态。流道板利用石棉、水泥板等绝热材料或空气间隙与模具其余部分隔热，以减少热量传递。考虑到因流道板温度变化而引起的热膨胀，要留出必要的膨胀间隙。外加热式多型腔热流道注塑模的主流道和分流道截面多为圆形，直径为5～12 mm。浇口形式分为主流道型浇口和点浇口两种，较为常用的是点浇口。

为防止浇口冷凝，必须对浇口喷嘴进行绝热。根据绝热情况的不同，又可分为半绝热式喷嘴和全绝热式喷嘴两类，分别如图2—13、图2—14所示。

2）内加热式多型腔热流道注塑模。在整个流道内部和喷嘴内部设置管式加热器，塑料在加热器外围空间流动，依靠流道壁处形成的塑料冷凝层进行绝热，如图2—15所示。为使流道中互相垂直的管式加热器不发生干涉，应采用交错穿通的办法设置流道。

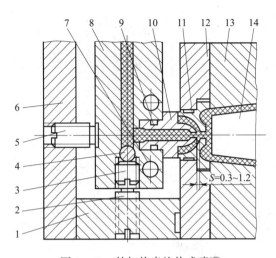

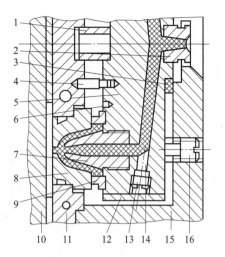

图2—13　外加热半绝热式喷嘴
多型腔热流道注塑模

1—支架　2—定距螺钉　3—螺塞　4—密封钢球

5—支承螺钉　6—定模座板　7—加热器孔

8—热流道板　9—胀圈　10—喷嘴

11—喷嘴套　12—定模板

13—型腔板　14—型芯

图2—14　外加热全绝热式喷嘴
多型腔热流道注塑模

1—定位环　2—浇口套　3—石棉垫圈

4—支承柱　5—热流道板　6—热电偶测温孔

7—二级喷嘴　8—浇口衬套　9—滑动压环

10—动模板　11—定模板　12—加热器

13—压紧螺钉　14—堵头

15—定模座板　16—定位螺钉

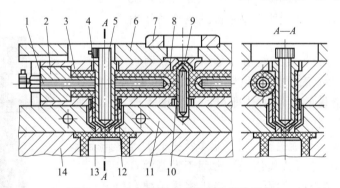

图2—15　内加热式多型腔热流道注塑模

1、5、9—加热心棒　2—分流道加热板　3—热流道板　4—内热式喷嘴

6—定模座板　7—定位圈　8—浇口套　10—主流道加热管

11—定模板　12—喷嘴套　13—型芯　14—型腔板

（3）针阀式浇口热流道注塑模。在注射成型尼龙等熔融黏度低的塑料时，为避免流延现象，可采用针阀式浇口热流道注塑模，如图2—16所示。在注射和保压阶段，针阀开启；在保压结束后，针阀关闭，以防止浇口内熔体流出。针阀的启闭可由模具上设置的液压、气压或机械驱动机构完成。

（4）热管式热流道注塑模。热管用于主流道衬套的热管式热流道模具如图2—17所示。目前，此类用作主流道夹套的热管已规格化、商品化。

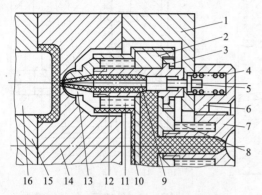

图2—16　针阀式浇口热流道注塑模

1—定模座板　2—热流道板　3—喷嘴盖
4—压力弹簧　5—活塞　6—定位圈
7—浇口套　8、11—加热器　9—针形阀
10—隔热外壳　12—喷嘴体　13—喷嘴头
14—定模板　15—推件板　16—型芯

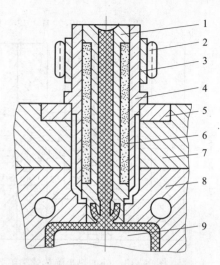

图2—17　热管式热流道注塑模

1—内管　2—加热圈　3—传热钢套
4—外壳　5—定位环　6—传热介质
7—定模座板　8—凹模板　9—型芯

（5）热流道系统的组成及作用。热流道系统的组成如图2—18所示，其主要零件的结构及作用如下：

1）主流道衬套。当主流道衬套露出热流道板的高度不足20 mm时，无须设置专用加热装置，只需借助热流道板的热量加热即可；若高度大于20 mm，需配置环状加热器。

2）热流道板。热流道板是热流道系统中的关键零件之一，又称分流板或集流板，常用于大型模具多点进料或一模多腔的情况。热流道板多采用螺钉固定在模具上。为了消除热流道板热膨胀对螺钉的影响，在螺钉上要使用弹簧垫圈，并在螺钉拧紧后再向反方向松动1/4～1/2圈。为防止熔料在分流板处凝固，需要对其加热。常用的热流道板结构形式包括I形、H形、Y形和X形，如图2—19所示。

3）热流道喷嘴及浇口。多点式热喷嘴平面装配图如图2—20所示，热喷嘴可以分为一级热喷嘴和二级热喷嘴，虽然其结构略有不同，但其作用和选用方法相同。针阀式热喷嘴的结构如图2—21所示。特殊外形的热喷嘴如图2—22所示。

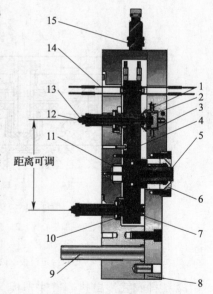

图2—18　热流道系统的组成

1—支承垫块　2—活塞　3—活塞缸
4—热流道板　5—主流道衬套
6—定位圈　7—支承绝热垫块　8—模板
9—导柱　10—密封圈　11—中心加热棒
12—阀杆　13—喷嘴　14—管式热电偶
15—电子连接头

距离可调

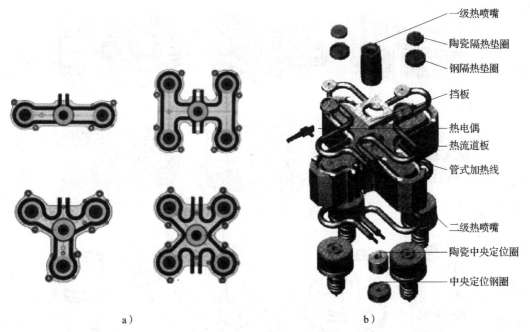

一级热喷嘴

陶瓷隔热垫圈

钢隔热垫圈

挡板

热电偶

热流道板

管式加热线

二级热喷嘴

陶瓷中央定位圈

中央定位钢圈

a )

b )

图 2—19　热流道板

a）热流道板的结构　b）热流道板装配图的分解

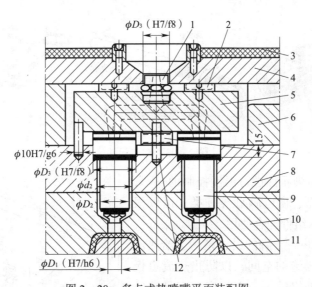

图 2—20　多点式热喷嘴平面装配图

1——级热喷嘴　2—隔热垫块　3—隔热板　4—面板　5—热流道板　6—支承板
7—中心隔热垫块　8—A 板　9—二级热喷嘴　10—凹模　11—制件　12—定位销

　　热喷嘴的结构及制造较为复杂，目前已标准化。在模具设计、制作时，通常选用专业供应商提供的不同规格的系列产品。

　　4）加热元件及温控器。加热元件是热流道系统的重要组成部分，包括加热棒、加热圈、管式加热器、螺旋式加热器（加热盘条）等，如图 2—23 所示。

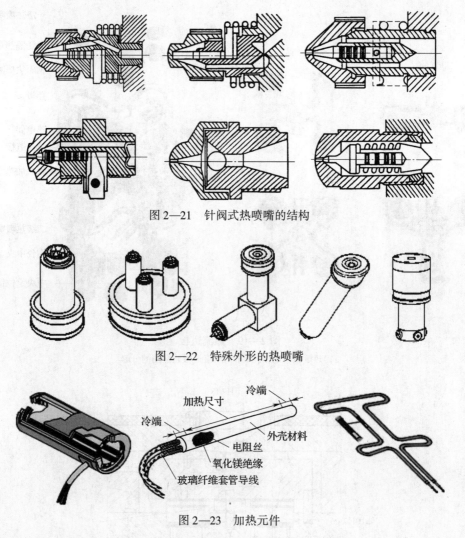

图2—21　针阀式热喷嘴的结构

图2—22　特殊外形的热喷嘴

图2—23　加热元件

温控器是对加热元件进行温度控制的仪器，有经济型、指针型、微电脑型等种类，可以根据需要同其他模内组件配合使用。

5）支脚与垫块。支脚的设置是为了给热流道板一个与外界隔绝的空间，以防止热流道板上的热量大量向外界散失。支脚应具有足够的强度和支承面积，防止型腔板因注射压力发生变形。此外，在支脚上还要设置加热线的引线沟、导线压板等，支脚的结构如图2—24所示。

为了支承热流道板及减少热传导，在热流道板的上面和下面需设置垫块，如图2—25所示。垫块总面积越大，散热越快，热流道板的

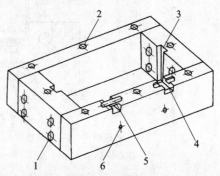

图2—24　支脚的结构
1—加热器止动螺孔　2—模具固定螺孔
3—定位块槽　4—探针导线引线沟
5—探针导线压板　6—热电偶加套接头连接螺孔

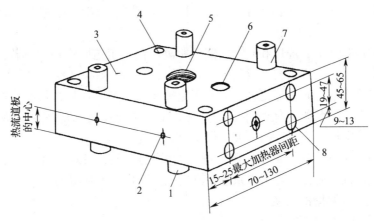

图 2—25　垫块的设置

1—下部垫块　2—热电偶安装孔　3—热流道板上表面
4—组装螺钉通孔　5—主流道衬套连接螺孔
6—探针安装孔　7—上部垫块　8—筒状加热器安装孔

热效率越低。为了保证型腔板及定模安装板不因热膨胀而变形，在模具装配时，垫块与定模安装板和型腔板之间应留有 0.05 ~ 0.10 mm 的间隙。

**3. 热流道系统装配实例**

（1）热流道针阀系统安装的步骤

1）安装阀针导向衬套、钢垫片、钛合金垫片。将阀针导向衬套装入热分流板座孔中，最大间隙为 0.01 mm，导向衬套上表面应略微高出热分流板表面 0.01 ~ 0.05 mm，以便于密封。阀针完全插入导向衬套中后，应做到在无间隙状态下仍可自由往复运动，允许有极少量的摩擦力。

2）为防止零部件在膨胀后遭到破坏，在常温下需留有空间余量。

3）将阀针加工至合适长度，顶端磨削成 40° 锥度，检查该锥度与浇口锥度是否正好相互配合。

4）模具定模底板上的缸体安装座孔应与浇口孔同轴，定模底板与热喷嘴座孔板之间用导柱定位，用隔热介质和定位销精确调整热分流板与热喷嘴座板的位置，使其保持同轴；否则易引起阀针磨损。

5）在某些场合，有时需要从模具定模底板上加工出一条直线槽，以方便安装针阀系统进油（气）管路。

6）参照无阀式系统热分流板和热喷嘴的装配程序，安装热喷嘴和热分流板，但暂时不要安装 O 形密封圈。

7）安装阀系统组件，包括阀针、半螺母、针阀支架组件、缸体、缸体固定板等。

8）在定模底板上安装缸体固定板。

9）调整针阀系统组件在定模的位置，确保浇口中针阀已安装到合适的位置。

10）将阀浇口组件装入定模后，确保阀浇口组件与定模底板的位置已同轴，然后紧固阀缸体固定板螺钉。

11）启用低压空气驱动气缸，用千分尺测量浇口前端到阀针尖端部的距离，该距离应与阀针 E 值相等；否则应拆下阀缸体组件，调整阀针支架及锁紧半螺母，直到合适为止。

12）在常温状态下，浇口和阀针之间的距离对注塑工艺影响很大。若该距离过大，则浇口痕迹质量差，且热喷嘴可能漏胶；若该距离过小，则阀针容易冲击并毁坏浇口。

13）从定模上卸下阀缸体组件，并卸下定模底板，安装 O 形密封圈，重新装配。

14）在定模上安装阀缸体组件前，应在缸体上先安装液压管路或气动管路。在进行试验前，检查定模系统允许的最大工作压力和温度。

15）使用液压系统时，建议使用带截止阀的连接喉套，以减少液压油的浪费和环境污染。在进行试验前，检查定模系统允许的最大工作压力和温度。

（2）热流道发热圈的更换

1）从模具上卸下热半模。

2）卸下定位圈。

3）用 M3 的螺钉装在起吊孔上，取下热喷嘴，注意发热圈不能被挤压。

4）卸下卡环和发热圈隔热罩。

5）握住热喷嘴头部，顺时针旋转并向外拉动发热圈，使其逐步脱离热喷嘴。

6）安装新加热丝时，发热圈应尽量与热喷嘴主体贴紧，发热圈前端应到达热喷嘴内芯前端环槽主体。

7）顺时针转动加热圈，使其向热喷嘴头部移动，确保加热丝完全到达热喷嘴前端，发热圈在热喷嘴上的分布要两端密、中间疏。

8）装上发热圈隔热罩，如果隔热罩比较紧，应检查发热圈是否安装到位。

9）装上卡簧。

10）检测发热圈的标准电阻值并计算功率，检测热电偶的电阻值。

（3）加热丝和热电偶的更换

1）从模具上卸下热半模。

2）卸下定位环。

3）取下热喷嘴头部，如果需要，可卸下模具定模底板。

4）用小撬棍取下热喷嘴，注意热电偶丝和加热丝不能被挤压。

5）卸下卡环和加热丝隔热罩。

6）握住热喷嘴头部，顺时针旋转并向外拉动加热丝，使其逐步脱离热喷嘴。

7）卸下热电偶。

8）用万能表检查热电偶的电阻，确保其电阻为 $0\ \Omega$ 或有较小阻值。

9）更换热电偶时，需折弯新热电偶前端。

10）新加热丝应与热喷嘴主体贴紧，加热丝前端应到达热喷嘴内芯前端环槽主体。

11）顺时针方向转动加热丝，使其向热喷嘴头部移动。

12）装上加热丝隔热罩，若隔热罩较紧，检查加热丝是否安装到位。

13）装上卡环。

14）检查热电偶电阻。

15）将热喷嘴装入座孔中，注意不要损坏加热丝和热电偶。

## 二、双色模具结构与装配方法

随着塑料制件在各行各业的广泛应用，由两种或两种以上不同塑料组成的塑料制件已成为汽车、家电、通信、玩具、家居行业中不可缺少的部分。

### 1. 双色模具的注射成型原理

最早出现的双色制件采用的加工方法称为包胶法，即先在第一套模具中用第一种塑料做出产品的一部分，然后将这个半成品放入第二套模具，再注入第二种塑料，使第二种塑料包住第一种塑料，成为所需的制件。这种方法的成型效率较低，不合格品较多。

双色模具是指两种塑料在同一台注射机上分两次注射成型，但产品只出模一次的模具。在成型过程中，由两台相同的注塑装置分别塑化注射两种颜色的熔料，经由同一个喷嘴注入模具中。在两台注塑装置中，熔料交替经过喷嘴的注射动作由机筒和喷嘴间的程序控制阀控制。

在如图 2—26 所示注射机的喷嘴内，加入一个能旋转的心棒。塑化注射时，两个塑化注射装置同时、同量、同压力，并以相同的注射速度把两种不同颜色的熔料经由同一个旋转心棒喷嘴注入模具内，这样可制得不同花纹图案的制件。

如图 2—27 所示为成型模具旋转双色注射机，是由两套结构相同的塑化注射装置和两套结构相同的模具组成的。完成第一次注射后，成型模具旋转换位，然后将不同颜色的熔料第二次注入模具，分两次完成不同颜色熔料的注入，从而得到双色制件。

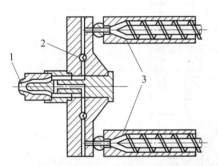

图 2—26　经由一个喷嘴的双色注射机

1—喷嘴　2—控制阀　3—塑化注射装置

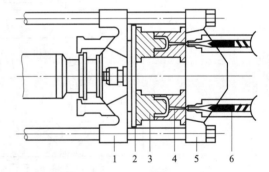

图 2—27　成形模具旋转双色注射机

1—动模板　2—旋转盘　3—型芯
4—型腔　5—定模板　6—注射装置

### 2. 双色模具传统结构

（1）凸模平移的双色注塑模具。凸模平移的双色注塑模具具有两个凹模和一个凸模。第一料筒注射时，凸模与第一凹模闭合，完成第一种塑料的注射，如图 2—28 所示。

第一种塑料凝固后，凹模和凸模分开，由第一种塑料形成的半成品停留在凸模，并随凸模一起移动到对准第二凹模的位置，如图 2—29 所示。注射机闭合后，第二料筒进行第二种塑料的注射，如图 2—30 所示。第二种塑料凝固后，注射机打开，取出完整的双色制件，如图 2—31 所示。

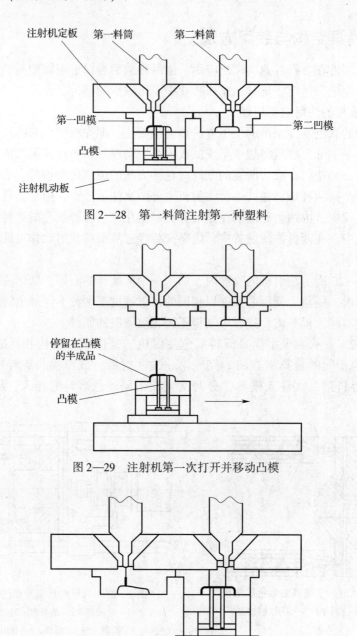

图 2—28　第一料筒注射第一种塑料

图 2—29　注射机第一次打开并移动凸模

图 2—30　第二料筒注射第二种塑料

（2）凸模旋转的双色注塑模具。凸模旋转的双色注塑模具具有两个凹模和两个背对背组合而成的凸模，如图 2—32 所示。采用的双色注射机具有两个料筒，第二料筒通常处于注射机运动方向的垂直方向。在同时注射入模具型腔的两种塑料凝固后，注射机打开并自动顶出完整的制件，如图 2—33 所示。此时，仅有完整制件的一边。在取出制件后，可旋转凸模转过 180°，如图 2—34 所示，注射机闭合，进行下一个工作循环，如图 2—35 所示。

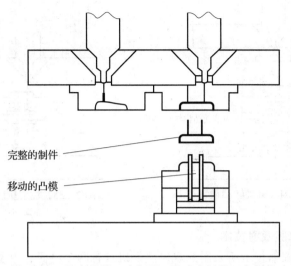

完整的制件

移动的凸模

图 2—31　注射机第二次打开，取出完整的双色制件

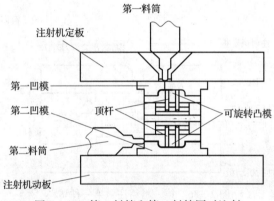

第一料筒

注射机定板

第一凹模

第二凹模　　顶杆　　　　可旋转凸模

第二料筒

注射机动板

图 2—32　第一料筒和第二料筒同时注射

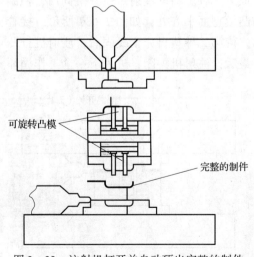

可旋转凸模

完整的制件

图 2—33　注射机打开并自动顶出完整的制件

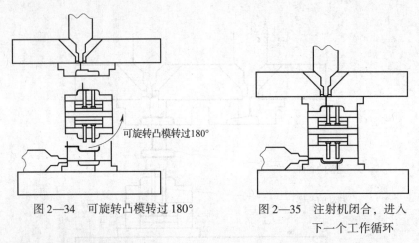

图 2—34　可旋转凸模转过 180°　　　　图 2—35　注射机闭合，进入
　　　　　　　　　　　　　　　　　　　　　　　　　　下一个工作循环

### 3. 双色模具单腔双射技术

双色模具单腔双射技术所采用的双色注射机具有两个料筒，单型腔的模具同时具备两种塑料所需要的共用空腔，如图 2—36 所示。

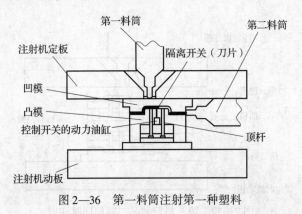

图 2—36　第一料筒注射第一种塑料

首先，第一料筒完成第一种塑料的注射。待其凝固后，控制开关的动力油缸带动起隔离作用的刀片退到与凸模型面平齐处，如图 2—37 所示。接着，第二料筒注射第二种塑料，如图 2—38 所示。待第二种塑料完全凝固后，注射机打开，由顶杆顶出完整的制件，如图 2—39 所示。最后，注射机关闭，进入下一个工作循环。

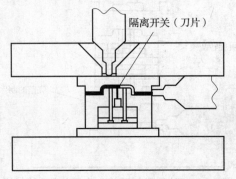

图 2—37　开关打开，刀片退到与凸模型面平齐处

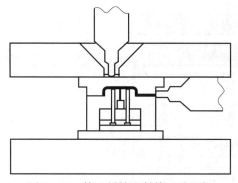
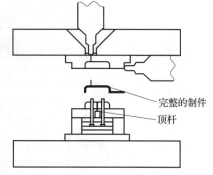

图 2—38　第二料筒注射第二种塑料　　　　图 2—39　注射机打开，顶出完整的制件

**4. 双色模具装配要点**

（1）凸模旋转双色注塑模具装配时，前、后模在旋转 180°后必须相互吻合。

（2）凹模与凸模合模时，要注意模具中滑块或斜顶装置的动作顺序是否符合制件成形技术要求。

（3）模架上导柱、导套位置必须上下、左右对称，前、后模对称。

（4）冷却水的进、出口方向必须在模具的上下方向，且同一零件循环水的进、出口必须在同一面上。模具的外形尺寸不得超过注射机出水槽的高度，否则无法接水。

（5）由于模具动模部分需要进行旋转，因此顶杆固定板只能采用弹簧复位。装配模具时，应注意弹簧的合理安装。

（6）模具前、后定位圈的公差为 – 0.05 mm，两定位圈间距公差为 ± 0.02 mm；前、后模导套和导柱的中心距公差为 ± 0.01 mm。模板型芯孔的四边和深度均应设置公差；否则，当后模旋转 180°后，会因高低不一致而产生飞边。

# 三、模流分析知识

模流分析技术是指为了能够预测和模型化描述在注射成形过程中存在的复杂聚合物流动，利用基于有限元技术的 CAE 技术对注射工艺、制件结构等内容进行分析。模流分析是复杂模具设计的基础和依据。在模具设计工作之前进行有效的模流分析，可以大幅度提高模具的设计效率和生产效率，保证模具设计的成功率。通过对生产过程中可能存在的制件缺陷进行预测，可以及时进行有效的预防和修补。

**1. CAE 分析前处理**

作为当前世界上最成功的注射成形仿真分析软件，Moldflow 采用的基本思想是工程领域最为常用的有限元法，技术人员利用假想的线或面将连续介质的内部和边界分割成有限个单元的体系，从而得到与真实结构近似的模型，最终的数值计算就是在这个离散化的模型上进行的。从直观上讲，物体被划分为的网格是整个数值分析仿真计算的基础。因此，网格的划分和处理在整个分析过程中占有非常重要的地位。

用 Moldflow 进行 CAE 分析的流程如图 2—40 所示。其中，前处理部分主要包括 CAD 模型的导入、生成网格和修补网格三部分。

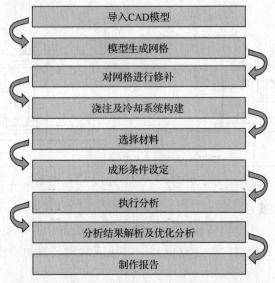

图2—40　Moldflow分析流程

### 2. 模型转换与输入

进行模流分析前，需将使用三维软件建立的实体模型转化为 MPI（Moldflow Plastics Insight）所能识别的 STL 格式的层面模型文件。此时，要特别注意的是：由于 STL 文件是通过对 CAD 实体模型进行表面三角化离散得到的，因此，在一般情况下三角形的个数与模型的近似程度密切相关。三角形的个数越多，模型的精度就越高。为降低模型的失真程度，必须合理选择控制参数。通过比较可知，影响模型变形的主要参数是弦高。弦高值较大的模型，圆孔可能变成多边形，圆弧几乎都变成折线；图形的弦高值越小，则曲面形状越好，但某些斜角的斜度将产生变化。由此可知，弦高值大，模型会变得尖锐，曲面将产生褶皱；弦高值小，模型表面会过于平滑，使斜角、斜面等特征变形。经过多次比较，应选出失真最小的模型。然后，将弦高、角度等参数导入 MPI，选择使用 fusion 双面模型进行分析。

### 3. 网格划分及模型修改

用 MPI 系统默认的参数进行模型网格的划分。在网格状态统计数据中，Match Ratio（匹配率）是针对 Fusion 类型网格的单元匹配率信息，表示模型上、下表面网格单元的相匹配程度。为保证流动分析结果的有效性，网格单元匹配率最好能够大于 85%，低于 50% 则根本无法计算。为了后续分析能够顺利进行，必须提高网格单元的匹配率。在此，可采用修改模型与细分网格相结合的方法。

（1）修改模型。在塑料成形模拟分析过程中，模型越复杂，需要的时间也越长。为了保证模流分析的顺利进行，在不影响分析结果的前提下，必须适当简化模型。模型修改完成后，仍以原弦高及角度为控制参数进行 STL 层面文件转换，并导入 MPI 中。

（2）细分网格。在模流分析过程中，既要保证分析结果的准确性，又要提高分析运算的速度。为使分析过程顺利进行，大型复杂制件的网格单元数最好控制在 50 000 以下。

为了完全消除网格缺陷，还必须进行重叠单元、网格定向、连通性、自由边等诊断，只有对以上缺陷全部修改完成，才能保证分析结果的可靠性。

**4. 流动分析**

注射成形的制件常常会出现多种缺陷，如气穴、熔接痕、产品的热变形等，这往往是由于塑料在模具中的流动方式不当造成的。MPI 通过对塑料熔体在模具中的流动进行模拟，进而预测并显示其填充方式、填充过程中的压力、温度变化以及在此过程中形成的气穴和熔接线等。通过对不同浇注系统流动行为的分析结果进行比较，选择最佳浇口位置、浇口数目和最佳布局。在制件的成形过程中，要避免出现欠注及流动不平衡等现象，避免或减少气穴和熔接线，并尽可能采用较低的注射压力和锁模力，降低对注射机性能参数的要求，使流动分析尽可能避免或减少由保压不当而引起的制件收缩、翘曲变形等质量缺陷，有助于在试模之前了解浇注过程中可能出现的缺陷并找出其产生原因，以便在模具制造之前对其进行改进，减少模具返修甚至报废的可能，进一步提高生产效率。

在整个浇注系统中，浇口是连接流道和型腔的熔体通道。塑料注射制件的质量在很大程度上取决于模具设计，而浇口的数量和位置是重要的模具结构参数。因此，注塑模具中浇口的设计对于注射制件质量的影响尤为重要。注塑模具浇口位置的设定决定了聚合物的流动方向和流动的平衡性。经过模流分析后，制件的质量可以通过对浇口位置的优化得到显著提高；不合理的浇口位置常常造成熔体充填不均匀，引起过保压、高剪切应力、很差的熔接线性质、翘曲等一系列缺陷。

# 本章测试题

**一、填空题** （请将正确的答案填在横线空白处）

1. 热流道技术采用对流道进行_____或_____的方法，使从注射机喷嘴到模具型腔浇口之间的塑料始终保持熔融状态。

2. 大型模具的定位圈外表面应高出模具定模底板端面_____mm 以上。

3. 精密注射成型技术可以得到_____塑料制件，这是一种新兴的注射成型工艺方法。

4. 通常情况下，精密注塑模具水温调节的精度应为_____℃，入水口和出水口的温差在_____℃以内。

5. 气体辅助注射成型过程可分为_____、_____、_____和_____四个阶段。

6. 根据浇口类型的不同，绝热分流道注塑模可分为_____和_____两种。

7. 热流道板是热流道系统中的关键零件之一，常用于_____或_____的情况。

8. 加热元件是热流道系统的重要组成部分，包括_____、_____、管式加热器、螺旋式加热器等。

9. 为保证型腔板及定模安装板不因热膨胀而变形，在加热流道模具装配时，垫块与定模安装板和型腔板之间应留有_____mm 的间隙。

10. 模流分析的前处理部分主要包括_____、_____、_____三部分。

**二、判断题**（下列判断正确的请打"√"，错误的打"×"）

1. 模具中排气槽的深度必须小于所用塑料的溢边值。（　）

2. 一般精密注塑模型腔的尺寸公差应小于制件公差的1/2。（　）

3. 模具装配完成后，顶出装置的动作应顺畅，无卡滞及异响现象。（　）

4. 模具中的结构零件不直接参与注射成型，其精度与模具精度无关。（　）

5. 一模多腔精密模具应打上型腔编号、成型镶件编号及设计人员编号。（　）

6. 根据气辅成型时射入型腔熔料体积的不同，气辅成型工艺可分为标准成型法、副腔成型法、熔体回流法和活动型芯法四类。（　）

7. 井式喷嘴只适用于单型腔模具的注射成型。（　）

8. 温控器是对加热元件进行温度控制的仪器，包括经济型、指针型、微电脑型等种类。（　）

9. 两种塑料在同一台注射机上分两次注射成型，但产品只出模一次的模具称为双色模具。（　）

10. 凸模平移的双色注塑模具具有两个凹模和一个凸模，凸模旋转的双色注塑模具具有两个凹模和两个背对背组合而成的凸模。（　）

**三、单项选择题**（下列每题的选项中，只有1个是正确的，请将其代号填在横线空白处）

1. 难以用于热流道注射成型的热塑性塑料是＿＿＿。
   A. 聚乙烯　　B. 聚丙烯　　C. 聚碳酸酯　　D. 酚醛塑料

2. 为了使成型零件在使用过程中保持较高的精度，需对其进行＿＿＿。
   A. 淬火　　B. 退火　　C. 回火　　D. 正火

3. 为了保证浇注系统的料流平衡，精密注塑模的型腔数尽量不要超过＿＿＿个，而且最好采用对称布置。
   A. 两　　B. 四　　C. 六　　D. 八

4. 常用的热流道板结构形式包括＿＿＿。
   A. A形、B形、C形、D形　　B. Ⅰ形、Ⅱ形、Ⅲ形、Ⅳ形
   C. 1形、2形、3形、4形　　D. I形、H形、Y形、X形

5. 目前，用于注射成形仿真分析的软件是＿＿＿。
   A. UG　　B. Pro-e　　C. Moldflow　　D. AutoCAD

**四、简答题**

1. 热流道模具的特点是什么？
2. 简述双色注射成型制件的生产工艺特点。

# 本章测试题答案

**一、填空题**

1. 加热　绝热　2. 15　3. 高精度　4. ±0.5　2　5. 注射期　充气期　气体保压期　脱模期　6. 主流道型浇口绝热流道模　点浇口型绝热流道模　7. 大型模具多点

进料　一模多腔　8. 加热棒　加热圈　9. 0.05~0.10　10. CAD 模型的导入　生成网格　修补网格

## 二、判断题

1. √　2. ×　3. √　4. ×　5. ×　6. ×　7. √　8. √　9. √　10. √

## 三、单项选择题

1. D　2. A　3. B　4. D　5. C

## 四、简答题

1. 答案略

2. 答案略

第**3**章

# 质量检验

　　模具零件加工精度的检测应使用和图样标注尺寸公差相应精度级别的检测工具和仪器，如卡尺、千分尺、角度尺、深度尺、投影仪以及各种专用测量工具，表面粗糙度的检测应按标准进行。如图3—1所示为周转箱制件图，如图3—2所示为周转箱模具装配

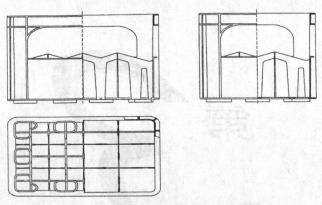

图3—1　周转箱制件图

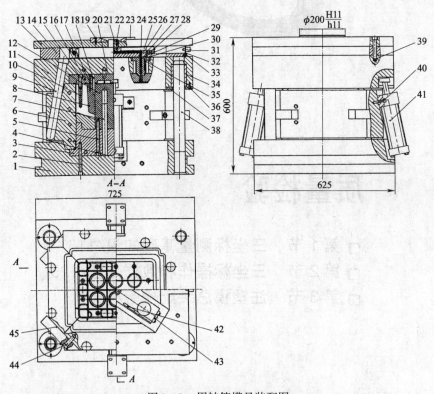

图3—2　周转箱模具装配图

1—动模座板　2、5、15、18、19、22、33、36、39、40、43、44—螺钉　3—型芯固定板　4—密封圈
6—滑块　7—胶木隔板　8—大型芯　9—斜导柱　10—小型芯　11—定模板　12—型芯拼块
13—定模座板　14—热流道框板　16—定模型腔板　17—圆柱销钉　20—密封圈　21—热流道进料体
23—定位圈　24—隔热垫块　25—电热棒　26—热流道堵头　27—热流道堵头销钉　28—热流道主架
29—热流道密封圈　30—热流道喷嘴　31—热流道电插座　32—热流道插座固定板　34—导套
35—电热圈　37—导套固定圈　38—导柱　41—液压缸　42—热电偶　45—联动块

图，如图 3—3 所示为周转箱模具型芯冷却结构，如图 3—4 所示为周转箱模具热流道结构，此模具为复杂型腔模具的自由曲面。过渡面等位置的测量应采用三坐标测量机。

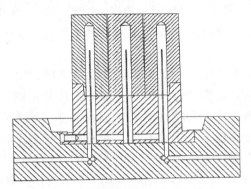

图 3—3　周转箱模具型芯冷却结构

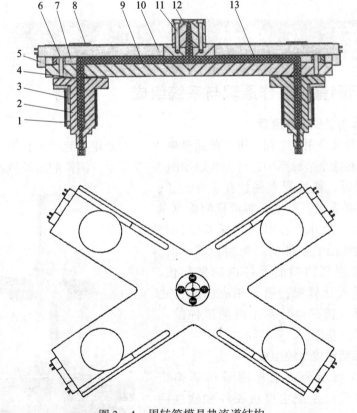

图 3—4　周转箱模具热流道结构

1—电热圈　2—热喷嘴　3—热电偶　4—钢密封圈　5、11—螺钉　6—销钉　7—堵头

8—隔热件　9—热流道板　10—电热管　12—热流道进料体　13—浇注系统

三坐标测量仪是由 $X$、$Y$、$Z$ 三轴互成直角配置的三个坐标值来确定零件被测点空间位置的精密测试设备，其测量结果可用数字显示，也可绘制成图形或打印输出。由于

配有三维触发式测头，因此对准快、精度高。其标准型多用于配合生产现场的检测，精密型多用于精密计量部门进行检测、课题研究或对有争议尺寸的仲裁。

三坐标测量仪可以方便地进行直角坐标系之间或直角坐标系与极坐标系之间的转换，可以用于线性尺寸、圆度、圆柱度、角度、交点位置、球面、线轮廓度、面轮廓度、齿轮的齿廓、同轴度、对称度、位置度以及遵守最大实体原则时的最佳配合等多种项目的检测。

在模具工技师的日常工作中，常需要测量设备来检验模具零部件以及总装件的尺寸精度。当今模具的复杂程度越来越高，加工精度越来越高，游标卡尺等常规测量设备已经不能满足测量功能和精度的要求。而三坐标测量仪具有测量功能全面、测量精度高、使用方便等特点，正确选择、使用和维护三坐标测量仪是注射模技师的基本技能之一。三坐标测量机的品牌、型号较多，不同品牌和不同型号的三坐标测量仪的测量原理、使用方法与注意事项基本相同。可通过借鉴典型设备的使用方法，掌握不同型号的仪表和仪器的使用方法。本章主要介绍使用三坐标测量仪测量模具复杂零部件的方法。

# 第1节 三坐标测量基础知识

## 一、三坐标测量仪工作原理与系统组成

### 1. 三坐标测量仪工作原理

三坐标测量仪是由三个相互垂直的运动轴 $X$、$Y$、$Z$ 建立起一个直角坐标系，测头的一切运动都在这个坐标系中进行，外形如图 3—5 所示。测头的运动轨迹由测球中心点表示。测量时，把被测零件放在工作台上，测头与零件表面接触，三坐标测量仪的检测系统可以随时给出测球中心点在坐标系中的精确位置。当测球沿着工件的几何型面移动时，就可以得出被测几何型面上各点的坐标值。将这些数据送入计算机，通过相应的软件进行处理，就可以精确地计算出被测工件的几何尺寸、几何公差等。

### 2. 三坐标测量仪系统组成

如图 3—6 所示为三坐标测量仪结构组成。三坐标测量仪系统主要由硬件和软件两个方面组成，其中硬件方面包括机床本体、测头系统以及电气系统三个部分。软件方面指的就是测量或者逆向所需要使用的一系列软件，主要包括测量软件、系统连接软件、扫描软件等。

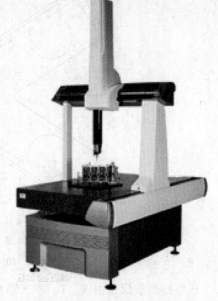

图 3—5 三坐标测量仪工作原理

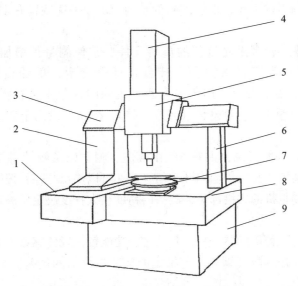

图3—6　三坐标测量仪结构组成

1—Y 防护罩、Y 传动　2—主立柱　3—横梁、X 传动　4—Z 防护罩、Z 传动

5—滑架　6—副立柱　7—旋转轴　8—工作台　9—底座

（1）三坐标测量仪主体机械结构组成。三坐标测量仪主机主要由框架结构、标尺系统、导轨、驱动装置、平衡部件、转台与附件等部分组成。

1）框架结构。框架是指测量仪的主体机械结构架子。它是工作台、立柱、桥框、壳体等机械结构的集合体。其中，主立柱、副立柱和横梁构成移动桥架。整机采用移动桥移动、工作台固定结构，移动桥移动形成 Y 轴进给运动，滑架在固定横梁上移动形成 X 轴进给运动，Z 轴相对于滑架在 XY 平面的垂直方向运动。

2）标尺系统。标尺系统是测量仪的重要组成部分，是决定仪器精度的一个重要环节。三坐标测量仪所用的标尺有线纹尺、精密丝杆、感应同步器、光栅尺、磁尺、光波波长等。该系统还应包括数显电气装置。某些公司设备采用的标尺系统是英国 Renishaw 精密光栅尺，不同的光栅尺有着不一样的分辨率，客户可根据自身对机床精度的要求来相应配置。目前，最常用的光栅尺分辨率主要有 0.5 μm、0.1 μm 等。

3）导轨。导轨是测量仪实现三维运动的重要部件。测量仪多采用滑动导轨、滚动轴承导轨和气浮导轨，而以气浮静压导轨为主要形式。气浮导轨由导轨体和气垫组成，有的导轨体和工作台合二为一。气浮导轨还应包括气源、稳压器、过滤器、气管、分流器等一套气体装置。

4）驱动装置。驱动装置是测量仪的重要运动机构，可实现机动和程序控制伺服运动的功能。在测量仪上一般采用的驱动装置有丝杆丝母、滚动轮、钢丝、齿形带、齿轮齿条、光轴滚动轮等传动，并配以伺服马达驱动。直线马达驱动正在增多。

5）平衡部件。平衡部件主要用于 Z 轴框架结构中。它的功能是平衡 Z 轴的质量，以使 Z 轴上下运动时无偏和无干扰，使检测时 Z 向测力稳定。如更换 Z 轴上所装的测头，应重新调节平衡力的大小，以达到新的平衡。Z轴平衡装置有重锤、发条或弹簧、气缸活塞杆等类型。

6）转台与附件。转台是测量仪的重要元件，它使测量仪增加一个转动运动的自由度，便于某些种类零件的测量。转台包括分度台、单轴回转台、万能转台（二轴或三轴）和数控转台等。用于坐标测量机的附件很多，视需要而定，一般指基准平尺、角尺、步距规、标准球体（或立方体）、测微仪及用于自检的精度检测样板等。

（2）测头系统。一般来说，测头系统由测座、测头以及测针组成。测头是测量仪探测时发送信号的装置，它可以输出开关信号，亦可以输出与探针偏转角度成正比的比例信号，它是坐标测量机的关键部位，测头的精度很大程度决定了测量仪的测量重复性及精度。

坐标测头可视为一种传感器，只是其结构、功能较一般传感器更为复杂。三坐标的测头的两大基本功能是测微（即测出与给定的标准坐标值的偏差值）和触发瞄准并过零发讯。

在三坐标检测中，往往根据客户不同需求，配置不同的测头，概括来说，测头的种类是多样化的。比如按结构原理分类，可以分为机械式、光学式、电气式等；按测量方法分可分为接触式和非接触式两类；按功用分可分为用于瞄准的测头、用于测微的测头等。

（3）电气系统的认知。电气控制系统是三坐标测量仪的关键组成部分之一，其主要功能有：读取空间坐标值，控制测量瞄准系统对测头信号进行实时响应与处理，控制机械系统实现测量所必需的运动，实时监控三坐标测量仪的状态以保障整个系统的安全性与可靠性，有的还包括对三坐标测量仪进行几何误差与温度误差补偿以提高三坐标测量仪的测量精度等。

电气系统按自动化程度分类，三坐标测量仪分为手动型、机动型和CNC型。前两类测量只能由操作者直接手动或通过操纵杆完成各个点的采样，然后在主计算机中进行数据处理；而CNC型是通过主计算机程序控制三坐标测量仪自动进给进行数据采样，并在主计算机中完成数据处理。早期的三坐标测量仪以手动型和通过操纵杆控制机械运动的机动型为主，当时的控制系统主要完成空间坐标值的监控与实时采样。随着计算机技术及数控技术的发展，CNC（计算机数控）型控制系统变得日益普及，高精度、高速度、智能化成为三坐标测量仪发展的主要趋势。所以本节主要以CNC型为例介绍。

CNC型控制系统的测量进给是由计算机控制的。它不仅可以实现自动测量、学习测量、扫描测量，也可以通过操纵杆进行手工测量。

与手动型相比，CNC型控制系统要复杂得多。它除具备手动型所有的空间坐标测量系统、瞄准系统外，还要实现对三轴机械运动的控制。每个轴的运动要求平稳可靠，以保证测量精度。每个轴的运动都是由一套伺服系统控制的，要求三轴甚至转台精确配合，以实现联动，保证按设定的空间轨迹进给，自动完成测量任务。为确保测量仪的安全及测量数据的可靠，还要对测量仪的运行状态进行实时监测，所有这些都是由程序控制实现的。由于控制复杂，运算及处理量大，若只用一个CPU控制，实时性很难保证，因此常常由多个 CPU 并行处理。

如图 3—7 所示为一种多 CPU 并行处理的形式。每个轴有一个独立的 CPU。这些 CPU 对坐标数值进行采样，计算位置误差和完成单轴位置、速度控制的运算。因各轴相互独立，空间插补运算是由主 CPU 实现的。主 CPU 控制与主计算机的通信，完成命令的解释与执行，将主计算机的 CNC 控制参数分解后，分别传送给各轴，并得到各轴的状态、位置坐标及速度数据信息，集中后再回送给主计算机。主 CPU 还要完成测头信号处理、对控制系统的监控、安全性保护以及操作面板信号的输入处理等。

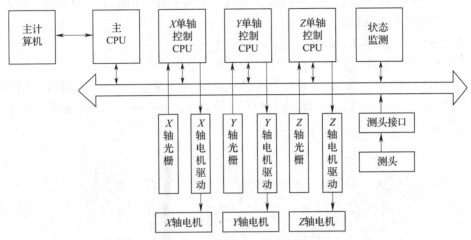

图 3—7　多 CPU 并行处理的形式

（4）三坐标测量软件。对于三坐标测量仪的主要要求是精度高、功能强、操作方便。三坐标测量仪的精度与速度主要取决于机械结构、控制系统和测头，功能则主要取决于软件和测头，而操作方便与否也与软件有很大关系。

如果把整个三坐标测量仪系统比作"人"的话，软件系统则是"人"的大脑。如果三坐标测量仪的软件系统不强，即使机械、电气控制柜和测头系统再好，也只不过是"四肢发达，头脑简单"的"低能儿"。因此，世界各国的三坐标测量仪生产厂家都越来越重视三坐标测量仪软件系统的研究与开发，且人力、财力的投资比例逐渐向软件方面倾斜，从而促进了坐标测量软件技术的研究和发展。

目前，在三坐标行业中，三坐标的各种测量软件已经层出不穷了，例如海克斯康的测量软件 PC – DMIS、爱德华的测量软件 AC – DMIS、蔡司的测量软件 Calypso 等，它们都有自身独特的一面，都在不同的应用领域发挥着自己的作用。

## 二、几何量综合知识

### 1. 几何量计量的内容及几何量量仪

（1）几何量的内容。几何量计量又称长度计量，是对各种物体的几何尺寸和几何形状的测量，以及为使几何量量值的准确和统一而必须进行的计量工作。

任何一个物体都是由若干个实际表面所形成的几何实体，几何量是表征物体的大小、长短、形状、位置等几何特征的量。几何量计量为十大计量之一，十大计量分别为几何量、力学、热工、电磁、无线电、时间频率、声学、光学、化学、电离辐射。

几何量计量内容包括光波波长、量块、线纹、平直度、表面粗糙度、角度、通用量具、工程测量、齿轮测量、坐标测量、几何量量仪、经纬仪类仪器。

工程测量也可称为精密测量，包含的内容较多，主要有形状和位置误差的测量、螺纹的测量、其他几何尺寸的测量。

形状和位置误差是工件制造误差的组成部分，可以影响工件的功能和装配互换性。按几何公差的国家标准，形状误差包括直线度、平直度、圆度、圆柱度、线轮廓度、面轮廓度6个项目。位置误差包含平行度、垂直度、倾斜度、同轴度、对称度、位置度、圆跳动和全跳动8个项目。

螺纹的测量包括单项、综合。

其他几何尺寸的测量包括内外尺寸、交点尺寸、光滑极限量规。

（2）几何量量仪。如图3—8所示为传统几何量测量仪器。几何量仪器是利用机械、光学、电学、气动或其他原理将被测量转换为可直接观测的指示值或等效信息的器具。

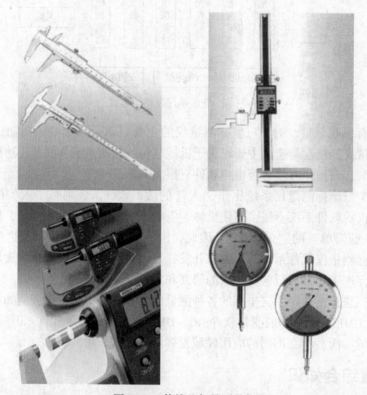

图3—8　传统几何量测量仪器

几何量量仪按原理可以分为机械量仪、光学量仪、气动量仪、电动量仪。任何一台量仪仪器都包含一个重要部件即基准部件，它是决定几何量仪仪器准确度的主要环节，如精密丝杠、光栅尺、度盘、激光器等。

### 2. 测量的基本概念

（1）测量过程四要素。一个完整的测量过程包括四要素：测量对象和被测量、测量单位和标准量、测量方法、测量精度。

1）测量对象和被测量

测量对象：测量所指向的具体物体。其种类多种多样，如工件、器具、标准器等。

被测量：通常为几何量。

①不同的测量对象有不同的被测量。

②同一测量对象其被测量可能是多种的。

③复杂工件还有复合的被测量，如滚刀的螺旋线误差。

测量对象和被测量的特征是设计测量方法的主要依据。在被测量和标准量的比较过程中，对被测量的分析研究是非常重要的。

2）测量单位和标准量。体现形式：在测量过程中，测量单位必须以物质形式来体现。能体现测量单位和标准量的物质形式有光波波长、精密量块、线纹尺、各种圆分度盘等。

3）测量方法。完成测量任务所用的方法、量具或器具，及测量条件（含标准器、接触方式、定位方法、环境条件等）的总和。

4）测量精度。指测量的结果相对于被测量真值的偏离程度。在测量中，任何一种测量的精密程度高低都只能是相对的，皆不可能达到绝对精确，总会存在有各种原因导致的误差。为使测量结果准确可靠．尽量减少误差，提高测量精度，必须充分认识测量可能出现的误差，以便采取必要的措施来加以克服。

通常在测量中有基本误差、补偿误差、绝对误差、相对误差、系统误差、随机误差、过失误差、抽样误差等。

## 三、三坐标测量基础知识

### 1. 测头的校正

三坐标测量仪在进行测量工作前要进行测头校正，这是进行测量前必须要做的一个非常重要的工作步骤，因为测头校正中的误差将加入到以后的工件测量中，而触发式测头校正后的测针宝石球直径要比其名义值小。以下介绍其中的原理。

（1）准确得到测针的红宝石球的补偿直径。如图3—9所示为测头校正与标准球的关系。三坐标测量仪在进行测量时，是用测针的宝石球接触被测工件的测量部位，此时测头（传感器）发出触测信号，该信号进入计数系统后，将此刻的光栅计数器锁存并送往计算机，工作中的测量软件就收到一个由 $X$、$Y$、$Z$ 坐标表示的点。这个坐标点可以理解为是测针宝石球中心的坐标，它与真正需要的测针宝

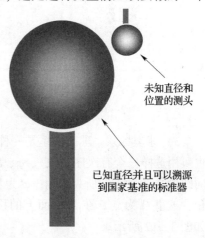

未知直径和位置的测头

已知直径并且可以溯源到国家基准的标准器

图3—9　测头校正与标准球的关系

石球与工件接触点相差一个宝石球半径。为了准确计算出所要的接触点坐标，必须通过测头校正得到测针宝石球的半/直径。

（2）准确得到不同测针位置和第一个测针位置之间的关系。在实际测量工作中，工件是不能随意搬动和翻转的，为了便于测量，需要根据实际情况选择测头位置和长度、形状不同的测针（星形、柱形、针形）。为了使这些不同的测头位置、不同的测针所测量的元素能够直接进行计算，要把它们之间的关系测量出来，在计算时进行换算。所以需要进行测头校正。

**2. 坐标系和工作平面**

（1）坐标系和坐标系类型。在 CNC 三坐标测量仪上测量工件区别于传统测量的另一个主要特点是测量效率高。效率高源于两个方面：一是具有数据自动处理程序；二是被测工件易于安装定位，通过测量软件系统对任意放置的工件建立工件坐标系，进行坐标转换，实现自动找正。

在精确的测量工作中，正确地建立坐标系，与具有精确的测量仪和校验好的测头一样重要。由于工件图样都是有设计基准的，所有尺寸都是与设计基准相关的，因此要得到一个正确的检测报告，就必须建立工件坐标系。同时，在批量工件的检测过程中，只需建立好工件坐标系即可运行程序，从而更快捷有效。

综合各类测量仪，常使用三种类型的坐标系：直角坐标系、柱坐标系和球坐标系。这三种坐标系用于不同的测量目的和对象。对于圆柱类型工件、球类工件和凸轮工件，采用极坐标系和球坐标系进行测量；由于直角坐标系可用线性转换矩阵实现坐标变换，因此在三坐标测量仪中大都以直角坐标系作为坐标系转换基础。

1）直角坐标系。直角坐标系指由三条数轴相交于原点且相互垂直建立的坐标系，又称笛卡尔直角坐标系，如图 3—10 所示。

2）柱坐标系。柱坐标系又称半极坐标系，它是由平面极坐标系与空间直角坐标系中的部分建立起来的，如图 3—11 所示。

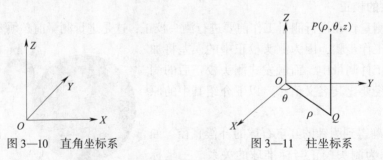

图 3—10 直角坐标系 　　　　图 3—11 柱坐标系

3）球坐标系。球坐标系是一种三维坐标。设 $P$ $(x, y, z)$ 为空间内一点，则点 $P$ 也可用这样三个有次序的数 $r$、$\varphi$、$\theta$ 来确定，其中 $r$ 为原点 $O$ 与点 $P$ 间的距离，$\theta$ 为有向线段与 $Z$ 轴正向所夹的角，$\varphi$ 为从正 $Z$ 轴来看自 $X$ 轴按逆时针方向转到有向线段的角，这里 $Q$ 为点 $P$ 在 $XOY$ 面上的投影。这样的三个数 $r$、$\varphi$、$\theta$ 称为点 $P$ 的球面坐标，如图 3—12 所示。

（2）三坐标测量仪坐标轴定义。三坐标测量仪的空间范围可用一个立方体表示。

立方体的每条边都是测量仪的一个轴向，分别表示为 X 轴、Y 轴、Z 轴。三条相互垂直的轴线的交点为仪器的原点（通常指测头所在的位置），如图 3—13 所示。

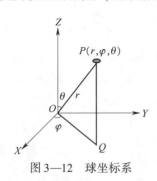

图 3—12　球坐标系

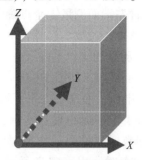

图 3—13　三坐标测量仪坐标轴定义

三坐标测量仪每个轴被分成许多相同的分割来表示测量单位，现代测量仪的坐标值读数系统一般都是从高精度的光栅尺读取的。测量空间的任意一点可被中间的唯一一组 X、Y、Z 值来定义，如图 3—14 所示。

（3）校正坐标系。校正坐标系是建立工件坐标系的过程，通过数学计算将仪器坐标系和工件坐标系联系起来。工件的坐标系校正，一般分三个步骤且分步进行：

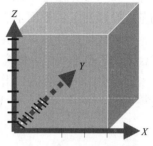

图 3—14　三坐标测量仪坐标值

1）工件找正。找正元素控制了工作平面的方向。应当选择垂直于工件轴线的平面而不选择垂直于坐标轴的平面，通常技术图样会指明工件的基准面，如果没有指明，应测量表面比较好的平面且测量点尽可能均匀分布。

2）旋转轴。旋转元素需垂直于已找正的元素，这控制着轴线相对于工作平面的旋转定位。旋转轴可以是经过精加工的面或是两个孔组成一条直线。测量一条线至少需要两个测量点。

3）原点。定义坐标系 X、Y、Z 零点的元素（测量软件中通常是通过一个点来定义其中一个轴的起点）。原点可以是经过精加工的面上点或一个孔的中心点。

在实际测量中，针对不同形状工件建立坐标系的方法有所不同。比如规则方体类工件、轴类工件可以用 3 - 2 - 1 法，或者 3 - 2 - 1 的简化法；而一些形状复杂、无法找到平面基准的工件和曲面工件，可以通过 CAD 多点拟合、RPS 迭代等方法建立工件坐标系。

（4）用 3 - 2 - 1 法建立工件坐标系

3 - 2 - 1 法建立坐标系是三坐标测量仪最常用的建立工件坐标系的方法，如图 3—15 所示。

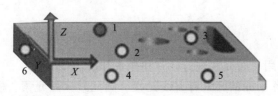

图 3—15　3 - 2 - 1 法建立工件坐标系

1）在工件上平面测量 3 个点拟合一平面找正。

2）在工件前端面上测量 2 个点拟合一直线旋转轴。

3）在工件左端面测量 1 个点确定 $X$ 轴的起点。

4）测量软件经过数学运算自动生成所需的工件坐标系。

（5）坐标测量的工作平面。三坐标测量仪中根据不同的两个轴线和矢量方向可以假想定义出 6 个平面，如图 3—16 所示。在使用三坐标设备时，测量软件首先会让用户建立一个工作平面，而这个工作平面是按用户操作来定义的，通常为 $XY$ 平面。

本节所讲工作平面的重点是阐述测量中所定义的工作平面，即坐标测量的工作平面。它存在的意义是在测量二维元素时，用来定义元素数学计算的平面，元素计算和探头补偿中使用工作平面。元素在测量时将测量点投影到工作平面上，确定元素正确的矢量方向后，经过数学拟合运算得出所需的结果元素。通过选择合适的工作平面可以提高测量精度。

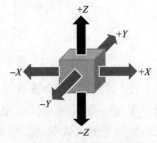

图 3—16　三坐标测量仪的平面定义

坐标系中的平面作为工作平面测量一个圆，如图 3—17 所示。

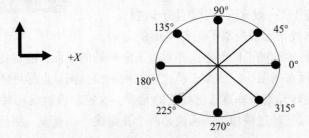

图 3—17　坐标系平面作为工作平面测量圆

平面元素作为工作平面测量一个圆，如图 3—18 所示。

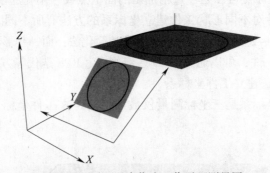

图 3—18　平面元素作为工作平面测量圆

以下两种情况需用平面元素进行计算和探头补偿：

1）计算需要工作平面的元素有直线元素、圆元素、弧元素、椭圆元素、键槽元素和曲线元素。

2）探头补偿需要工作平面的元素有点元素和边界点元素。

## 第2节　三坐标操作和数据处理

### 一、三坐标测量仪硬件操作

**1. 开机步骤**

（1）放掉外部空气压缩机（或储气罐）中的污水。

（2）用医用棉花或无纺布蘸少许酒精擦拭轴导轨面。

（3）检查是否有阻碍仪器运动的障碍物。

（4）检查设备总气压表值（0.5～0.6 MPa），数字显示表值应在（0.45±0.05）MPa 范围内。

（5）打开设备电源开关。

（6）打开计算机。

（7）启动控制软件及测量软件。

（8）顺时针旋转，松开控制柜上的急停按钮。

（9）松开手操器上的急停按钮。

**2. 关机步骤**

（1）把测头座 A 角转到 90°。（激光测头不需此步骤）。

（2）用手操器抬起 Z 轴至安全位置。

（3）按下手操器及设备上的急停按钮。

（4）退出控制软件界面及测量软件界面。

（5）关断设备电源。

（6）关闭计算机。

（7）关断设备总气源及外部供气源。

**3. 系统操作面板（见图3—19）**

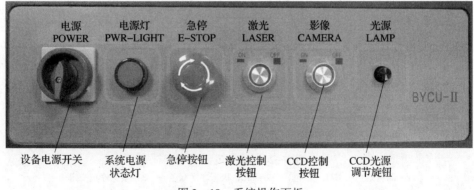

图3—19　系统操作面板

● 设备电源开关：三坐标测量仪的总控制电源开关。顺时针旋转 90°打开设备电源，顺时针旋转 90°关闭设备电源。

● 系统电源状态灯：设备电源开关的通断指示。打开设备电源时亮起，关闭设备电源时灯灭。

● 急停按/旋钮：设备紧急状态下（或关机时）的制动开关。按下急停开关各轴电机伺服关闭，设备停止运动；在急停状态下，逆时针旋转急停旋钮，急停制动复位。

● 激光控制按钮：当使用激光测头工作时的测头通断开关。按下开关，激光测头电源起控，指示光圈亮起；重复按下开关，激光测头电源关闭，指示光圈熄灭。

● CCD 控制按钮：当使用 CCD 影像测头工作时的测头通断开关。按下开关，激光测头电源起控，指示光圈亮起；重复按下开关，激光测头电源关闭，指示光圈熄灭。

● CCD 光源调节旋钮：调节 CCD 影像测头光源明暗的旋钮。顺时针旋转，光源灯逐渐变亮；逆时针旋转，光源灯逐渐变暗。

当使用接触式测头工作时，请务必确认激光控制按钮和 CCD 控制按钮处于电源断开状态，否则将可能出现严重的测头损坏事故。

4. 三坐标测量仪手操器。测量仪手操器结合 Renishaw 控制系统实现对三坐标测量仪的运动控制和手动测量任务，以及紧急情况下的机床急停保护等功能。人性化的设计和便捷的操作功能，充分满足用户的使用需求。

（1）MCUlite 型号。MCUlite 手操器如图 3—20 所示。

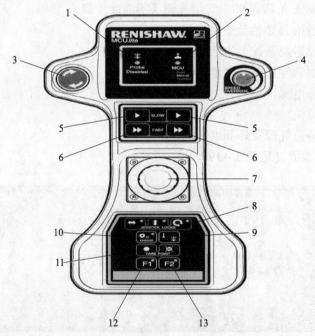

图 3—20　MCUlite 手操器

1—测头禁止状态灯（红色）　2—MCU 状态灯（绿色）　3—紧急停止按钮
4—速度控制旋钮（走程序或自动时）　5—慢速移动按钮　6—快速移动按钮
7—三轴操纵杆　8—操纵杆锁定（三个独立按钮）　9—测头禁止按钮　10—伺服使能按钮
11—插入点/删除最后点按钮　12—DMIS 程序运行和结束　13—测量接受

（2）MCU1 型号。MCU1 手操器如图 3—21 所示。

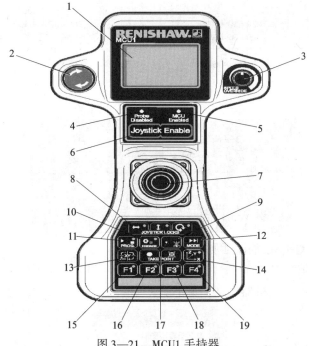

图 3—21　MCU1 手持器

1—液晶显示屏　2—紧急停止按钮　3—速度控制旋钮（走程序或自动时）

4—测头禁止状态灯（红色）　5—MCU 状态灯（绿色）　6—操纵杆使能按钮

7—三轴操纵摇杆　8—操纵杆锁定（三个独立按钮）　9—测头禁止按钮

10—伺服使能按钮　11—开始/结束程序按钮　12—模式切换按钮

13—操纵杆方位切换按钮　14—坐标轴系统选择按钮　15—DMIS 程序运行和结束

16—测量接受　17—插入点/删除最后点按钮　18—F3 功能按钮　19—F4 功能按钮

## 二、测头和机器模型的构建

### 1. 测头的构建

进入构建测头界面，请按顺序点击以下图标：

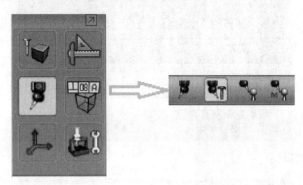

进入构建测头界面后，按测座→测头→测针的顺序组装自己的测头，以 RTP20 为例：

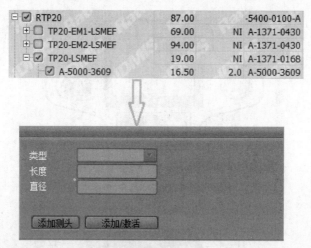

最后点击添加测头/添加激活测头即可。

## 2. 机器模型的构建

首先找到选项→生成机器模型，见下图：

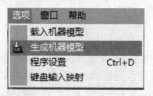

进入机器模型构建界面后，选择自己的机器模型、坐标系方向及有效的行程即可。

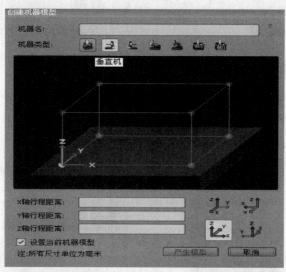

输入机器模型名称：

| 机器名: | 机器模型1 |
| --- | --- |

通过左键点击选择适当的机器模型：

横梁移动式机器

右水平臂式机器

左水平臂式机器

Cantilevel 式机器

C 型臂式机器

带底座桶架式机器

不带底座桶架式机器

根据测量仪的原点位置，定义机器模型的回零点（原点），鼠标移动到原点位置以高亮度显示，单击可选择为原点：

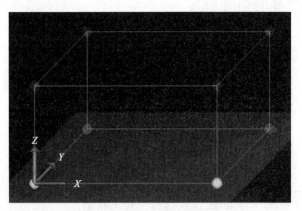

根据测量仪的坐标定义方向确定机器模型的坐标轴方向，单击下面四个坐标方向图标中的任意一个，系统会自动改变黑底窗口中机器坐标轴图标。

根据测量仪的行程定义机器模型 $X$、$Y$、$Z$ 三个方向的行程，单位为 mm：

| X轴行程距离： | 1200 |
| Y轴行程距离： | 1000 |
| Z轴行程距离： | 1000 |

选择是否设置为当前机器模型：☑ 设置当前机器模型

单击"产生模型"，创建新的机器模型： 产生模型

其中，坐标系采用右手坐标系。右手规则，即以右手握住 $Z$ 轴，当右手的四指从正向 $X$ 轴以 $\pi/2$ 角度转向正向 $Y$ 轴时，拇指的指向就是 $Z$ 轴的正向，这样的三条坐标轴就组成了一个空间直角坐标系，见下图：

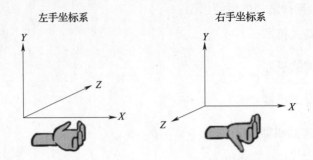

左手坐标系　　　　右手坐标系

## 三、测头校验

测头被用于实际测量之前，必须进行校验或者校准。校验的主要目的是计算测头的等效直径，等效半径被用来进行元素计算时作为测头半径补偿用。所以只有在进行了测头校准以后，才能正确地进行测头数据的补偿，从而得到更加准确的测量数据。为了完成这一任务，需要用被校正的测头对一个校验标准进行测量。

在操作工具条里点击测头图标：

提示：可以使用 Ctrl + F2 快速打开探头操作工具条。

选择校准测头图标进入测头校准面板：

### 1. 校验规定义

"校验测头"面板有 2 个 Tab 键可以切换，分别为"探头校验"和"校验规定义"。先单击"校验规定义"Tab 图标：

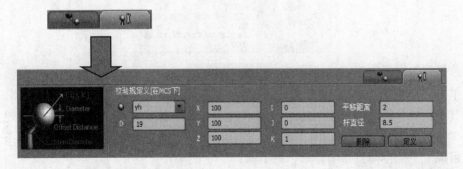

校验规定义各参数：

（**D**）：代表校验球的直径，按照实际校验球的尺寸输入。

（**X，Y，Z**）：代表校验球在仪器上的坐标位置，因首次定义时这个位置是未知的，此时可以随意输入，也可以不输入任何参数（后面会介绍软件如何自动更新）。

（**I，J，K**）：代表校验球的方向，一般校验规是向上的，输入为［0，0，1］。

（平移距离）：当平移距离为 0 时，校验球时测点会分布在标准球的最大直径处；设置平移距离可以使测量点相对最大直径进行偏移分布；对于较短的测针可以预防 Moudle 撞到标准球上。

（杆直径）：校验球下方杆的粗细参数。对于不是［0，0］角度的测头，在校验时软件会自动根据杆的直径自动调整测点的分布范围，避免撞在杆上。

学员只需依次填好上述的数据，然后点击右下角"定义"按键，即可完成标准的定义。

**2. 首次校验**

首次校验需要选中"更新校验规"  ，手动操作机器校准一遍测头。校验方法：通过手操器在标准球上均匀取 5 个点，即正上、正前、正后、正左、正右，取点完毕，点击确认按钮 。

这时查看"标准球"的坐标位置，发现它会和实际标准球所在仪器位置一致。

提示：不要每次校验球都选中"更新校验规"，只有标准球移动后，或者标准球定位不准确时才需要选中。

**3. CNC 校验**

在标准球定位准确后，就可以进行 CNC 校球。

校验之前，首先在"测头数据区"激活这个测头或者某个角度的测头，激活的测头前面会有"测头"图标。

使用鼠标中键在数显上滚动出要生成的校验点数（一般为 5 点/9 点/13 点）：

点击"产生点"图标 ，然后点击"测量" 。

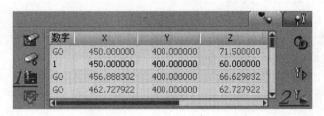

测量完成后，"接受"图标 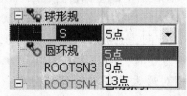 会自动点亮，点击"接受"完成 CNC 校验。

快捷校验：在双数据区的校验规节点选择点数。

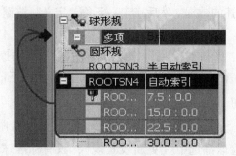

按住 Ctrl 键，将需要校验的角度选中，拖放到校验球节点上完成多个测头的一次性校验。或者按住 Shift 键，同时将多个角度一起选中，拖放到校验球节点上完成多个测头的一次性校验。

## 四、坐标系的建立

3－2－1 建立坐标系方法是目前三坐标行业中应用最多的一种建坐标方法。它的原理就是通过采取零件表面上的"面""线""点"来建立一个唯一的坐标系，以限制工件的自由度。其中"3"指的是测量 3 个点形成一个面，并取其法向矢量确立第一轴方向，"2"指的是测量 2 个点构成一条线，并把线投影到刚才平面上来确立第二轴方向，"1"指的是一个单点或者圆心、球心、椭圆中心等标志点，通过该点确定某一坐标轴零点。

快速 3－2－1 生成坐标系步骤如下。

在操作工具条里点击"测量"图标：

在快捷功能键界面选择"平面"图标：

人为控制手操器，在工件表面上采 3 个或 3 个以上点。最好选择工件加工的基准面为采点对象，以使建立的坐标系更加精确。

点击"确认"按钮 后，该平面就测量完毕。

同理，按照上面的步骤依次选择"线"图标和"点"图标，然后依次进行人工测量对应的线和点，测量完毕，就可以在双数据区找到刚才测量完毕的面、线、点。

然后在操作工具条里切换到"坐标系"图标：

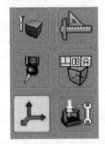

进入坐标系界面后，选中图标"生成坐标系"：

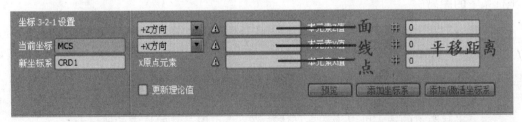

现在进入"生成坐标"的操作界面。接着按照上面图示，把刚才测量完毕的面、线、点依次拖放至对应空格，其中面的法向矢量方向确定了 $+Z$ 轴方向，线的矢量方向确定了 $X$ 轴方向（注：线的矢量方向是从第一个测量点指向第二个测量点，测量的顺序直接影响坐标轴的方向），点的起始位置确定了某一坐标轴的零点位置。

| 坐标 3-2-1 设置 | +Z方向 | ⚠ | 本元素Z值 | 面 | # | 0 |
| 当前坐标 MCS | +X方向 | ⚠ | 本元素X值 | 线 | # | 0 平移距离 |
| 新坐标系 CRD1 | X原点元素 | ⚠ | 本元素X值 | 点 | # | 0 |
| ☐ 更新理论值 | | | | 预览 | 添加坐标系 | 添加/激活坐标系 |

元素全部拖放完毕，功能区会自动地高亮闪烁一下这个新建立的坐标系。这时"预览""添加坐标系"以及"添加/激活坐标系"会自动变为激活状态。

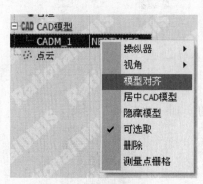

点击"预览"图标，在图形区会高亮闪烁一下这个坐标系的位置，让用户可以从图形上预览到它的位置。

点击"添加坐标系"图标，会将这个新构建的坐标系添加到双数据区中的坐标系数据区中。

点击"添加/激活坐标系"图标，这个坐标系不仅添加到坐标系数据区中，还会激活成为当前使用的坐标系。

坐标系建立完毕，点击"添加/激活坐标系"图标，完成坐标系建立并激活为当前坐标系。如果工件有 CAD 模型，只需在双数据区内找到 CAD 模型的节点，然后点击"模型对齐"即可。

其他选项：可以在主限制元素旁边的下拉菜单中选择这个元素的坐标限制方向来进行坐标参考方向的控制。

如果建立坐标使用的基准元素在新坐标系下有指定的距离，可以在元素后面的编辑框中输入：

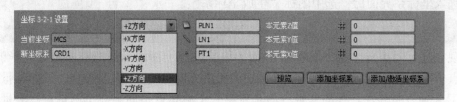

可参考在新坐标系下的坐标数据，也可以从数据区中拖放元素来指定这个基准在新坐标系下的距离。

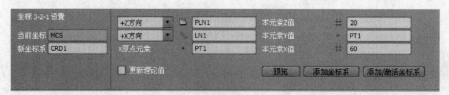

注：平移距离的输入可以为某一具体数值，也可以是某些特定的测量元素。

# 第3节 注塑模总装配检验

## 一、模具验收交付知识

模具成形零件如凸模、凹模（或凸凹模）、镶块、顶件块等都具有特殊型面，其检测方法和所用量具（或量仪）如下：

**1. 样板检测型面**

半径样板由凹形样板和凸形样板组成，可检测模具零件的凸凹表面圆弧半径，也可以作极限量规使用；螺纹样板，主要用于低精度螺纹的螺距和牙型角的检验；对于型面复杂的模具零件，则需专用型面样板检测，以保证型面尺寸精度。

**2. 光学投影仪检测型面**

光学投影仪检测型面是利用光学系统将被测零件轮廓外形（或型孔）放大后，投影到仪器影屏上进行测量的方法。经常用于凸模、凹模等工作零件的检测，在投影仪上，可以利用直角坐标或极坐标进行绝对测量，也可将被测零件放大影像与预先画好的放大图相比较以判断零件是否合格。

模具零件几何公差检测项目、检测方法及常用量具（或量仪）如下：

（1）平面度、直线度的检测。平面是一切精密制造的基础，它的精度用平面度（对于面积较大的平面）或直线度（对于较窄的平面、母线或轴线）来表示，通称平直度。检验平面度误差和直线度误差的一般量具或量仪有检验平板、检验直尺和水平仪，精密量具或量仪有合像水平仪、电子水平仪、自准直仪、平直度测量仪等。

（2）圆度、圆柱度的检测。用圆度仪可以测圆度误差和圆柱度误差。圆度仪是一种精密计量仪器，对环境条件有较高的要求，通常为计量部门用来抽检或仲裁产品中的圆度和圆柱度时使用。其测量结果可用数字显示，也可绘制出公差带图。但垂直导轨精度不高的圆度仪不能测量圆柱度误差，具有高精度垂直导轨的圆度仪才可直接测得零件的圆柱度误差。这种仪器可对外圆或内孔进行测量，也可测量用其他方式不便检测的零件垂直度或平行度误差。

测量时，将被测零件放置在圆度仪上，同时调整被测零件的轴线，使其与量仪的回转轴线同轴，然后测量并记录被测零件在回转一周过程中截面上各点的半径差（测圆柱度时，如果测头设有径向偏差可按上述方法测量若干横截面，或测头按螺旋线绕被测面移动测量），最后由计算机计算圆度或圆柱度误差。圆度误差测量方法如图3—22所示，圆柱度误差测量方法如图3—23所示。

在模具设计中，对圆度公差项目的使用较多，如国家标准冷冲模中的导柱、导套、模柄等零件都要求控制圆柱度。圆柱度误差可以看作圆度、母线直线度和母线间平行度误差的综合反映，因而在不具备完善的检测设备条件时可通过这三个相关参数的误差来间接评定圆柱度误差。

（3）同轴度的检测。常用测量方法和所用量具和量仪如下：

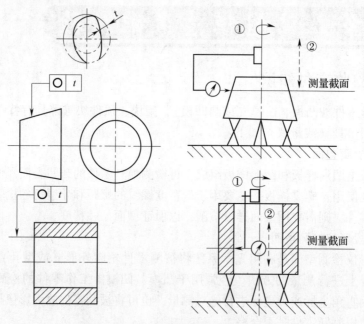

图 3—22　圆度误差测量方法

1）用圆度仪测量同轴度误差，如图 3—24 所示。调整被测零件，使基准轴线与仪器主轴的回转轴线同轴，在被测零件的基准要素和被测要素上测量若干截面，并记录轮廓图形，根据图形按定义求出同轴度误差。

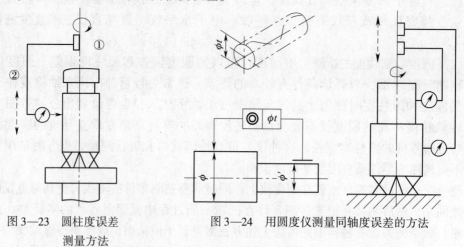

图 3—23　圆柱度误差　　　　图 3—24　用圆度仪测量同轴度误差的方法
　　　　　　测量方法

2）用平板、刃口 V 形架和百分表测量同轴度误差，如图 3—25 所示。

（4）几何公差的综合检测。采用现代检测设备，可同时对模具零件多项几何公差进行综合检测。

1）圆度仪不仅能检测零件的圆度和圆柱度，还可对零件外圆或内孔进行垂直度或平行度检测。

2）三坐标测量仪是由 $X$、$Y$、$Z$ 三轴互成直角配置的三个坐标值来确定零件被测点

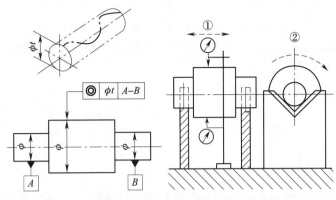

图 3—25　用 V 形架测量同轴度误差的方法

空间位置的精密测试设备，其测量结果可用数字显示，也可绘制图形或打印输出。由于它配有三维触发式测头，因而对准快、精度高。其标准型多用于配合生产现场的检测，精密型多用于精密计量部门进行检测、课题研究或对有争议尺寸的仲裁。

三坐标测量仪可以方便地进行直角坐标系之间或直角坐标系与极坐标系之间的转换，可以用于线性尺寸、圆度、圆柱度、角度、交点位置、球面、线轮廓度、面轮廓度、齿轮的齿廓、同轴度、对称度、位置度以及遵守最大实体原则时的最佳配合等多种项目的检测。

## 二、热流道系统方面验收

1. 热流道接线布局是否合理，易于检修，接线有线号并一一对应。温控柜及热喷嘴、集流板是否符合客户要求。是否进行安全测试，以免发生漏电等安全事故。

2. 主浇口套是否用螺纹与集流板连接，底面平面接触密封，四周焊接密封。

3. 集流板与加热板或加热棒是否接触良好，加热板用螺丝或螺柱固定，表面贴合良好不闪缝，加热棒与集流板不大于 0.05 ~ 0.1 mm 的配合间隙（H7/g6），便于更换、维修。集流板两头堵头处是否有存料死角，以免存料分解，堵头螺丝拧紧并焊接、密封。集流板装上加热板后，加热板与模板之间的空气隔热层间距是否在 25 ~ 40 mm 范围内。

4. 因受热变长，集流板是否有可靠定位，至少有两个定位销，或加螺丝固定。集流板与模板之间是否有隔热垫隔热，可用石棉网、不锈钢等。

5. 每一组加热元件是否有热电偶控制，热电偶布置位置合理，以精确控制温度。

6. 热流道喷嘴与加热圈是否紧密接触，上下两端露出小，冷料段长度、喷嘴按图样加工，上下两端的避空段、封胶段、定位段尺寸符合设计要求。喷嘴出料口部尺寸是否小于 φ5 mm，以免因料把大而引起制品表面收缩。喷嘴头部是否用紫铜片或铝片作为密封圈，密封圈高度高出大面 0.5 mm。喷嘴头部进料口直径大于集流板出料口尺寸，以免因集流板受热延长与喷嘴错位发生溢料。

7. 主浇口套正下方，各热喷嘴上方是否有垫块，以保证密封性，垫块用传热性不好的不锈钢制作或采用隔热陶瓷垫圈。

8. 如热喷嘴上部的垫块伸出顶板面，除应比顶板高出 0.3 mm 以外，这几个垫块是否漏在注塑机的定位圈之内。型腔是否与热喷嘴安装孔穿通。

9. 温控表设定温度与实际显示温度误差是否小于 ±2℃，并且控温灵敏。温控柜结构是否可靠，螺丝无松动。

10. 热流道接线是否捆扎，并用压板盖住，以免装配时压断电线。如有两个同样规格插座，是否有明确标记，以免插错。控制线是否有护套，无损坏，一般为电缆线。插座安装在电木板上，是否超出模板最大尺寸。集流板或模板所有与电线接触的地方是否圆角过渡，以免损坏电线。

11. 针点式热喷嘴针尖是否伸出前模面。

12. 电线是否漏在模具外面。所有电线是否正确连接、绝缘。在模板装上夹紧后，所有线路是否用万用表再次检查。在模板装配之前，所有线路是否无短路现象。

第$4$章

# 试模与修模

模具装配完成后，为验证其实际生产功能以及所成型制件在外观、尺寸、性能等方面是否符合客户的要求，找出优化的成型工艺参数，必须对模具进行试模。在试模过程中，一旦发现模具在设计、制造方面的问题，应及时对模具加以改进和修正。

## 第1节 模具试模

→ 1. 能够说出大型、复杂注射模具试模过程及要点。

→ 2. 能够说出精密模具试模设备及注射成型工艺特点。

→ 3. 能够分析并排除制件缺陷。

## 一、大型、精密、复杂注射模试模知识

### 1. 注射机结构组成

注射成型所用的机械为注射成型机，简称注射机或注塑机。通用型注射机的结构组成如图4—1所示。

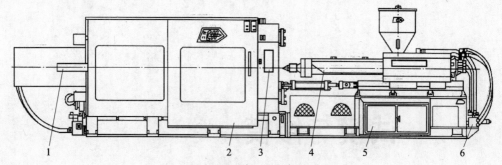

图4—1　通用型注射机的结构组成

1—合模系统　2—安全门　3—控制电脑　4—注射成型系统　5—电控箱　6—液压系统

（1）注射成型系统。注射成型系统主要由料斗、料筒、喷嘴、螺杆、螺杆传动装置、注射成型座移动油缸、注射油缸、计量装置等组成，其作用是使塑料均匀地塑化成熔融状态，并以足够的速率和压力将一定量的熔料注射入模腔内。

（2）合模系统。合模系统亦称锁模装置，通常由合模机构、拉杆、模板、安全门、制品顶出装置、调模装置等组成，其主要作用是保证成型模的可靠闭合，实现模具的开、合动作以及推出制件。

（3）液压与电气控制系统。液压与电气控制系统的作用是保证注射机按照工艺过程预定的要求和动作程序准确、有效地工作。其中，液压系统主要由各种阀件、管路、动力油泵及其他附属装置组成；电气系统主要由各种电气仪表等组成。

### 2. 注射机的分类

注射机的分类方法很多，较为常见的是按照机器的外形特征分类。

根据机器外形特征的不同，注射机可分为立式、卧式、角式、多模注射机等种类。

（1）立式注射机。如图4—2所示，立式注射机的注射成型装置与合模装置的轴线呈垂直排列。其优点是易于安放嵌件、占地面积小、模具拆装方便。缺点是：机身较高，加料不便；重心不稳，易倾伏；制品不能自动脱落，需人工取出；难以实现自动化操作。

（2）卧式注射机。如图4—3所示，卧式注射机的注射成型装置与合模装置的轴线呈水平排列。其具有机身低、便于操作、可实现自动化操作等优点。缺点是：模具安装麻烦；嵌件易倾覆落下；机器占地面积大等。目前，卧式注射机在国内外使用最广、产量最大。

图4—2　立式注射机

图4—3　卧式注射机

（3）角式注射机。如图4—4所示，角式注射机的注射成型装置与合模装置的轴线相互垂直排列。注射时，熔料从模具分型面进入型腔。角式注射机适用于成型中心不允许留有浇口痕迹的制品。目前，国内部分小型机械传动的注射机多属于这一类。

（4）多模注射机。如图4—5所示，多模注射机是一种多工位操作的特殊注射机，它充分发挥了塑化装置的塑化能力，可缩短成型周期，适用于冷却定型时间长、安放嵌件需要较多生产辅助时间或具有两种或两种以上颜色塑料制件的生产。多模注射机可分为单注射成型头多模位式、多注射成型头单模位式、多注射成型头多模位式等种类。

图4—4　角式注射机

图4—5　多模注射机

### 3. 注射成型原理简介

通用螺杆式注射机注射成型原理如图4—6所示。

首先，注射机合模机构带动动模由左向右移动，与定模闭合。接着，液压缸活塞带动螺杆按要求的压力和速度，将积存于螺杆前端的熔融塑料经喷嘴和浇注系统射入模具

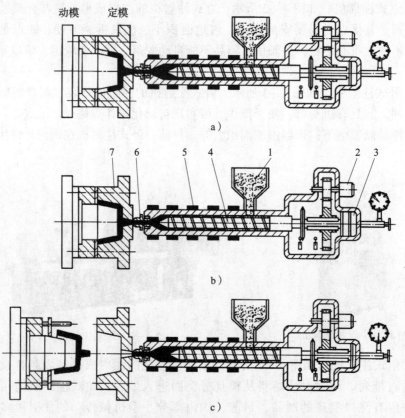

图4—6　通用螺杆式注射机注射成型原理

1—料斗　2—螺杆转动传动装置　3—注射液压缸　4—螺杆　5—加热器　6—喷嘴　7—模具

型腔，如图4—6a所示。当熔融塑料充满模具型腔后，螺杆对熔体仍保持一定压力，以阻止塑料倒流，并向型腔内补充因制件冷却收缩所需要的塑料，如图4—6b所示。经过一定时间的保压后，注射活塞上的压力消失，螺杆复又开始转动。此时，由料斗进入到料筒中的塑料随着螺杆的转动沿着螺杆再次向螺杆前端输送。在塑料向前输送过程中，接受来自料筒的外加热和螺杆的剪切摩擦热并均匀升温至黏流状态，随着积存于螺杆头部熔料量的增加，此处的熔体压力不断上升。当压力值达到能够克服螺杆后退的阻力时，螺杆前端的熔料量逐渐增加，当螺杆退到预定位置时，停止转动和后退，此过程称为预塑。在预塑过程中或在稍长一段时间内，模具型腔内的制件也在同时冷却硬化。当制件完全冷却硬化后，模具打开，在推出机构的作用下，制件被推出模外，如图4—6c所示。

**4. 注射成型工艺过程简介**

注射成型工艺过程包括注射成型前的准备、注射成型过程和制件的后处理三个阶段，各个阶段又可分为多个小的阶段，如图4—7所示。

（1）注射成型前的准备。为了使注射成型顺利进行，保证制件质量，在注射之前，要进行原料预处理、清洗料筒、预热嵌件、选择脱模剂等准备工作。

（2）注射成型过程。包括加料、塑化、注射和充模冷却四个阶段。

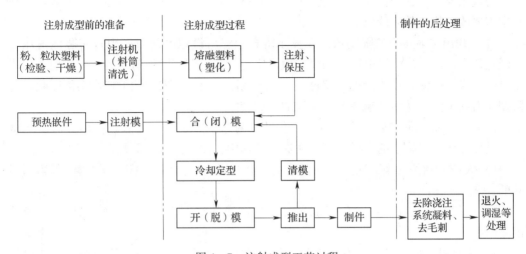

图 4—7  注射成型工艺过程

（3）制件的后处理。注射制件经脱模或机械加工之后，常需要进行适当的后处理，以改善和提高制件的性能。制件的后处理主要包括退火和调湿处理。

**5. 大型及复杂注射模具的工艺条件设定**

与普通注射模具相比，大型及复杂注射模具在试模过程中的要求较高，需要注意的方面也较多。下面，根据注射模具试模的基本步骤系统介绍相关试模知识。

（1）设置材料温度。不同材料注射成型之前，需要预热的温度是不同的。即使是相同材料，由于生产厂家和牌号的差异，需要预热的温度也不尽相同。为了解决这一问题，在大型及复杂注射模具试模前，应根据材料供应商所推荐的参数对塑料原料烘干箱或注射机的料桶温度进行设置。

（2）设置模具温度。对于大型及复杂模具来说，应在试模前合理设置模具温度。需要注意的是，这里所说的模具温度是指模腔表面的温度，而不是模温控制器上所显示的温度。由于模温控制器的功率选择不当或环境温度的影响，模温控制器上所显示的温度往往与模腔表面的温度不符。因此，在正式试模之前，应对模腔表面的温度进行检测和记录。同时，还应对模具型腔内的不同位置进行测量，查看各点的温度是否平衡，并记录相应的结果，为后续的模具优化提供参考数据。

（3）初步设定注射成型工艺参数。大型及复杂模具试模前，相关工艺人员应仔细研究制件及模具的材料、结构特点，并根据经验初步设定塑化量、注射压力的限定值、注射速度、冷却时间、螺杆转速等参数，并对其进行适当的优化。

（4）进行填充试验，找出转换点。转换点指从注射阶段到保压阶段的切换点，可以是螺杆位置、填充时间、填充压力等，这是注射过程中最重要和最基本的参数之一。在实际的填充试验过程中，应遵循以下几点：

1）试验时的保压压力和保压时间通常设定为零。

2）产品一般填充至90% ~ 98%，具体情况取决于壁厚和模具的具体结构。

3）在每次改变注射速度的同时，必须重新确认转压点。

通过填充试验，制件成型工艺员可以看到材料在模腔里的流动路径，从而判断出模具中需要改善排气效果的位置。

（5）找出注射压力的限定值。在显示屏幕上，所设定的注射压力是实际注射压力的限定值。因此，应将注射压力的限定值设定为始终大于实际注射压力。若注射压力限定过低，当实际注射压力接近或超过注射压力的限定值时，实际注射速度会因受到动力限制而自动下降，从而影响注射时间和成型周期。

（6）找出优化的注射速度。所谓优化的注射速度，是指同时满足使填充时间尽量短，且填充压力尽量小的注射速度。在这一过程中，需要注意以下几点：

1）大部分制件的表面缺陷，特别是浇口附近的缺陷，都是由于注射速度不当而引起的。

2）多级注射只在一次注射不能满足工艺需求的情况下才使用，特别是在试模阶段。

3）在模具完好、转压点设定正确，且注射速度足够的情况下，注射速度的快慢与飞边的产生没有直接关系。

（7）优化保压时间。保压时间即浇口的冷凝时间。通常情况下，可以通过称重的方式确定浇口的冷凝时间，从而得到不同的保压时间，而最优化的保压时间则是使制件质量达到最大的时间。

（8）优化其他参数。最后，进一步优化保压压力、锁模力等参数。

**6. 精密注射模的试模**

（1）精密注射模具对注射机的要求。采用精密注射模具成型的制件具有较高的精度要求，通常需要采用专用的精密注射机成型。精密注射机具有以下特点：

1）注射功率大。精密注射机一般都采用比较大的注射功率，可以满足注射压力和注射速度的要求，还可以改善制件的尺寸精度。

2）控制精度高。精密注射机的控制系统应具有很高的控制精度。精密注射机的控制系统必须保证各种注射工艺参数具有良好的重复精度，以避免制件精度因工艺参数波动而发生变化。通常，精密注射成型机对注射量、注射压力、注射速度、保压力、背压力、螺杆转速等工艺参数采取多级反馈控制，而对于机筒和喷嘴温度，则采用比例积分微分控制，使温度波动控制在±0.5℃之内。精密注射机必须对合模系统的合模力进行精确控制，过大或过小的合模力均会对制件的精度产生不良影响。

精密注射机必须具有较强的塑化能力，且需保证物料具有良好的塑化效果。因此，设备中的螺杆必须具有较大的驱动扭矩，控制系统能够对螺杆进行无级调速。

精密注射机必须对液压回路中的工作油温进行精确控制，防止因油温变化导致注射工艺参数波动而降低制件精度。

3）液压系统的反应速度快。精密注射机的液压系统必须选用灵敏度高、响应快的液压元件，或采用插装比例技术，或缩短控制元件到执行元件之间的油路。必要时，可加装蓄能器。这样，不仅可以提高系统的压力反应速度，而且也能起到吸振、稳定压力、节能等作用。

4）合模系统有足够的刚度。精密注射的合模系统必须具有足够的刚度,保证注射机能够稳定、灵敏、精确地工作。

（2）精密注射模具试模工艺要求。精密注射模具试模时,应采用较大的注射压力、较快的注射速度,并应对温度进行精确控制。

1）注射压力。精密注射成型时,注射压力一般为 180 ~ 250 MPa,最高可达 415 MPa。采用高压注射的原因包括以下几方面:

①提高注射压力可以增大塑料熔体的体积压缩量,使其密度增加,线膨胀系数减小,从而降低制件的收缩率及其波动数值,提高制件尺寸的稳定性。

②提高注射压力可使成型时允许使用的流动比增大,从而有助于改善制件的成型性能并完成薄壁制件的成型。

③提高注射压力可加快注射速度,有利于形状复杂制件的成型。

2）注射速度。精密注射成型时,采用较快的注射速度不仅可以成型形状较为复杂的制件,而且能够减小制件的尺寸公差。

3）温度控制。温度对制件成型质量影响很大。精密模具试模时,不仅要控制注射温度的高低,还必须严格控制温度的波动范围。在此过程中,除必须严格控制机筒、喷嘴和模具温度之外,还必须考虑制件脱模后周围环境温度对其精度的影响。

### 7. 典型模具注射成型工艺实例

啤酒周转箱广泛应用于啤酒行业的包装、运输和存储,社会需求量极大。作为箱体类制品的代表,啤酒周转箱模具具有体积大、流程长等特点。

生产啤酒周转箱所使用的原料为高密度聚乙烯（HDPE）。进行着色时,既可以采用干混法,也可以采用色母料法。由于材料本身含水量不高,在注射成型前,原材料无须进行干燥处理。

模具的具体注射成型工艺参数如下:

料筒温度: 180 ~ 220℃;

喷嘴温度: 210℃;

模具温度: 40 ~ 60℃;

注射压力: 70 ~ 100 MPa;

注射时间: 5 ~ 10 s;

保压时间: 5 ~ 10 s;

冷却时间: 20 ~ 40 s。

## 二、制件缺陷分析与排除知识

在注射成型过程中,制件的质量与所用塑料材料的品类及质量、注射机的类型及特点、模具的设计与制造、成型工艺参数的确定、生产环境及操作者的技术水平等因素密切相关。当制件出现缺陷时,应立即查清原因并将其排除。

### 1. 制件填充不足

塑料熔料在未充满模具型腔之前已经固化,导致处于流程末端及薄壁区域的型腔填充不满的现象称为制件填充不足。造成制件填充不足的原因及解决方法见表4—1。

表4—1　　　　　　　　　　制件填充不足的原因及解决方法

| 制件缺陷 | 产生原因 | 解决方法 |
|---|---|---|
| 制件填充不足 | 料筒、喷嘴及模具温度偏低 | 提高料筒、喷嘴及模具温度 |
| | 加料量不足 | 增加加料量 |
| | 注射压力太小 | 提高注射压力 |
| | 注射速度太慢 | 提高注射速度 |
| | 流道和浇口尺寸太小 | 增大流道、浇口尺寸 |
| | 浇口数量不够、位置不恰当 | 增加浇口数量、改变浇口位置 |
| | 型腔排气不良 | 增设排气槽 |
| | 注射时间太短 | 延长注射时间 |

**2. 飞边**

塑料熔料被迫从分型面挤出模具型腔而形成的不规则薄片状溢料称为飞边。造成制件飞边的原因及解决方法见表4—2。

表4—2　　　　　　　　　　产生制件飞边的原因及解决方法

| 制件缺陷 | 产生原因 | 解决方法 |
|---|---|---|
| 飞边 | 料筒、喷嘴及模具温度太高 | 降低料筒、喷嘴及模具温度 |
| | 材料温度太高 | 降低材料温度 |
| | 注射压力过高或速度过快 | 降低注射压力或速度 |
| | 注射时间太长 | 缩短注射时间 |
| | 锁模力太小 | 增加锁模力或更换型号更大的注射机 |
| | 加料量过大 | 减少加料量 |
| | 模具配合不严、有杂物或模板变形 | 维修模具 |
| | 推杆或导柱、导套配合精度差 | 更换推杆或修整导柱、导套 |

**3. 气泡**

由于挥发性气体的作用或制件内部因冷却速度不均而产生填充不足现象时，会在制件内部出现气泡。产生气泡的原因及解决方法见表4—3。

表4—3　　　　　　　　　　产生气泡的原因及解决方法

| 制件缺陷 | 产生原因 | 解决方法 |
|---|---|---|
| 气泡 | 塑料干燥不够，含有水分 | 原料充分干燥 |
| | 材料温度过高或加热时间过长 | 降低材料温度或减少加热时间 |
| | 注射速度过快 | 降低注射速度 |
| | 注射压力太小或保压不足 | 提高注射压力、增加保压时间 |

| 制件缺陷 | 产生原因 | 解决方法 |
|---|---|---|
| 气泡 | 料筒内混入空气 | 适当提高螺杆背压 |
| | 模具流道或浇口过小 | 调整模具流道或浇口尺寸 |
| | 模具排气不良 | 增设排气槽或推杆 |
| | 模具温度太低，充模不完全 | 提高模具温度 |

### 4. 凹痕

在冷却过程中，因收缩不均而产生在制件表面的收缩痕迹称为凹痕。产生凹痕的原因及解决方法见表4—4。

表4—4　　　　　　　　产生凹痕的原因及解决方法

| 制件缺陷 | 产生原因 | 解决方法 |
|---|---|---|
| 凹痕 | 加料量不足 | 增加供料量 |
| | 材料温度太高 | 降低材料温度 |
| | 制件壁厚相差悬殊 | 修改制件结构 |
| | 注射和保压时间太短 | 延长注射及保压时间 |
| | 锁模力不足 | 提高锁模力 |
| | 注射压力太小 | 提高注射压力 |
| | 注射速度太快或太慢 | 调整注射速度 |
| | 浇口尺寸或位置不当 | 调整浇口尺寸或位置 |

### 5. 熔接痕

在注射过程中，来自不同方向的熔融树脂在前端被冷却，导致其结合处因未能完全融合而产生的痕迹称为熔接痕。产生熔接痕的原因及解决方法见表4—5。

表4—5　　　　　　　　产生熔接痕的原因及解决方法

| 制件缺陷 | 产生原因 | 解决方法 |
|---|---|---|
| 熔接痕 | 料温太低，塑料流动性差 | 提高材料温度 |
| | 注射压力太小 | 提高注射压力 |
| | 注射速度太慢 | 提高注射速度 |
| | 脱模剂太多 | 减少脱模剂的使用量 |
| | 型腔排气不良 | 开设排气槽 |
| | 模具温度太低 | 提高模具温度 |
| | 浇口太小或位置不当 | 改变浇口尺寸或位置 |

### 6. 翘曲变形

在注射成型过程中，由于制件内部收缩不一产生内应力所引起的变形称为翘曲变形。产生翘曲变形的原因及解决方法见表4—6。

表4—6 产生翘曲变形的原因及解决方法

| 制件缺陷 | 产生原因 | 解决方法 |
|---|---|---|
| 翘曲变形 | 材料温度过高或过低 | 调整材料温度 |
| | 注射速度太低 | 提高注射速度 |
| | 冷却时间太短 | 延长冷却时间 |
| | 制件厚薄悬殊 | 改变制件结构 |
| | 浇口位置不恰当、数量不合适 | 调整浇口位置、数量 |
| | 推出位置不恰当，受力不均 | 改变推出位置 |
| | 模具温度太高 | 降低模具温度 |

## 7. 裂纹

制件表面开裂形成的缝隙称为裂纹。产生裂纹的原因及解决方法见表4—7。

表4—7 产生裂纹的原因及解决方法

| 制件缺陷 | 产生原因 | 解决方法 |
|---|---|---|
| 裂纹 | 再生料使用过多 | 更换塑料材料 |
| | 金属嵌件未预热或温度过低 | 预热金属嵌件 |
| | 注射时间太短或压力不够 | 延长注射时间或提高注射压力 |
| | 料筒、喷嘴温度太低 | 提高料筒和喷嘴温度 |
| | 流道和浇口太小 | 调整流道和浇口尺寸 |
| | 模具脱模斜度太小 | 增加模具脱模斜度 |
| | 模具温度过低 | 提高模具温度 |
| | 推出位置不合理或推杆总截面积太小 | 调整推出位置或增大推出面积 |
| | 脱模剂使用过多 | 尽量减少脱模剂的使用 |

## 8. 制件尺寸不稳定

制件尺寸不稳定指在注射成型过程中，出现制件尺寸时大时小、不断波动的现象。造成制件尺寸不稳定的原因及解决方法见表4—8。

表4—8 制件尺寸不稳定的原因及解决方法

| 制件缺陷 | 产生原因 | 解决方法 |
|---|---|---|
| 制件尺寸不稳定 | 加料量不足 | 增加加料量 |
| | 料筒和喷嘴温度太高 | 降低料筒和喷嘴温度 |
| | 注射压力太小 | 提高注射压力 |
| | 保压压力不足 | 提高保压压力 |
| | 保压时间不够 | 延长保压时间 |
| | 流道和浇口位置、尺寸不恰当 | 改变流道和浇口的位置、尺寸 |
| | 模具温度过高 | 降低模具温度 |

### 9. 银丝及波纹

在制件表面沿流动方向形成的喷射状半透明线条称为银丝；制件表面沿流动方向形成的纹路称为波纹。产生银丝及波纹的原因及解决方法见表4—9。

表4—9　　　　　　　　　　产生银丝及波纹的原因及解决方法

| 制件缺陷 | 产生原因 | 解决方法 |
|---|---|---|
| 银丝及波纹 | 塑料含有水分或挥发成分 | 材料充分预热 |
| | 材料温度不当 | 调整材料温度 |
| | 注射压力或注射速度过高 | 降低注射压力或注射速度 |
| | 模具型腔内含有水分或挥发物 | 清理模具型腔，适当减少脱模剂的使用 |
| | 流道或浇口尺寸不当 | 改变流道或浇口尺寸 |
| | 嵌件未预热或模具温度太低 | 预热嵌件、提高模具温度 |
| | 模具排气不良 | 增设排气槽 |

### 10. 黑点及条纹

产生黑点及条纹的原因及解决方法见表4—10。

表4—10　　　　　　　　　　产生黑点及条纹的原因及解决方法

| 制件缺陷 | 产生原因 | 解决方法 |
|---|---|---|
| 黑点及条纹 | 塑料受污染或带进杂物 | 更换原材料 |
| | 注射机机筒有滞留残料或熔料分解 | 清洗机筒或螺杆 |
| | 螺杆的转速太快或背压太大 | 降低螺杆转速和背压 |
| | 模具排气不良 | 增设排气槽 |

### 11. 制件脱模不畅

制件脱模不畅指制件在成型过程中，因各种原因而造成粘模，导致推出动作不够顺畅的现象。导致制件脱模不畅的原因及解决方法见表4—11。

表4—11　　　　　　　　　　制件脱模不畅的原因及解决方法

| 制件缺陷 | 产生原因 | 解决方法 |
|---|---|---|
| 制件脱模不畅 | 注射压力太大 | 降低注射压力 |
| | 注射时间太长 | 减少注射时间 |
| | 模具温度太高 | 降低模具温度 |
| | 浇口尺寸太大、位置不当 | 调整浇口尺寸、位置 |
| | 模具成型表面过于粗糙 | 模具成型表面抛光，降低表面粗糙度 |
| | 脱模斜度太小，不易脱模 | 适当增加模具脱模斜度 |
| | 推出位置设置不合理 | 调整模具推出位置 |

**12. 主流道粘模**

制件成型后，主流道凝料滞留在模具主流道衬套内部的现象称为主流道粘模。造成主流道粘模的原因及解决方法见表4—12。

表4—12　　　　　　　　　　主流道粘模的原因及解决方法

| 制件缺陷 | 产生原因 | 解决方法 |
|---|---|---|
| 主流道粘模 | 材料温度太高 | 降低材料温度 |
| | 冷却时间太短、主流料尚未凝固 | 延长冷却时间 |
| | 喷嘴温度太低 | 提高喷嘴温度 |
| | 主流道末端无冷料穴 | 在主流道末端增设冷料穴 |
| | 主流道的表面粗糙度差 | 降低主流道的表面粗糙度 |
| | 喷嘴孔径大于主流道口部直径 | 增大模具主流道口部直径 |
| | 主流道衬套弧度与喷嘴弧度不吻合 | 增大主流道衬套弧度 |
| | 主流道斜度不够 | 增加主流道斜度 |

**13. 制件内部有冷块或僵块**

制件成型后，有时会在其内部产生不规则的小块冷料或僵块。制件内部产生冷块或僵块的原因及解决方法见表4—13。

表4—13　　　　　　　制件内部产生冷块或僵块的原因及解决方法

| 制件缺陷 | 产生原因 | 解决方法 |
|---|---|---|
| 制件内部有冷块或僵块 | 塑化不均匀 | 提高材料温度 |
| | 模具温度太低 | 提高模具温度 |
| | 材料内混入杂质或不同牌号的原料 | 更换材料 |
| | 喷嘴温度太低 | 提高喷嘴温度 |
| | 无主流道或分流道冷料穴 | 增设冷料穴 |

**14. 制件褪色**

制件成型后，有时会出现表面颜色不够均匀或局部褪色的现象。制件褪色的原因及解决方法见表4—14。

表4—14　　　　　　　　　　制件褪色的原因及解决方法

| 制件缺陷 | 产生原因 | 解决方法 |
|---|---|---|
| 制件褪色 | 塑料材料被污染 | 更换材料 |
| | 材料干燥不够 | 烘干材料 |
| | 螺杆转速太大，背压太高 | 降低螺杆转速和背压 |
| | 注射压力太大 | 降低注射压力 |
| | 注射速度太快 | 降低注射速度 |
| | 保压时间太长 | 缩短保压时间 |
| | 料筒温度过高 | 降低料筒温度 |
| | 流道、浇口尺寸不合适 | 调整流道、浇口尺寸 |

### 15. 制件强度下降

制件成型后，导致制件强度下降的原因及解决方法见表4—15。

表4—15　　　　　　　　　　制件强度下降的原因及解决方法

| 制件缺陷 | 产生原因 | 解决方法 |
|---|---|---|
| 制件强度下降 | 塑料分解 | 降低材料温度或更换材料 |
| | 成型温度太低 | 提高成型温度 |
| | 熔接不良 | 提高注射压力和注射速度 |
| | 塑料潮湿 | 烘干材料 |
| | 塑料混入杂质 | 更换材料 |
| | 浇口位置不当 | 调整浇口位置 |
| | 制件设计不当，有锐角缺口 | 更改制件结构 |
| | 模具温度太低 | 提高模具温度 |

# 第2节　模具调整

→ 1. 掌握普通模具的试模过程。

→ 2. 熟悉深型腔模具、热流道模具、双色模具的试模要点。

→ 3. 了解内螺纹抽芯模具的结构及调试要点。

## 一、试模前的准备工作

塑料注射模具装配完成后，需要对模具进行试模前的检查。一旦发现模具设计和制造中存在的问题，应及时进行纠正。

### 1. 外观检查

（1）模具的闭合高度、安装于注射机的各配合尺寸、脱模形式、开模距、模具工作要求等应符合设备的相关技术条件。

（2）成型零件、浇注系统等与熔料接触的表面应光滑、平整，无塌坑、伤痕等缺陷。

（3）模具上应有生产号及合模标志，各种接头、阀门、附件、备件应齐全。

（4）各滑动零件的配合间隙应符合要求，动作要灵活、可靠，无卡住及紧涩现象，起止位置要定位正确，各镶嵌、紧固零件应紧固牢靠。

（5）若模具用于成型腐蚀性较强的材料，应检查其型腔表面是否已进行镀铬或防腐处理。

（6）模具外露棱角应倒钝，不允许有锐角。大、中型模具应有起吊用的吊孔和吊环。

（7）互相接触的承压零件，应有合理的承压面积和承压方式，避免直接承受挤压。

（8）模具的稳定性良好，有足够强度，工作时应受力均衡、行动平稳。

**2. 模具的安装**

外观检查结束后，开始进行模具的安装，具体过程如下：

（1）将注射机模板和模具的装配固定平面清理干净。

（2）将注射机的操作按钮调至调整位置。

（3）切断注射机操作用电源。

（4）检查成型模具合模状态用锁紧板是否紧固牢靠。

（5）检查模具上的阀门、开关、油嘴等辅助件是否齐全，能否正常工作。

（6）模具吊运安装时若吊运装置的吨位不够用，可将模具定模与动模分开吊运、安装。分开的两部位安装固定时，应以导柱与导套的滑动配合为安装基准进行校正。

（7）模具的定位应视模板螺纹孔与模具间的相互位置而定。可直接采用螺钉紧固模具体，也可将压板与螺钉结合使用。各紧固点分布应合理，螺钉的紧固力要均匀。

**3. 空运转检查**

模具安装完成后，必须进行空运转检查，以便发现问题、解决问题，具体步骤如下：

（1）检查模具导柱与导向套的滑动配合工作在开、合模具动作时是否能够正确导向，两零件的滑动配合应无卡紧、干涉现象。

（2）低压、慢速合模，检查动模与定模的合模动作是否准确，模具的分型面应接触紧密，不得出现间隙。

（3）若模具的合模结合动作一切正常，重新紧固模具各部位的装夹螺钉，注意各螺钉的拧紧力要均匀。

（4）慢速开模，将顶出杆的工作位置调整到使模具顶杆固定板与垫板间有不小于5 mm 的间隙处。执行顶出动作，检验模具脱模机构的运动是否顺畅。

（5）检查各锁紧机构是否能够可靠、稳妥地锁紧，各紧固件不得有任何松动现象。

（6）活动型芯及模具导向部分的运动应滑动平稳、灵活，动作协调可靠。

（7）依靠顶出力或开模力实现抽芯动作的模具，应注意顶出杆的动作距离要和抽芯动作协调，以保证两机构工作的安全及准确性，防止工作中有相互干涉的现象。

（8）按照计算好的动模板开合模距离尺寸调整固定行程滑块控制开关。

（9）从低值开始调整锁模力，以合模动作时曲肘连杆的伸展运动看上去比较灵活轻松为准。当制件要求较高时，注射机锁模力的调试工作应在把模具体温度升至工艺要求温度后进行。

（10）合模装置的各部位及模具合模调整试验一切正常后，各相互滑动配合部位应适当加注润滑油。

（11）安装成型模具工作用辅助配件，如电热元件，控制仪表，液压、气动及冷却循环水管路等。

（12）调试、检查电阻加热和仪表控制工作的准确性，调试液压、气动装置的工作压力并试验其工作的可靠性，检查各管路连接是否有渗漏现象。

**4．更换所需原材料**

在正式试模工作开始前，应根据制件材料要求将所需原料加入注射机料筒内。清理注射机机筒内原有残余材料的方法如下：

（1）采用机筒清理剂。若注射制件所用原料更换较为频繁或机筒内残料与试模制件所需材料的塑化温度范围相差较大，为了节省原料、提高工作效率，应采用机筒清理剂。专用的机筒清理剂是一种类似橡胶的物质。在机筒内的高温状态下，该材料呈软化胶团状。在压力的作用下，该材料在螺杆的螺纹槽中前移，将残余的塑料材料带走，使机筒内部得到清理。

（2）换料顶出法。当准备新换原料的塑化温度高于机筒中残料的塑化温度时，可把机筒和喷嘴加热升温至新换原料的最低塑化温度，然后加入新换材料并连续对空注射，直至料筒中没有残料为止。若机筒内残料的塑化温度高于准备更换材料的塑化温度，应先将机筒加热升温至机筒内残料的塑化温度，然后加入新换材料，进行残料的清除。

# 二、试模

完成试模前的准备工作后，开始进入试模阶段。

**1．普通模具的试模步骤及要点**

（1）根据制件的形状、大小、壁厚，设备的规格、性能，塑料材料的型号及性能差异调试料筒和喷嘴温度。在判断料筒和喷嘴温度是否合适时，可将喷嘴和主浇道脱开，用较低的注射压力使熔料自喷嘴缓慢流出，再观察料流流出的情况。如果料流中没有硬块、气泡、银丝、变色等情况，而是光滑明亮时，说明温度合适，可以开始试模。

（2）对于黏度高和热稳定性差的塑料，宜采用较慢的螺杆转速和略低的后退阻力；对于黏度低和热稳定性好的塑料，可采用较高的螺杆转速及略高的后退阻力。

（3）试模时，先选择在低压、低温和较长时间下成型。具体调整时，每次只变动一个参数，以便进行分析和判断。当效果不显著时，可依次调整其他因素。调整的先后顺序为压力、时间、温度。

（4）若注射压力小、型腔难以充满，可增大注射压力。当增压效果不明显时，再改变时间。当延长时间仍不能充满时，再提高温度。温度的上升不能太快、太急，以免塑料发生过热降解。

（5）注射成型可选用高速注射和低速注射两种工艺。薄壁、面积大的制件应采用高速注射；厚壁、面积小者，应采用低速注射。对于黏度高，热稳定性差的塑料，采用较慢的螺杆转速和略低的背压加料、预塑较好。

（6）除玻璃纤维增强塑料外，若有可能，应尽量采用低速注射。

（7）根据制件质量决定加料量，调整定量加料装置。

（8）往复运动注射座时，应调节定位螺钉，以保证每个循环的正确复位，使喷嘴与模具紧密配合。

（9）在调整顶出装置或抽芯系统时，应保证能正常顶出制件。对设有抽芯装置的设备，应将装置与模具相连，调节其控制系统，保证动作协调、起止定位及行程的正确性。

（10）对于黏度低和热稳定性好的塑料，可采用较快的螺杆转速和略高的背压。

（11）在喷嘴温度合适时，采用喷嘴固定形式可提高生产率。当喷嘴温度过高或过低时，需在每个成型周期向后移动喷嘴。

（12）调节模具温度及水冷系统时，按照成型条件调节水流量和加热器电压，正确控制模具温度及冷却速度。在开机前，应预先打开液压泵、料斗及各部位冷却水系统。

（13）按手动控制方式试模，详细记录制件成型工艺条件、操作要点和模具品质情况，以作为成批生产时制定工艺规程的依据。

**2. 特殊结构模具调试要点**

（1）深型腔模具的调试。深型腔模具调试时，材料温度和模具温度都不能过低。为了得到尺寸稳定的合格制件，应采用较高的注射压力和注射速度。深腔制件的脱模斜度不能太小，否则容易出现脱模滑伤现象。为了避免这一问题，试模前，要核实顶出力是否均衡。此外，还应重视模具成型部位的抛光，尽量降低该处的表面粗糙度。

（2）热流道模具的调试。热流道模具的调试方法及步骤与普通模具类似，但应注意以下几点：首先，应全面检查模具与热流道相关部分的尺寸；在安装面板前，必须用温控器仔细检测热流道，确认其正常工作后，方可上机操作；正式试模前，必须用万用表对热流道进行终检，否则不允许开机。

热流道模具在进行材料颜色更换时应特别注意，具体步骤如下：

1）将模具温度提高到高于工艺温度15℃以上。

2）将分流板和热喷嘴温度分别提高50℃。

3）注射机熔胶筒后退。

4）用清洗料自动清洗注射机料筒。

5）手动清洗料筒，加入下次生产所需要的无色标准原材料。

6）开机，循环生产6次。

7）降低分流板和热喷嘴温度20℃，进行第一次注射。

8）再次降低分流板和热喷嘴温度20℃，进行第二次注射。

9）再次降低分流板和热喷嘴温度10℃，进行第三次注射。

10）降低模具温度15℃。

11）换色完毕，可开始使用新材料进行注射成型。

（3）双色模具的调试。双色注射机由两套结构相同的塑化注射装置组成。工作时，两套塑化注射装置中的熔料温度、注射压力、注射量等工艺参数均相同。与普通注射成型相比，双色注射成型的注射压力和熔料温度均采用较高的参数值，这是由于双色模具的流道长，结构较为复杂，注射熔料阻力较大。为使不同颜色的熔料在模具中能够更好地熔接，应采用较高的材料温度、模具温度和注射速率。

（4）内螺纹抽芯模具的调试。当制件带有内螺纹时，需要采用较为特殊的脱模机构。常用螺纹制件的脱模方式包括手动脱螺纹、强制脱螺纹、机动脱螺纹、瓣合式脱螺纹等，其中，应用最为广泛的是机动脱螺纹。

目前，常用的机动脱螺纹方式包括以下几种：

1）利用开模力脱螺纹。制件成型后，将模具开启时的直线运动通过某种运动转换成为螺纹型芯的回转运动而脱离制件，这是目前使用最广泛的方法之一。

①齿轮齿条式。如图4—8所示，开模时，由于模具开模的直线运动，装在定模座板6上的齿条1也随之直线运动，带动了齿轮2和齿轮3转动，使螺纹型环4按旋出方向转动，将制件脱出。

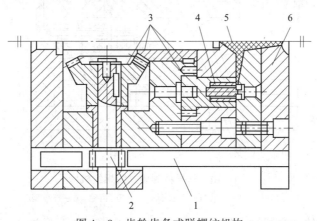

图4—8　齿轮齿条式脱螺纹机构
1—齿条　2、3—齿轮　4—螺纹型环　5—拉料杆　6—定模座板

②螺纹杆齿轮式。如图4—9所示，开模时，在二次分型机构的控制下，脱掉浇口。当推板7与凹模8分型时，螺旋杆1与螺旋套2作相对直线运动。螺旋杆1迫使螺旋套2转动，带动齿轮3和螺纹型芯4转动。与此同时，弹簧5推动推管6及推板7，使其始终顶牢制件，防止制件随螺纹型芯转动，从而顺利脱模。

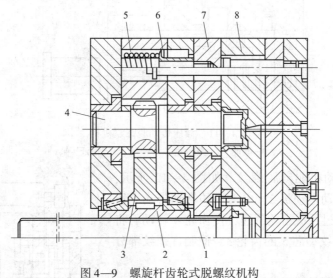

图4—9　螺旋杆齿轮式脱螺纹机构
1—螺旋杆　2—螺旋套　3—齿轮　4—螺纹型芯　5—弹簧　6—推管　7—推板　8—凹模

③斜导柱螺旋式。如图4—10所示，开模时，动模板压迫斜导柱1，使其抽动螺旋杆2，由于螺旋杆槽内有滚珠，使摩擦阻力大为减小，因而使得齿轮5转动，它再通过齿轮4使带有齿轮的螺纹型芯6按旋出方向旋转，而从塑件中脱出。螺旋杆2上带有大导程的螺旋槽，故不会自锁。

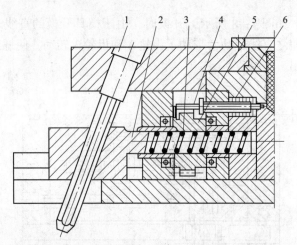

图4—10　斜导柱螺旋式脱螺纹机构

1—斜导柱　2—螺旋杆　3—滚珠　4、5—齿轮　6—螺纹型芯

2）利用液压传动脱螺纹。如图4—11所示，开模后，开启液压阀，压力油进入液压缸5，顶动活塞杆，并推动齿条4作直线运动，齿条4又带动双联齿轮1，再把运动传给齿轮3，而齿轮3带动螺纹型芯2旋转，脱出制件。

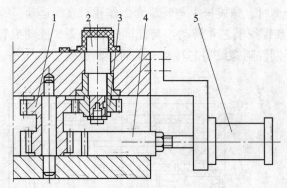

图4—11　液压传动脱螺纹机构

1、3—齿轮　2—螺纹型芯　4—齿条　5—液压缸

3）利用电动机驱动脱螺纹。如图4—12所示，制件成型后，启动电动机2，电动机的转动带动了齿轮1转动，再通过两级齿轮降速，使齿轮4转动，将运动传给连接螺纹型芯5的齿轮3，使制件螺纹部分脱模。

使用电动机驱动脱螺纹时，电动机可以直接装在模具上，也可以装在注射机上，通过皮带或传动链带动齿轮，实现脱模动作。

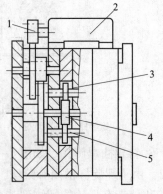

4）机动脱螺纹模具调试要点。与普通注射模具相比，机动脱螺纹模具结构相对复杂。无论采用何种脱螺纹机构，在装配时，均应注意控制模具的装配精

图4—12　电动机驱动脱螺纹机构

1、3、4—齿轮　2—电动机　5—螺纹型芯

度。在模具调试过程中，要在空运转时反复确定其动作步骤及精确性；成型时，应尽快注射出充满型腔的制件。对于采用液压传动机构脱螺纹的模具，必须使用具有液压装置的注射机。当模具采用电动机驱动时，要事先将电动机及传动装置装配并调试好。

## 第3节 模具维修

→ 1. 能进行模具的拆装、清洗和保养。
→ 2. 能进行模具缺陷的诊断与判别。
→ 3. 能够指出模具机构的维修方法。
→ 4. 了解模具结构缺陷的修补方法。

## 一、精密、复杂模具拆装、清洗、保养知识

### 1. 精密、复杂模具的拆装

（1）定模部分的拆装。拆卸模具定模时，应先拆螺钉，再拆销钉。具体拆卸步骤是：先用外六角扳手拆下螺钉；再把模具分型面朝上放在等高垫铁上，用铜棒和细棍将销钉敲下来。

1）浇口套的拆卸。拆卸浇口套时，应首先卸下定位圈，再用铜棒或铝棒将浇口套冲出。

2）成型零件的拆卸。将模具定模板按照分型面朝上的方向平放在等高垫铁上，再用铜棒或铝棒将成型镶块敲出。

3）销钉的装配。装配销钉时，必须事先将销钉擦拭干净，在确认无铁砂和毛刺后，方可从分型面向下进行安装。

（2）动模部分的拆装

1）拆卸模具动模。应先拆螺钉，再拆销钉。拆销钉时，应从分型面往下打。拆卸动模底板及垫块时，先用外六角扳手松开螺钉，再从分型面方向将销钉冲下并拆除。此时，模具的动模底板和垫块已与模具动模脱离。

2）推杆的拆卸。卸下模具的动模底板和垫块后，先用外六角扳手将推板上的螺钉拆下，取走推板，此时，可将推杆从推杆固定板中依次取出，或者直接将推杆和推板固定板一起从模具动模上拆下来。

3）成型零件的拆卸。拆下推出机构后，可直接取走支承板。此时，可以看出型芯在固定板上的装配形式。若型芯采用台阶固定的形式，可用铜棒或铝棒从分型面方向将型芯向外敲出；若型芯采用螺钉固定的形式，可先用外六角扳手将用于固定型芯的螺钉拆下，然后用细棍从背部将型芯从固定板中冲出。

（3）模具拆装要点。拆卸模具时，要看清零件与模架的方向对应关系，以便在装模时对号入座。对于容易装错方向或位置的零部件，要做好标记。从模具上拆下的零部件，应摆放整齐，螺钉、弹簧、垫圈等小零件要用盒装好。模具型芯、型腔等精密零件要做好防护措施，以防他人不慎碰伤。

**2. 模具的清洗**

为延长模具的使用寿命，提高模具的可靠性，确保制件质量，需对模板及模具组件进行清洗。模具清洗是模具保养维护过程中的关键工序之一。

为保证模具的正常使用，技术人员应对用于长期生产的模具进行定期检查。需要重点检查并控制的部位包括模具成型部位各表面及滑块、推杆、导柱与导套等具有相对运动的部位。其他容易影响生产的因素还包括分型面的清洁程度，冷却水孔是否被堵塞，以及由于漏水或冷凝等原因造成的生锈和腐蚀情况等。

通常情况下，在经过成型加工的模具上，往往留有具有一定化学构成和物理特性的污秽物或残余物。针对不同种类及位置的残留物，最终清洗的要求不尽相同。比如用于成型聚氯乙烯树脂的模具，其成型部位极易遭到氯化氢气体的腐蚀破坏，因此必须在第一时间迅速去除所产生的污垢。其他材料成型时，一些油渍及杂质等残余物可对钢材造成腐蚀。还有一些颜料的着色剂会使钢材生锈，且锈迹难以去除。即使是普通的冷却水，如果长期放置而不进行清理，也常常会造成模具水孔生锈或被逐渐堵塞。因此，应根据既定的生产周期对模具进行必要的清洁。

每次当模具从注射机上拆下时，应首先打开分型面，清除模具和模板非关键区域内的全部氧化污物和锈迹，以防止其缓慢地腐蚀钢材表面和边缘。在很多情况下，即使进行了必要的清洁，在一些未涂油或易生锈的模具表面，也会很快再次出现锈迹。因此，即使花费了很长时间对无防护的模具进行刷洗，但其表面局部生锈现象仍不能完全避免。对于模具的成型部位，为保持其固有的光泽度，应进行彻底清洗甚至二次抛光，防止黏附在分型面上的残余物轧坏模具表面。模具清洗的一般方法是使用水溶清洗溶剂。如果不行的话，可尝试使用丙酮或异丙醇，以及甲基硅氧烷等清洗产品。为确保清洗质量，应根据模具具体污垢的情况选择相应的清洗液和清洗过程，包括使用混合清洗剂、生物降解清洗剂、氯溶剂、溴溶剂等。需要注意的是，在模具清洗过程中，不要轻易采用金刚砂布或铜刷等较硬的工具对模具进行人工研磨，否则可能导致模具表面被破坏。

**3. 模具的保养**

与模具维修相比，模具保养是更为重要的。模具维修的次数越多，其寿命越短；而模具保养得越好，其使用寿命越长。

（1）模具保养的必要性。进行模具保养，可以维护模具的正常动作，减少活动部位不必要的磨损；可以使模具达到正常的使用寿命；还可以减少制件成型生产中的油污。

（2）模具保养的分类与具体内容。模具的保养可分为日常保养、定期保养、外观保养等种类。

1）日常保养。模具日常保养的内容包括在推杆、导柱、导套等运动部件上加油，模板表面的清洁，冷却水道的疏通等。

2）定期保养。模具定期保养的内容包括运动部件加油，模板表面清洁，疏通冷却水道，清理排气槽，在憋气烧黑处增加排气设施及损伤、磨损部位的修正等。

3）外观保养。模具外观保养的内容包括：在模架外表面涂漆，以免生锈；从注射机上拆除模具前，型腔部位应涂上防锈油；模具保存时，应闭合严实，防止灰尘进入模腔。

（3）模具保养注意事项

1）在使用过程中，模具的运动部位必须每日加油保养。夏季温度较高时，每个班至少应加油两次。

2）模具模板表面必须清洁，不得在模具分型面上粘贴标签纸。

3）发现模具异常时，必须及时停机维修。

4）当模具成型部分出现划伤或表面粗糙度增大现象时，应及时进行打磨或抛光，以防缺陷进一步扩大。

5）在正常生产过程中，模具需短时间停机半天以上时，应在型腔表面涂防锈油。模具暂停使用、入库存放时，应做好标记，并采取防锈措施加以保护。

6）使用库存模具之前，必须首先除油。除油的方法是用煤油等溶剂擦洗杆类及型芯镶拼部位；对于无法拆开的部分，可注入溶剂，边擦边吹入压缩空气；模腔的除油可采用药棉蘸酒精或丙酮等溶剂进行。

7）加热、控制系统的保养对于热流道模具尤为重要。在每一个生产周期结束后，应用万用表对棒式加热器、热电偶等装置进行测量，发现故障要及时排除。

## 二、精密、复杂模具缺陷诊断知识

注射模具的结构形式与加工质量直接影响制件的质量和生产效率。在制件成型过程中，经常出现因模具故障影响制件质量的情况。实际生产时，出现频率较高的故障包括以下方面：

**1. 主流道脱料困难**

在注射成型过程中，常出现主流道凝料粘在浇口套内，不易脱出的情况。此时，设备操作者必须用铜棒尖端从喷嘴处向内敲击，使主流道凝料松动并脱模。出现此类故障的主要原因包括浇口套内部锥孔光洁度差，内孔圆周方向有刀痕，浇口套材料太软或喷嘴处凹球面弧度太小及未设置主流道凝料拉料杆等。

**2. 导柱损伤**

导柱在模具中主要起导向作用，保证型腔和型芯具有准确的相对位置。出现模具导柱损伤的原因主要包括以下几种情况：当制件壁厚要求不均时，注射压力使模具动、定模间产生巨大的侧向偏移力；当制件侧面不对称时，在注射过程中所受的反压力过于悬殊。

**3. 动模与定模错位**

大型模具装模时，容易出现动模与定模错位的现象。造成这种情况的原因包括模具自重过大，导柱与导套配合过松，导向零件硬度不足等。

**4. 动模板弯曲**

模具注射成型时，模腔内熔融塑料所产生的巨大反压力可能会导致模具动模板弯曲变形。发生模板弯曲变形的主要原因包括模具制造者擅自减薄模板尺寸或用低强度钢材代替原设计等。在采用推杆或推管推出机构的模具中，由于两垫块间的跨距过大，也可能导致注射时动模板弯曲变形。

**5. 推杆弯曲、断裂或漏料**

在注射成型过程中，有时会出现推杆弯曲、断裂或漏料现象。出现推杆弯曲、断裂现象的原因包括：所用标准推杆质量差，尺寸公差过大；推杆与孔的间隙太小，导致推杆因膨胀而卡死；推杆导向部分过长等。当推杆与推杆孔间隙过大时，容易在注射时出现漏料现象。

**6. 冷却效果不良**

模具的冷却效果直接影响制件质量和生产效率。若冷却不良，制件可能因收缩过大或不均匀而出现翘曲变形等缺陷。当模具过热时，不但无法正常生产，还可能出现推杆因热膨胀而卡死的现象。

**7. 滑块损坏**

合模时，若滑块复位不够顺畅，可能导致损伤或被顶弯现象的出现。发生这种情况的原因是滑块导向部分过松或导滑槽长度太短。通常情况下，滑块完成抽芯动作后，留在导滑槽内的长度不应小于滑块全长的2/3。

# 三、模具机构的维修

**1. 模具机构的维修方法**

（1）导向机构磨损。注射模具的导向方式包括导柱、导套导向和锥面导向等。通常情况下，小型模具以导柱作为动模与定模之间的定位零件。在长期使用过程中，模具会因反复开闭导致导柱和导套间发生磨损。若导柱和导套周边磨损均匀，可将导套换掉。当导柱与导套的间隙过小或之间存有污物时，可能出现导柱或导套局部拉伤现象。若伤痕不深，可用电动或气动工具、油石、纱布等对受损部位进行打磨、抛光；若伤痕过深，则应考虑将其整体换掉。大中型模具为了保证型腔和型芯、滑块和型芯的精确定位及滑块本身的精确导向，常采用定位块定位或止口定位等结构形式。由于接触面积较大，此类结构较为耐用。

（2）分型面或研合面磨损。模具经过长期使用后，分型面边角处原有的尖角部分会变成钝角，加上偶尔发生的磕碰现象，在成型时，制件往往会产生飞边和毛刺。在模具使用过程中，若合模前未能及时清除粘在分型面上的料屑，可能出现分型面被压塌的现象。解决方法是清理并磨削分型面，直至将分型面磨平为止。考虑到其他研合面的研合程度，应对其进行适当的调整。当型芯和模腔的研合面因反复碰撞而造成端面磨损时，应更换成型孔用的型芯。当模具分型面因意外事故受损而产生飞边时，若面积较小，可采用挤胀法进行弥补；若面积过大，则应采用堆焊法，然后重新研合分型面。

（3）推出机构磨损。在长期使用过程中，模具的推出部分常因磨损而出现故障。常见的故障及解决方法包括以下几种：

1）推杆因长时间相对运动，使得孔口因磨损扩大而产生飞边。发生此种情况时，若空间位置允许，可采用扩孔法，更换大一号的推杆；也可采用堆焊法，将推杆孔口周边焊接后，采用电火花加工复原。

2）在注射成型过程中，有时会发生推杆无法正常回退的现象。造成这种情况的原因及解决方法如下：

①当推杆与推杆孔、复位杆与复位杆孔配合间隙过小时，可能导致推杆推出后无法正常回退。此时，可用铰刀从型芯背面重新铰制推杆孔或复位杆孔，减少推杆或复位杆与孔的配合长度。

②当发生推杆"咬死"或折断现象时，应先将推杆多余部分切除，并将推杆从反面敲出。之后，重新铰制推杆孔或进行扩孔处理。

③推杆、推板及推杆固定板无法自动回退的原因之一是模具中的复位弹簧断裂。出现这种情况的原因是弹簧长度不一致或注射机顶出行程过大，超过弹簧的压缩极限。解决方法是更换弹簧，并增设顶出限位柱。

④成型制件面积较大的模具在顶出时，若只采用一根顶出杆，可能导致顶出不平衡，造成推杆无法正常回退。解决此问题的方法是增加注射机顶杆，采用多点顶出的方式。

3）推杆复位后，一旦发生转动，其顶部形状有可能在再次合模时将型腔表面撞坏。解决此问题的方法是在推杆尾部设置止转装置。

（4）滑块及斜导柱损坏。在成型过程中，滑块可能因磨损、疲劳破坏、强度降低等原因导致动作失灵而损坏。

1）当滑块磨损，导致制件出现飞边时，可采用挤胀法或补焊法进行维修。

2）当滑块限位螺钉位置不准或断裂时，可能出现斜导柱未能进入滑块上方的斜导柱孔而折断或弯曲的现象。解决此问题的方法是重新确定限位螺钉的位置，并在滑块上斜导柱入口处倒角。

（5）浇注系统常见故障。注射机喷嘴与模具浇口套频繁碰撞后，可能在浇口套料流入口处形成喇叭口，导致制件及主流道凝料在开模时留在定模一侧。解决此问题的方法是重新车制浇口套与注射机喷嘴碰撞处的凹球面。当三板式模具浇口套与脱浇口板发生严重滑伤及漏料现象时，将影响到正常的脱料动作。解决此问题的方法是研磨浇口套配合部分，清理脱浇口板孔并重新修配。

（6）冷却系统常见故障。长期使用后，模具冷却水道内表面容易沉积水垢。沉积物的产生减小了管道内部的横截面积，导致冷却介质流动缓慢。此外，由于沉积物热传导率比模具材料低得多，严重影响冷却效果。解决此问题的方法是经常清理冷却系统。对于多数模具来说，由于冷却管道几何形状复杂，无法采用机械方法进行疏通，只能采用清洁剂冲洗。在模具停止使用时，应用压缩空气将冷却水道内的水清除干净。当模板间密封件磨损或板间紧固螺钉松动时，模具将出现漏水现象。解决此问题的方法是更换新密封圈。如果此时模具依然漏水，则应在密封圈附近增设紧固螺钉。

**2．模具维修注意事项**

（1）制件出现缺陷时，要首先分析问题产生的原因。如果有必要，可采用模流分析软件进行分析，以减少修模次数。

（2）模具维修结束后，用压缩空气将模具各部位清理干净。在导柱、导套、滑块等运动部位，应涂抹黄油。若一段时间以后再生产，应向模腔喷涂防锈油。将模具运至指定存放场所后，应清理现场，将吊环、螺钉等工具放回原处。

（3）生产任务紧急时，为了争取时间，模具中出现的小的问题可在机台上直接维修解决。修模时，应将注射机液压泵关闭，防止意外事故的发生。修模结束后，应及时清理现场，取走放置在模具上的扳手、铜棒等修模工具。待一切检查完毕，方可进行合模。

（4）当模腔锈蚀或划伤需抛光时，应严格按照抛光顺序进行。使用金刚石抛光膏研磨时，所用工具应该正确区分相应粒度。抛光时，更换不同粒度的研磨膏前，必须小心地用软布、软纸或煤油将工件清洗干净，以免前道工序的磨屑混入细粒度研磨膏而将工件表面划伤。研磨结束后，应将工件及周围环境清理干净，并将研磨剂、抛光剂和工具依等级、材质分类妥善保管。

（5）在模具吊装过程中，应时刻注意安全。吊装模具时，要确保不使用存在安全隐患的吊环。使用吊环时，吊环的螺栓应旋到底，且不得超过吊环螺栓的承载能力。

## 四、模具结构缺陷的修补方法

### 1. 氩弧焊

利用连续送进的焊丝与工件之间燃烧的电弧作热源，由焊炬喷嘴喷出的气体保护电弧来进行焊接的方法称为氩弧焊。氩弧焊是模具维修的常用方法之一，适用于碳钢、合金钢等多种金属。由于氩弧焊具有焊接热影响面积大、焊点大等缺点，目前，在精密模具修补方面，已逐步被激光焊所取代。

### 2. 电刷镀

电刷镀技术采用专用的直流电源设备，电源正极接镀笔，作为刷镀时的阳极，负极接工件，作为刷镀时的阴极。电刷镀的镀笔通常采用高纯度的细石墨块，在石墨块外面，裹上棉花和耐磨的涤棉套。工作时，将电源组件调整到合适的电压，使浸满镀液的镀笔以一定的相对运动速度在需要修复的工件表面来回运动，并保持一定压力，直到形成均匀理想的金属沉积层为止。

### 3. 激光焊

激光焊是利用大功率相干单色光子流聚焦而成的激光束为热源进行焊接的，可分为连续功率激光焊、脉冲功率激光焊等。激光焊的优点是不需要在真空中进行，缺点是穿透力不如电子束焊强。采用激光焊时，由于能够进行精确的能量控制，因此可以实现精密器件的焊接。激光焊能够应用于多种金属材料，目前已广泛用于模具的修复。

## 本章测试题

**一、填空题**（请将正确的答案填在横线空白处）

1. 注射机由_____、_____和_____组成。

2. 根据外形特征的不同，注射机可分为_____注射机、_____注射机、_____注射机、_____注射机等种类。

3. 注射成型工艺过程包括_____、_____、_____三个阶段。

4. 制件出现填充不足现象时，产生的原因包括：料筒、喷嘴及模具温度偏低；加料量不足；注射压力太小；注射速度太慢；流道和浇口尺寸太小；浇口数量不够、位置不恰当；_____；_____。

5. 塑料熔料被从分型面挤出模具型腔而形成的不规则薄片状溢料称为_____。

6. 导致制件脱模不畅的原因包括：注射压力太大；注射时间太长；模具温度太高；浇口尺寸太大、位置不当；模具成型表面过于粗糙；_____；_____。

7. 更换成型原材料时，所采用的方法为_____和_____。

8. 常用螺纹制件的脱模方式包括_____、_____、_____、_____等。

9. 模具清洗是模具保养维护过程中最为_____的工艺之一。

10. 模具的保养可分为_____、_____、_____等种类。

二、判断题（下列判断正确的请打"√"，错误的打"×"）

1. 注射机的注射成型系统主要由料斗、料筒、喷嘴、螺杆、螺杆传动装置、注射成型座移动油缸、注射油缸、计量装置等组成。（　　）

2. 为了保证注射成型的顺利进行，在注射之前，要进行原料预处理、清洗料筒、预热嵌件、选择脱模剂等准备工作。（　　）

3. 注射成型过程包括加料、塑化、注射、充模、冷却、推出六个阶段。（　　）

4. 不同材料注射成型之前，需要预热的温度不同；相同材料注射成型之前，预热温度是相同的。（　　）

5. 采用精密注射模具成型时，应采用专用的精密注射机。（　　）

6. 冷却过程中，因收缩不均而产生在制件表面的收缩痕迹称为凹痕。（　　）

7. 试模时，应首先选择在低压、低温和较短时间下成型。（　　）

8. 调试深型腔模具时，材料温度和模具温度不能过低。为了得到尺寸稳定的合格制件，应采用较高的注射压力和注射速度。（　　）

9. 通常情况下，滑块完成抽芯动作后，留在导滑槽内的长度不应小于滑块全长的二分之一。（　　）

三、单项选择题（下列每题的选项中，只有1个是正确的，请将其代号填在横线空白处）

1. 注射机的合模系统亦称锁模装置，通常由合模机构、拉杆、模板、安全门、制件顶出装置、调模装置等组成，其主要作用是保证成型模具的可靠闭合，实现模具的开、合动作并_____。

　　A. 完成注射　　　B. 进行冷却　　　C. 推出制件　　　D. 完成材料的预塑

2. 制件的后处理主要包括_____处理。

　　A. 退火和调湿　　B. 淬火和回火　　C. 淬火和退火　　D. 回火和调湿

3. 热流道模具更换材料颜色时，应先将模具温度提高到高于工艺温度_____以上。

　　A. 50℃　　　　B. 30℃　　　　C. 15℃　　　　D. 5℃

4. 导柱或导套发生局部_____现象时，若伤痕不深，可用电动或气动工具、油石、纱布等对受损部位进行打磨、抛光。

　　A. 断裂　　　　B. 磨损　　　　C. 折断　　　　D. 拉伤

5. 当制件成型面积较大时，为保证顶出平衡，可采用_____的方式。

　　A. 弹簧顶出　　B. 多点顶出　　C. 局部顶出　　D. 机械顶出

**四、简答题**

1. 卧式注射机的特点是什么？

2. 简述模具在注射机上的安装过程。

# 本章测试题答案

**一、填空题**

1. 注射成型系统　合模系统　液压与电气控制系统　　2. 立式　卧式　角式　多模　　3. 注射成型前的准备　注射成型过程　制件的后处理　　4. 型腔排气不良　注射时间太短　　5. 飞边　　6. 脱模斜度太小，不易脱模　推出位置设置不合理

7. 机筒清理剂法　换料顶出法　　8. 手动脱螺纹　强制脱螺纹　机动脱螺纹　瓣合式脱螺纹　　9. 关键　10. 日常保养　定期保养　外观保养

**二、判断题**

1. √　2. √　3. ×　4. ×　5. √　6. √　7. ×　8. √　9. ×

**三、单项选择题**

1. C　2. A　3. C　4. D　5. B

**四、简答题**

1. 答案略

2. 答案略

第5章

# 培训与管理

## 第 1 节 培训

模具工技师要具有指导本职业初级工、中级工、高级工进行实际操作的能力和对本职业初级工、中级工、高级工进行理论培训的能力，能够编写培训方案。

## 一、培训教学的基本方法

### 1. 理论讲授教学法

理论讲授教学法是将大量知识通过授课的方式一次性传播给众多听课者的教学方法。理论讲授教学法主要用于教授基础知识和专业知识及工作经验。

讲授教学法的具体操作：

（1）上课准备。了解培训人员的基本情况，包括知识、岗位、工作经验等，作出相应的授课计划。

（2）备课。授课教师应针对讲课内容制作讲义，并准备课程相关详细资料，并将大概内容印成书面资料下发给参加培训人员。

（3）具体实施

1）开始阶段——阐明授课内容及重点。

2）重点阶段——强调课程的主要内容。

3）重复阶段——复习课程内容，对课程重点内容进行总结，力求达到培训效果。

### 2. 一体化教学法

一体化教学法是近几年在职业技术教育中探索创新的一种教学方法，是一种集理论、实验、技能训练于一体的教学方式。这种教学方式打破了传统的学科体系和教学模式，改变了传统的理论和实践相分离的做法，强调充分发挥教师的主导作用，将理论学习与实际训练紧密结合起来，注重培养学生动手能力，突出教学内容和教学方法的应用性、综合性、实践性和先进性，有利于全程构建素质和技能培养框架，提高教学质量。

一体化教学法具有以下三个特点：教师一体化，即教师能够同时承担理论教学与实习指导；教材一体化，即理论讲义与实训指导手册一体；教室一体化，即理论教室和实习车间一体，实现现场教学。这种教学模式能较好地解决理论教学与实习教学的脱节问题，减少理论课之间及理论课与实习课之间知识的重复，增强教学的直观性，充分体现了参加培训人员的主体参与作用，有助于教学质量的提高和技能的培养。

一体化教学法的具体操作：

（1）上课准备。了解培训人员的基本情况，包括知识、岗位、工作经验等，作出相应的授课计划。

（2）备课。案例准备：根据所培训的具体内容准备对应的实际案例，以便于培训期间进行演示、训练；场地、设备等实训条件准备：根据培训所对应的实际案例准备场地、设备（包括加工设备、模具、计算机及 CAD/CAM/CAE 软件等）、材料、工具等。

教案准备：授课教师应针对讲课内容制作讲义，并准备课程相关详细资料，实操部分还应配套具体操作指导书，并将内容印成书面资料下发给参加培训人员。

（3）具体实施

1）开始阶段——阐明授课内容及重点，并引入具体实操项目。

2）讲授阶段——讲授实操项目所需的基础知识与专业知识。

3）实操阶段——进行实操项目的演示及学员操作指导。

4）总结阶段——对实操项目操作要点、关键技术及所涉及的基础知识及专业知识进行全面总结，强调重点需掌握的内容。

## 二、培训方案编写要求

培训方案设计应以职业能力培养为重点，结合注塑模具生产岗位进行基于工作过程的培训课程开发与设计，充分体现职业性、实践性和开放性的要求。

培训方案的编写应体现以下原则：

### 1. 培训内容设计

（1）培训内容选取要求。教学内容选取要有针对性和适用性。根据注塑模具工职业岗位实际工作内容、技能要求所对应的知识、能力、素质要求，选取教学内容，并为学员可持续发展奠定良好的基础。

将职业道德、职业态度、职业规范贯穿课程教学中。

（2）培训内容组织。遵循学生职业能力培养的基本规律，以岗位工作任务及其工作过程为依据整合教学内容，科学设计工作任务，教、学、做结合，理论与实践一体化，实训、实习等教学环节设计合理。

（3）培训内容表现形式。选用先进、适用的教材，结合实际经验编写特色课件、案例、习题、实训实习项目、学习指南等教学相关资料，满足网络培训教学需要。

### 2. 培训组织与学生活动

（1）合理安排教学活动，时间分配恰当。

（2）教学安排具有一定弹性，能因材施教，解决现场面临的问题。

### 3. 培训方法与手段运用

（1）以学员为主体（中心），教师为主导，关注学的过程，灵活运用多种恰当的教学方法，有效调动学员学习兴趣，促进学员积极思考与实践。

（2）融教学做于一体，在做中学，在做中体验，在做中养成习惯。

（3）针对不同的教学目标和学员特点，选择合适的教学方法和手段；积极探索和尝试新的教学方法和手段。

（4）积极采用现代化教学手段，提高教学效果。

### 4. 教学评价设计

（1）建立教学目标的评价标准。

（2）有对教学效果的总结与反思。

## 第2节　管理

### 一、模具报价

**1. 模具价格构成知识**

模具的基本成本应由以下部分组成：材料费、制造费、技术开发费（俗称设计费）、管理费、其他费用等。

模具价格计算的通用公式如下：

$$P = M_1 + M_2 + M_3 + D + Q + R + T$$

式中　$P$——模具的销售价格（含税收）；

$M_1$——材料费，含原材料、外购部分；

$M_2$——制造费；

$M_3$——管理费；

$D$——技术开发费；

$Q$——其他费用，如运输费、售后服务费、差旅费等由合同规定的费用；

$R$——利润；

$T$——税金。

**2. 模具报价**

（1）制定模具价格计算方法的基本原则

1）计算方法应具有科学性，主要来源于理论计算，对于按实践中统计的数据必须经过验证后方可选用。

2）计算方法应具有适应性，因时间、地点、生产条件、材料价格等发生变化而改变的计算数据，要做到与时俱进和因地制宜，条件不同模具价格理应存在差异。

3）计算方法应具有合理性、透明性和可解释性，本书中的计算方法是在公平交易的原则下提出的，各单位使用时要实事求是地计算和选取本单位的相关数据。

（2）主要模具计价方法概述。本书主要采用以下4种计算方法：

1）工时技术参数计算法。模具价格的材料费和制造工费是模具价格的核心部分。在完成模具设计之前制造费很难逐项精确给出，工时技术参数计算法就是在大量经验积累和统计的基础上，科学提取产品和模具的关键技术参数，构造计算制造工费的方法和公式。它是本书重点采用的基本计算方法，该方法具体分为基点工时估算法、工时经验统计法、当量工时计算法。

2）材料比价计算法。此方法就是以材料费为计算基数，考虑各种条件变化对模具价格的影响，多数情况下是在大量统计数据的基础上，经过理论推导和实例验证总结出来的价格计算方法。本书介绍的此类方法分为按材料费比例计算法和按材料质量（吨位单价）比例计算法两种。

以材料费用或材料质量进行估算，此方法主要应用对象为加工工时与材料质量有大致对应关系的模具，较适于尺寸比较大、加工工时较长并难以估计的情况。大型模具

（如汽车模具）的计价，常以质量法为主，综合系数按照一定的表格选取。为保证模具计价的准确性，每次材料调价后，需重新测算计算系数。通过引入设定价格，将因材料价格变动导致的材料费的增减部分单独考虑，增强计价的科学性。

3）类比法。本书介绍的类比法与现行的普通类比法不同，该类比法是充分利用现代技术，在已生产过的各种典型模具价格计算的基础上，建立模具价格计算机辅助计算信息库，用制件自身的主要技术参数在相同档位内进行类比，并按它们的比例关系进行快速逆运算以计算出价格。这种类比法的计算准确度可保持与原模具的计算准确度一致。

4）成本逐项计算法。即将产品的生产分解为一系列阶段基本任务的方式来分别计算（可行性论证、产品定义、开发、生产、使用、售后服务），通过列出各项开支的详细清单进行计价。通过信息集成，模具开发前期的计价和周期预估要和后期生产、资金和人员安排密切挂钩，本方法就越显重要，其关键技术是按制造加工步骤，预计各工序的工时数，将各工序工时数乘以各工序工时费并汇总而得到总加工费。估算工序工时的方法常有如下几种：

①类比参考模具的各类加工工时台账。

②加工工时公式法，按照切削原理进行。

③间接估算法，例如某模坯厂，按照型腔加工的大小、精度、类型，将价格和加工时间分类建立数据库，计价时分级查询即可。

④CNC 模拟法，如果模具型腔 CAD 模型已经获取，可以通过 CAM 软件仿真给出加工时间，在实际应用该法时，往往要将仿真所得加工时间乘以适当的经验系数才能符合实际。

## 二、模具生产过程质量分析与控制

### 1. ISO 9000 质量管理体系基础知识

（1）ISO 是什么。"ISO" 是 "International Organization for Standardization（国际标准化组织）"的简称。

"ISO" 设立的目的在于推动与制定国际性标准，以作为各国与企业遵循的依据。

（2）ISO 的标准。"ISO" 已颁布了 10000 多项产品与技术标准。

ISO 9000 标准是由国际标准化组织所颁布的编号以 9 为主的一系列质量管理标准。任何标准需经过 75% 会员的同意，方得由 ISO 颁布。颁布后的标准，原则上每 5~7 年会修订一次。

ISO 9000 是被全球认可的质量管理体系标准。ISO 9001：2000 是国际标准化组织融合现代管理学最新的理念精华，推出的最新质量管理体系标准，更加适用于各种类型、各种行业的组织。ISO 9001：2000 为组织提供了一种切实可行的方法，以体系化模式来管理组织的质量活动，并将"以顾客为中心"的理念贯穿到标准的每一元素中去，使产品或服务可持续地符合顾客的期望，从而拥有持续满意的顾客。

获得 ISO 9001 证书是一种被认可的标志，有了这张证书，组织无须向特定的顾客证明自己的质量管理能力。而且，其规则是一种国际性的语言。

ISO 9001 作为国际标准化组织（ISO）制定的质量管理体系标准，已越来越被全世界各类组织所接受，取得 ISO 9001 认证证书已经成为进入市场和赢得客户信任的基本条件。

（3）质量管理基本原则。ISO 9001：2000 质量管理体系建立于下列八个质量管理原则之上：

1）顾客为关注焦点。

2）领导作用。

3）全员参与。

4）过程方法。

5）系统的管理方法。

6）持续改进。

7）基于事实的决策方法。

8）与供方互利关系。

（4）ISO 9000 最常用的文件架构（见表5—1）

表5—1                    ISO 9000 最常用的文件架构

| 文件类型 | 功 用 |
|---|---|
| 质量手册 | 规范原则性的质量管理活动，是连接 ISO 9001 标准与程序文件间的桥梁 |
| 程序文件 | 规范管理性的质量管理活动，在企业内使与质量管理相关的流程得到明确规定，并延伸质量手册，使所有活动更具体表现 |
| 作业指导书 | 规范作业性的质量管理活动，具体指出质量相关活动的作业指导与要求，将程序文件中未明述的部分详加说明 |
| 表单 | 执行质量管理活动所填写的标准格式 |

（5）ISO 9001 的效益

1）推行国际标准化管理，完成管理上的国际接轨。

2）提高市场竞争力，以高品质的产品或服务来迎接国际市场的挑战。

3）提升组织形象，持续地满足顾客要求，提高顾客忠诚度。

4）提高组织的管理水平和工作效率，降低内部消耗，激励员工士气。

5）规范各部门职责，变定性的人制为定量的法制，提高效率。

6）采取目标式管理，明确各部门的质量目标，规范工作流程。

7）通过全员参与的过程，帮助组织的中高层人员理顺管理思路。

8）改善观念，树立"以顾客为中心"的意识，提高个人工作质量。

9）通过贯彻"基于事实的决策"思想，提高组织的新产品开发成功率，降低经营风险。

**2. 模具生产过程质量分析与控制**

模具生产的质量是由模具生产过程中的材料、加工、装配、出厂等环节决定的，因此对模具生产过程质量的控制应从这几方面入手。

制造模具均属于小批量或单件生产，加工工艺过程复杂，制造周期长，模具零件的原材料对加工使用甚至整套模具的质量有较大的影响。据目前的生产条件，模具生产有必要从以下几方面对模具原材料进行质量控制。

（1）须选择固定的，有稳定质量保证的材料供应商。对于关键的模具零件材料，要求提供产品合格证，必要时对材料进行成分化验、探伤等质量检查。

（2）认真做好材料进厂检验工作

1）材料化学成分正确（用火花判别）。

2）材料表面质量好，锻件表面平顺，无明显裂缝折叠、结疤、夹渣，开边后质地均匀，无任何裂纹、气孔、夹渣等表面。

3）交货硬度合适（26~32HRC）、尺寸正确。

4）模架需检查基准面、分裂面精度和 A、B 板材料质量，并要求提供模架出厂检验报告。

（3）生产过程中随时对材料、模架质量进行监控，发现问题即详细记录并及时反馈经营人员处理。

**3. 模具加工过程的质量控制**

（1）模具零件加工的质量控制

1）要求每件零件有图样、有工作要求、完工时间要求；未注公差尺寸统一采用1/2IT12公差等级或配作。

2）加工人员须按零件图样尺寸要求加工，并要求加工完后自检，并在图样上注明自检结果及日期（签名）。对可量度尺寸，无自检的工件，一经发现错检尺寸的工件，按造成损失的两倍扣罚加工者产值，并责令尽快完成此工件的再生产。

3）钳工小组加工范围外的所有协作加工，均需由车间统一安排加工，加工完经检验合格后交回钳工小组，由钳工小组长验收，并由车间管理人员登记加工人员产值。

4）钳工小组内部加工的零件，由组长负责控制加工质量，并在图样上注明有可能改动的尺寸。

（2）模具装配的质量控制

1）装配钳工对整套模具质量负责，要求钳工装配前仔细检查零件质量（包括材料热处理、加工质量），对于可能影响整套模具质量的不合格零件，要及时更换或重新加工。

2）钳工在装配过程中精工细作，确保模具装配精度，使之达到设计要求的使用寿命和生产效率，生产出符合设计要求的合格产品。

3）装配完成后，责任钳工应对整套模具再仔细自检，确保试模成功，检查合格后打开模具，填试模申请单，交车间管理人员。

4）车间管理人员收到申请单后安排设计者及负责钳工共同对模具进行质检，签放行意见后安排试模。

（3）模具出厂质量要求

1）模具所有零件按使用要求安装齐整、可靠，附件齐全，对于现场安装的零件，须有书面工作程序。

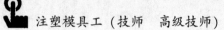
2）模具生产出来的产品须经质检，符合设计要求或客户要求。

3）模具所有运动机构，均应导滑灵活，运动平稳可靠，配合间隙适当，并在出厂时加工润滑。

4）模具分型面及所有成型表面，出厂时应作防锈处理。

5）模具外型和安装尺寸，应符合以下条件：

①各模板的边缘应倒角 C2 mm，安装面应光滑平整，不应有突出的螺钉头、销钉头、毛刺和划伤的痕迹。

②模具的基准角应有钢印打上的模具编号，并在动定模上设有吊装、吊环用的螺纹孔。模具安装部位的尺寸，应符合所选用的机型。

③分开面上除导套孔、斜销孔外，所有模具制造过程中的工艺孔、螺钉都应堵塞且与分型面平齐。

6）车间管理人员和设计者应对出厂模具作详细质检，确认质量合格后签模具合格证，由车间管理人员登记钳工产值。

# 综合练习题（技师）

## 一、手机面盖注射成型模具

### 1. 手机面盖注射成型模具结构特点和成型工艺说明

如图 1 所示，手机面盖的特点是壁薄、通孔多，有螺纹侧孔。塑件材料为 ABS。

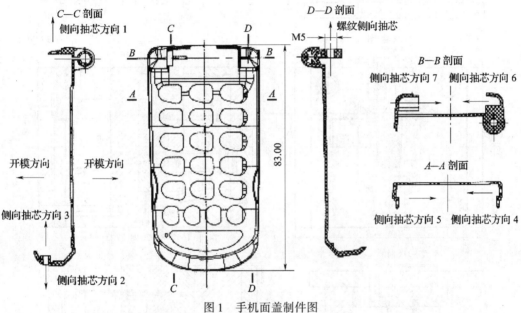

图 1　手机面盖制件图

如图 2 所示为手机面盖注射成型模具装配图，其结构采用热流道浇注系统，设有 3 个侧向滑块抽芯机构，其中一个为侧向内螺纹自动脱模机构，另一个为定模斜顶杆抽芯机构，螺纹侧向抽芯采用定模侧齿条动模侧齿轮的螺纹自动脱模机构。

### 2. 解决下列问题

（1）模具装配问题

1）分析模具结构，说明模具工作原理。

2）根据模具装配图，制定模具装配顺序。

3）制定模具各部件的装配工艺。

（2）试模问题

1）制定成型工艺（编写试模工作报告）。

2）说明制件试模中的常见问题和解决方法。

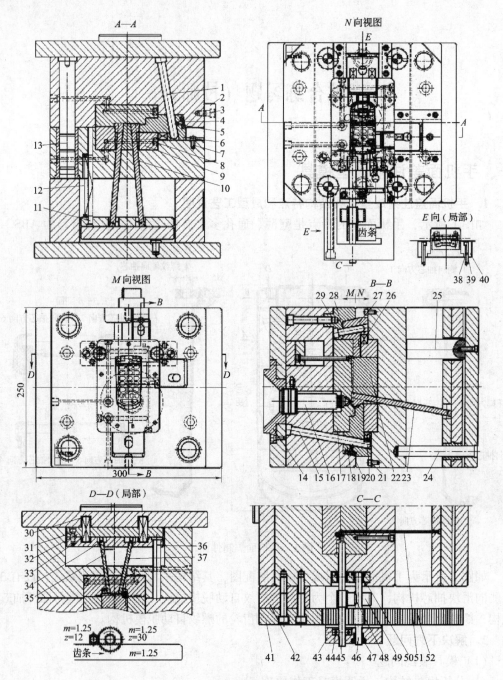

图2　手机面盖注射成型模具装配图

1、15、28—斜导柱　2—拉模扣　3、4、31、38—螺钉　5、19—耐磨块　6、18、27—滑块　7—限位钉

8—螺塞　9—动模镶件　10、23、35、37—斜推杆　11、36—复位杆　12—复位弹簧　13、24—导柱

14—定位圈　16—热喷嘴　17—定模镶件　20、26、30—弹簧　21—限位钉　22—动模型芯

25—垫块　29—锁紧块　32—斜推杆垫板　33—斜推杆固定板　34、39—圆柱销　40—压块

41—螺纹型芯固定块　42—齿条固定板　43—齿轮轴固定板　44—轴承　45—螺纹型芯

46—齿轮轴　47、50—轴套　48—键　49—齿轮　51—推杆　52—齿条

（3）修模问题

1）分析制件成型的缺陷。

2）针对制件的缺陷，制定模具修理方案。

（4）模具生产管理问题

1）制定模具制造工艺方案。

2）检验模具零部件加工和装配精度。

3）实施模具制造方案。

# 二、光盘盒注射成型模具

### 1. 光盘盒注射成型模具结构特点和成型工艺说明

如图3所示，光盘盒是存放数据光盘的全密封式资料盒，塑件内侧设有凹槽。光盘盒材料采用增强型 FRABS。底、盖采用薄膜铰链连接，为了使用时，底、盖扣合铰紧，盒底和盒盖两侧有一对凸台和凹坑。

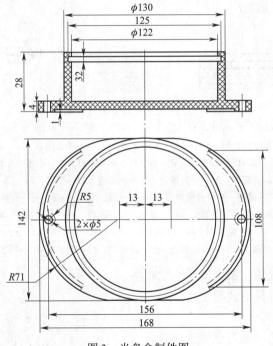

图3　光盘盒制件图

如图4所示为光盘盒注射成型模具装配图。圆形盒体类塑件的整圆内侧凹槽在模具内成型，为分型和2次内抽芯脱模典型结构。塑件的内侧凹模由内槽成型镶块20，成型滑块52和滑块推块53两组（各4件）对称排列，共8件呈扁形的镶块，镶拼组合而成（见图5）。

### 2. 解决下列问题

（1）模具装配问题

1）分析模具结构，说明模具工作原理。

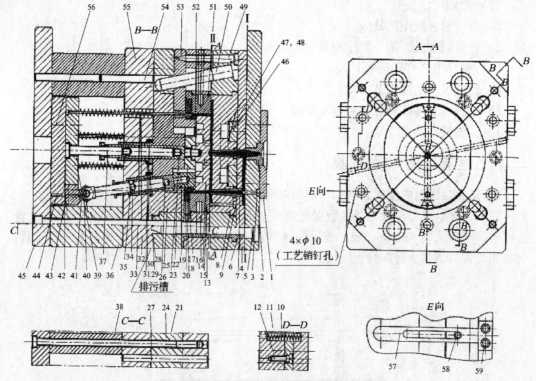

图4　光盘盒注射成型模具装配图

1—定位圈　2、7—浇口套　3—定模座板　4—盖板　5—拉斜杆　6—导套　8—定模型腔镶件　9—型芯
10—分型弹簧　11—定模板　12、56、59—螺钉　13—动模板　14—浮动型芯　15—动模型腔垫套　16—导套
17—动模型腔内镶套　18—浮动型芯定位套　19、44、58—销钉　20—内槽成型镶块　21—动模垫块
22—导柱　23—推管　24—螺栓　25—导向镶套　26—斜推管　27—销钉　28、30—止转销　29—斜导套
31—导套　32、37—推杆　33—复位弹簧　34—斜推杆　35—钢球　36—支承柱　38—支承柱
39—推杆固定板　40—滚珠轴承　41—轴销　42—推板　43—推件镶件　45—动模座板
46—密封环　47—内密封圈　48—外密封圈　49—锁紧锥　50—斜导柱　51—密封圈
52—成型滑块　53—滑块推块　54—定位销　55—支承板　57—定距拉板

2）根据模具装配图，制定模具装配顺序。

3）制定模具各部件的装配工艺。

（2）试模问题

1）制定成型工艺（编写试模工作报告）。

2）说明制件试模中的常见问题和解决方法。

（3）修模问题

1）分析制件成型的缺陷。

2）针对制件的缺陷，制定模具修理方案。

（4）模具生产管理问题

1）制定模具制造工艺方案。

2）检验模具零部件加工和装配精度。

3）实施模具制造方案。

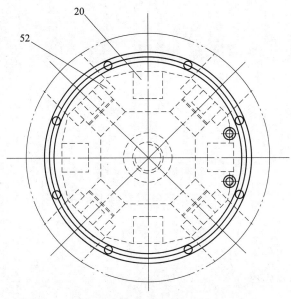

图 5　内型芯拼合图

20—内槽成型镶块　52—成型滑块

第二篇

高级技师

# 第6章

# 模具零部件加工

# 第1节　读图与绘图

## 一、模具设计与工艺知识

### 1. 模具设计程序

对于模具设计人员来说，如何根据图样或产品要求尽快地设计出结构优化的模具是重中之重。模具设计需要考虑的因素很多，如塑料种类、塑件特点、型腔数目、注射机类型、模具制造工艺的可行性等。在对这些问题进行充分的研究之后，就可以着手模具设计，注射模具设计的内容主要包括以下几个方面：

第一，确定型腔数量和排列方式。

第二，确定分型面、流道、浇口的位置和形式。

第三，确定侧向凹凸的位置与推出方式。

第四，确定模具的加工方式。

第五，确定温度调整的方式。

从模具功能角度讲，即要完成浇注系统、成型系统、热交换系统、脱模系统等的设计工作。

合理的模具设计，主要体现在所成型的塑料制品的质量（外观质量及尺寸稳定性），使用时的安全可靠和便于维修，在注射成型时有较短的成型周期和较长的使用寿命，以及具有合理的模具制造工艺性等方面。

要想获得一副优良的模具，模具设计是一个极其重要的环节。所以，提高塑料注射模具的设计水平就显得尤其重要。要做到这一点，应当注意以下几个方面：

第一，在开始模具设计时，应多考虑几种方案，比较其优缺点，再从中选择一种；对于复制模也应当认真对待，因为由于时间和认识上的原因，当时认为合理的设计，经过生产使用和加工技术进步也还有可改进的地方。

第二，在设计时多参考过去类似的模具和设计图样，并了解它在制造和使用方面的情况，吸取其中的经验和教训。

第三，追踪自己设计的模具在制造和使用中的情况，并加以分析和总结。

模具设计程序如下：

（1）设计前的准备工作。在设计模具之前，设计者必须掌握以下各方面的资料：

1）经用户确定的塑件产品图。

2）塑件成型材料及收缩率。

3）所用注射机参数。

4）制模要求，包括每模型腔数、浇注系统的类型、塑件脱模方式等。

5）模具的成本预算。

模具设计的第一项任务就是要熟悉所要生产的塑件。首先要对设计依据——产品图进行必要的检查，检查投影、公差等信息是否表达清楚，技术要求是否合理；了解塑件的使用状态和用途，找出那些直接影响塑件质量与应用的形状和相应的功能尺寸，明确表面质量的要求。其次应该考虑到塑件设计者并不一定是制模专家，这是非常重要的。有时对塑件本身性能毫无影响的外形尺寸，在装配线上由于特定夹具的限制就转化为一个关键尺寸，而这点塑件设计者往往会忽略。

对塑件所用材料的成型特性要有一定的了解，主要包括：流动性、结晶性，以及有无应力开裂及熔融破裂的可能；是否属于热敏性，注射成型过程中有无腐蚀性气体逸出；热性能如何，对模具温度有无特殊要求，对浇注系统、浇口形式有无选择限制等。除此之外，随着对塑件尺寸精度的要求越来越高，收缩率的选取已成为影响模具设计的一个重要因素。在确定塑件图和成型材料时，必须明确谁将承担选择收缩率的责任。现在流行的做法是由用户来选定材料和确定收缩率。由于目前的塑料牌号繁多，同一种类不同牌号的塑料在收缩率上也略有差别，因而在选定材料时，切忌只定种类不定牌号。

与模具设计相关的注射机参数主要有理论注射容积（最大注射量）、注射压力、锁模力、拉杆内间距、移模（开模）行程、最大模具厚度、最小模具厚度、推出力、推出行程、模具定位孔直径、喷嘴球半径、喷嘴口直径等。

模具的每模型腔数、浇注系统的类型、塑件脱模方式等因素直接影响模具设计方案的制定。

模具的成本预算决定了模具方案的取舍，模具设计人员的思想要基本与模具报价人员的构想取得一致，在此基础上的设计方案才能满足模具的成本要求。

（2）模具设计

1）设计依据分析。交给设计人员的设计依据有很多种，但主要不外乎两种，一种是塑件图样，一种是塑件（习惯称为样件）。对于前者，要注意图样的技术要求，许多图样明确给出分型面位置和形式、浇口位置和形式、推出位置和方式等，这些在模具设计时必须加以遵循；对于后者，重点是在样件上提取有用的制模信息，避免在设计上走弯路（能够生产出样件的模具必有其成功之处），这些信息包括分型面的位置、浇口的位置和形式、推出形式或推杆位置等。

2）模具总体方案设计。模具总体方案设计内容主要包括绘制模具设计方案图，确定分型面的位置、型腔的布局方式和选定标准模架，确定型腔、型芯镶块的轮廓尺寸，完成模具零件的材料选用，提出型腔材料备料单等。

3）模具详细设计。模具详细设计包括细化模具设计方案图，进行型腔尺寸计算，基本完成模具装配图设计，拆分零件图，完善装配图设计。

4）模具工艺设计。模具工艺设计包括零件的工艺性审查和零件工艺设计两方面的内容。前者主要要求零件设计在现在条件下具有可加工性；后者主要是工艺设计，包括工艺编制、数控编程、电极设计等。

5）模具设计图样审查和投产。模具设计完成后，必须经过有关人员审查无误后才能投入生产。而在模具图样投放的过程中要做到两点：一是模具图样的再审查，图样投入加工之前虽然已经过设计部门检查，但难免有纰漏或与设备要求不一致的地方，需要与生产部门沟通、协调；二是模具图样、电极图样可以分批投放，不必等到图样全设计完再投产。

总而言之，在模具企业中，有必要将并行工程的理念灌输到每个员工的头脑中，并在实践中切实加以贯彻。并行工程是对产品以及相关过程（包括制造和支持过程）进行并行、一体化设计的一种系统化的工作模式。这种工作模式力图使开发人员从一开始就考虑到产品全生命周期（从概念形成到产品报废）的所有因素，包括质量、成本、进度和用户要求。在并行工程思想的指导下，模具设计的做法可总结为：合同签订时即确定产品图；总工程师与设计人员在 1~2 天内确定模架大小和提出型腔材料备料单；在购买模架和型腔材料的同时进行模具设计和工艺准备；模架和型腔材料到位时，模具设计工作也基本结束，可以立即开始加工。

**2. 模具制造工艺流程**

（1）接受任务书。成型塑料制件的任务书通常由制件设计人员提出，其内容如下：

1）经过审签的正规制件图样，并注明采用塑料的牌号、透明度等。

2）塑料制件说明书或技术要求。

3）生产产量。

4）塑料制件样品。

通常模具设计任务书由塑料制件工艺员根据成型塑料制件的任务书提出，模具设计人员以成型塑料制件任务书、模具设计任务书为依据来设计模具。

（2）收集、分析、消化原始资料。收集整理有关制件设计、成型工艺、成型设备、机械加工及特殊加工资料，以备设计模具时使用。

1）消化塑料制件图，了解制件的用途，分析塑料制件的工艺性、尺寸精度等技术要求。例如塑料制件在外表形状、颜色透明度、使用性能方面的要求是什么，塑件的几何结构、斜度、嵌件等情况是否合理，熔接痕、缩孔等成型缺陷的允许程度，有无涂装、电镀、胶接、钻孔等后加工。选择塑料制件尺寸精度最高的尺寸进行分析，估计成型公差是否低于塑料制件的公差，看看能否成型出合乎要求的塑料制件来。此外，还要了解塑料的塑化及成型工艺参数。

2）消化工艺资料，分析工艺任务书所提出的成型方法、设备型号、材料规格、模具结构类型等要求是否恰当，能否落实。

成型材料应当满足塑料制件的强度要求，具有好的流动性、均匀性和各向同性、热稳定性。根据塑料制件的用途，成型材料应满足染色、镀金属的条件、装饰性能、必要的弹性和塑性、透明性或者相反的反射性能、胶接性或者焊接性等要求。

3）确定成型方法。采用直压法、铸压法还是注射法。

4）选择成型设备。根据成型设备的种类来进行模具设计，因此必须熟知各种成型设备的性能、规格、特点。例如对于注射机来说，在规格方面应当了解以下内容：注射容量、锁模压力、注射压力、模具安装尺寸、顶出装置及尺寸、喷嘴孔直径及喷嘴球面半径、浇口套定位圈尺寸、模具最大厚度和最小厚度、模板行程等，具体见相关参数。

要初步估计模具外形尺寸，判断模具能否在所选的注射机上安装和使用。

5）具体结构方案

①确定模具类型。如压制模（敞开式、半闭合式、闭合式）、铸压模、注射模等。

②确定模具类型的主要结构。选择理想的模具结构在于确定必需的成型设备和理想的型腔数，在绝对可靠的条件下能使模具本身的工作满足该塑料制件的工艺技术和生产

经济的要求。对塑料制件的工艺技术要求是要保证塑料制件的几何形状、表面光洁度和尺寸精度。生产经济要求是要使塑料制件的成本低，生产效率高，模具能连续地工作，使用寿命长，节省劳动力。

（3）影响模具结构的因素。影响模具结构的因素很多，很复杂，主要包括：

1）型腔布置。根据塑件的几何结构特点、尺寸精度要求、批量大小、模具制造难易程度、模具成本等确定型腔数量及其排列方式。

对于注射模来说，塑料制件精度为 3 级和 3a 级，质量为 5 g，采用硬化浇注系统，型腔数取 4~6 个；塑料制件为一般精度（4~5 级），成型材料为局部结晶材料，型腔数可取 16~20 个；塑料制件质量为 12~16 g，型腔数取 8~12 个；质量为 50~100 g 的塑料制件，型腔数取 4~8 个。对于无定型的塑料制件，建议型腔数为 24~48 个，16~32 个和 6~10 个。当继续增加塑料制件质量时，就很少采用多腔模具。

2）确定分型面。分型面的位置要有利于模具加工，排气、脱模及成型操作，塑料制件的表面质量等。

3）确定浇注系统（主浇道、分浇道及浇口的形状、位置、大小）和排气系统（排气的方法、排气槽位置、大小）。

4）选择顶出方式（顶杆、顶管、推板、组合式顶出），决定侧凹处理方法、抽芯方式。

5）决定冷却、加热方式及加热冷却沟槽的形状、位置和加热元件的安装部位。

6）根据模具材料、强度计算或者经验数据，确定模具零件厚度及外形尺寸，外形结构及所有连接、定位、导向件位置。

7）确定主要成型零件、结构件的结构形式。

8）考虑模具各部分的强度，计算成型零件工作尺寸。

以上这些问题如果都解决了，模具的结构形式自然就解决了。这时，就应该着手绘制模具结构草图，为正式绘图做好准备。

（4）绘制模具图。要求按照国家制图标准绘制，但是也要求结合本厂标准和国家未规定的工厂习惯画法。

在画模具总装图之前，应绘制工序图，并要符合制件图和工艺资料的要求。由下道工序保证的尺寸，应在图上注明"工艺尺寸"字样。如果成型后除了修理毛刺之外，不再进行其他机械加工，那么工序图与制件图完全相同。

在工序图下面最好标出制件编号、名称、材料、材料收缩率、绘图比例等。通常就把工序图画在模具总装图上。

（5）绘制总装结构图。绘制总装图尽量采用 1∶1 的比例，先由型腔开始绘制，主视图与其他视图同时画出。

（6）绘制全部零件图。由模具总装图拆画零件图的顺序应为：先内后外，先复杂后简单，先成型零件，后结构零件。

（7）校对、审图

1）校对以自我校对为主，其内容包括：模具及其零件与塑件图样的关系，模具及模具零件的材质、硬度、尺寸精度、结构等是否符合塑件的图样要求，成型收缩率的选择，成型设备的选用等。

2）专业校对原则上按设计者自我校对项目进行，但要侧重结构原理、工艺性能及操作安全方面。

3）编写制造工艺卡片。由工具制造单位技术人员编写制造工艺卡片，并且为加工制造做好准备。

在模具零件的制造过程中要加强检验，把检验的重点放在尺寸精度上。模具组装完成后，由检验员根据模具检验表进行检验，主要目的是检验模具零件的性能情况是否良好，只有这样才能确保模具的制造质量。

（8）试模及修模。虽然是在选定成型材料、成型设备后，在预想的工艺条件下进行模具设计，但是人们的认识往往是不完善的，因此必须在模具加工完成以后，进行试模试验，看成型的制件质量如何。发现问题以后，进行排除错误性的修模。

塑件出现不良现象的种类居多，原因也很复杂，有模具方面的原因，也有工艺条件方面的原因，二者往往交织在一起。在修模前，应当根据塑件出现的不良现象的实际情况，进行细致的分析研究，找出造成塑件缺陷的原因后提出补救方法。因为成型条件容易改变，所以一般的做法是先变更成型条件，当变更成型条件不能解决问题时，才考虑修理模具。

修理模具更应慎重，没有十分把握不可轻举妄动。其原因是一旦变更了模具条件，就不能再作大的改造和恢复原状。

（9）整理资料进行归档。模具经试验后，若暂不使用，则应该完全擦除脱模渣滓、灰尘、油污等，涂上黄油或其他防锈油或防锈剂，放到保管场所保管。

把从设计模具开始到模具加工成功，检验合格为止，在此期间所产生的技术资料，例如任务书、制件图、技术说明书、模具总装图、模具零件图、底图、模具设计说明书、检验记录表、试模修模记录等，按规定加以系统整理、装订、编号进行归档。这样做似乎很麻烦，但是对以后修理模具和设计新的模具都是很有用处的。

## 二、绘制二维模具总装配图知识

按照国标、结合本厂标准和要求，绘制模具总装图和零件图。

工序图下面最好标出塑件编号、名称、材料、材料收缩率、绘图比例等。通常把工序图画在模具总装图的右上方。

### 1. 绘制总装结构图

总装图应尽量采用1:1的比例，先由型腔开始绘制，同时画出主视图与其他视图。为了更清楚地表达模具中成型塑件的形状、浇口位置设置等，在模具总装图的俯视图上，可将定模拿掉，而只画出动模部分。

模具总装图应该包括以下内容：模具成型部分结构；浇注系统、排气系统结构；分型面及分模取件方式；外形结构及所有连接件和定位和导向件的位置；辅助工具（取件卸模工具、校正工具等）；按顺序将全部零件序号编出，填写明细表；标注模具必要尺寸，如模具总体尺寸、特征尺寸（与注射机配合的定位环尺寸）、装配尺寸（安装在成型设备上螺钉孔中心距尺寸等）、极限尺寸（活动零件移动起止点）；标注技术要求和使用说明。

**2. 模具总装图的技术要求**

（1）模具装配工艺要求。如模具装配后分型面的贴合间隙，模具定、动模座板外表面的平行度等要求。

（2）模具某些机构的性能要求。例如对推出机构、侧分型抽芯机构的装配要求。

（3）模具使用和拆分方法。

（4）防氧化处理、模具编号、刻字、标记、油封、保管等要求。

（5）试模及检验要求。

**3. 绘制零件图**

由模具总装图拆画零件图的顺序为：先内后外，先复杂后简单，先成型零件后结构零件。通常主要工作零件加工周期较长，加工精度较高，因此要首先认真绘制，其余零部件尽量采用标准件。

（1）根据需要按比例绘制零件图，视图选择合理，投影正确，布置得当，图形清晰。

（2）标注尺寸要集中、有序、完整。

（3）根据零件的用途，正确标注表面粗糙度。

（4）填写零件名称、图号、材料牌号、热处理和硬度要求，另外表面处理、图形比例、自由尺寸的加工精度、技术要求等都要正确填写。

**4. 全面审核投产制造**

自我校对的内容有：

（1）模具及其零件与塑件图样的关系

模具及模具零件的材质、硬度、尺寸精度、结构等是否符合塑件图样的要求。

（2）塑料制件方面

塑料料流的流动、缩孔、熔接痕、裂口、脱模斜度等是否影响塑料制件的使用性能、尺寸精度、表面质量等方面的要求。图案设计有无不足，加工是否简单，成型材料的收缩率选用是否正确。

（3）成型设备方面

注射量、注射压力、锁模力够不够，模具的安装、脱模有无问题，注射机的喷嘴与浇口套是否正确地接触。

（4）模具结构方面

1）分型面位置及精加工精度是否满足需要，会不会发生溢料，开模后是否能保证塑料制件留在有顶出装置的模具一边。

2）脱模方式是否正确，推杆和推管的大小、位置、数量是否合适，推板会不会被型芯卡住，会不会擦伤成型零件。

3）模具温度调节方面。加热器的功率、数量，冷却介质的流动线路位置、大小、数量是否合适。

4）处理塑料制件侧凹的方法，脱侧凹的机构是否恰当，例如斜导柱抽芯机构中的滑块与推杆是否相互干扰。

5）浇注、排气系统的位置和大小是否恰当。

（5）设计图样

1）装配图上各模具零件安置部位是否恰当，表示是否清楚，有无遗漏。

2）零件图上的零件编号、名称，制作数量，零件内制还是外购的，是标准件还是非标准件，零件配合处理精度、成型塑料制件高精度尺寸处的修正加工及余量，模具零件的材料、热处理、表面处理、表面精加工程度是否标记、叙述清楚。

3）主要零件、成型零件工作尺寸及配合尺寸。尺寸数字应正确无误，不要让生产者换算。

4）检查全部零件图及总装图的视图位置，投影是否正确，画法是否符合制图国标，有无遗漏尺寸。

（6）校核加工性能。所有零件的几何结构、视图画法、尺寸标注等是否有利于加工。

1）专业校对原则上按设计者自我校对项目进行，但要侧重结构原理、工艺性能及操作安全方面。

2）审图。审核模具总装图、零件图是否正确，验算成型零件的工作尺寸、装配尺寸、安装尺寸等。

3）投产制造。在所有校对审核正确后，就可以将设计结果送达生产部门组织生产。

模具设计人员应参加模具的加工、组装、试模、投产的全过程。

## 第2节　编制工艺

### 一、双色模、双层模结构相关知识

#### 1. 双色注射成型技术

使用两个或两个以上注射系统的注射机，将不同品种或不同色泽的塑料同时或先后注射入模具内的成型方法，称为双色注射成型。双色注射成型是共注射成型的一种，常见的有双色多模和双色单模（有清色、混色之分）注射成型两种成型方法。

由于双色成型的塑件通过充分利用颜色的搭配或物理性能的搭配，具有下列特点：产品精度高，品质稳定；结构强度好，耐久性好；配合间隙小，外观良好；能实现降低成本与作为双色产品提升附加值。它能够满足在不同领域的特殊要求（比如产品结构、使用性能及外观等需要），因此，在电子、通信、汽车及日常用品上应用越来越广，也日益得到了市场的认可，正呈现加速发展趋势。随之而来的双色注射成型技术（如双色成型工艺、设备及模具技术等）也逐渐成为许多专业厂家亟待研发的对象。

（1）双色注射成型工艺

1）双色多模注射成型。如图6—1、图6—2所示分别为双色多模注射成型原理及成型周期示意图，该双色注射成型机由两个注射系统和两副模具共用一个合模系统组成，而且在移动模板一侧增设了一个动模回转盘，可使动模准确旋转180°。

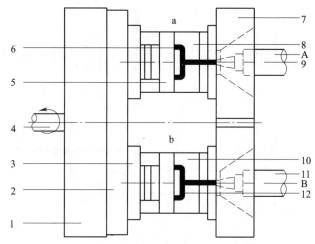

图6—1　双色多模注塑成型原理

1—移动模板　2—动模回转盘　3—b模动模　4—回转轴
5—a模动模　6—物料1　7—定模底座　8—a模定模
9—料筒A　10—b模定模　11—料筒B　12—物料2

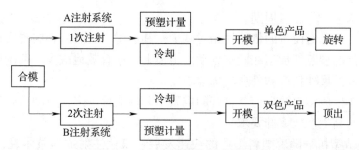

图6—2　双色多模注塑成型周期

　　其工作过程如下：首先合模，物料1经料筒A注射到a模型腔内成型单色产品；定型后开模，单色产品留于a模动模，注射机通过相应机构将模具动模回转盘逆时针旋转180°至b，实现a、b模动模交换位置后，再合模，料筒B将物料2注射到b模型腔内成型双色产品；同时料筒A将物料1注射入a模型腔内成型单色产品；冷却定型后开模，顶出b模内的双色产品，动模回转盘顺时针旋转180°，a、b模动模再次交换位置；合模进入下一注射周期。

　　这种成型对设备要求较高，企业投入成本也高，而且配合精度受安装误差影响较大，不利于精密件的生产制造。

　　2）双色单模注射成型。如图6—3所示为双色单模注射成型原理图。与普通注射机不同，该双色注射机由两个相互垂直的注射系统和一个合模系统组成。但在模具上设有一个旋转机构，互换型腔时，可使动模准确旋转180°，其工作过程如下：

　　①合模，料筒A将物料1注射入型腔a内成型单色产品。

　　②开模，旋转轴带动旋转体和动模逆时针旋转180°，型腔a和型腔b交换位置。

　　③合模，料筒A、料筒B分别将物料1、物料2注射入型腔a内和型腔b内（成型双色产品）。

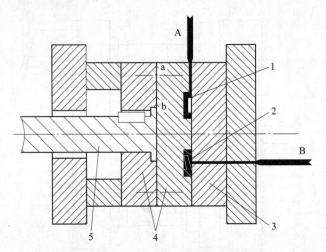

图6—3 双色单模注射成型原理图

1—型腔 a　2—型腔 b　3—定模　4—动模旋转体　5—回转轴

④开模，顶出型腔 b 内的双色制品，旋转体顺时针旋转180°，型腔 a 和型腔 b 交换位置。

⑤合模进入下一个注射周期。

这种结构的模具对设备的依赖性相对减少，其通过自身的旋转装置实现动模部分的旋转，两个不同的型腔都加工在同一副动、定模上，这有效地减少了两副模具的装夹误差，提高了制件的尺寸精度和外形轮廓清晰度。

近年来，单模成型方法凭借其良好的成型工艺性取代了多模成型，较好地满足了成型高精度塑件与高生产效率的要求。

（2）双色成型机。随着塑料工业的快速发展，双色注射成型技术在国内外均发展得如火如荼。双色注射机技术也得到了快速的开发并逐渐成熟。从上述双色成型原理可以看出，双色成型机与普通注射机的区别在于：具有两个注射系统；具有使模具动模或型腔部位旋转的机构。

1）注射系统。双色注射系统常见的形式如图6—4所示。其中，图6—4a为平行排列式布置，主要用于多模旋转成型；图6—4b为侧排式的两种形式，主要用于单模模内旋转成型；图6—4c为 V 形排列式，主要用于混色注射成型。另外还有 A—B 垂直布置式，

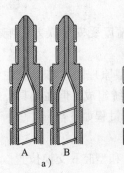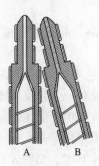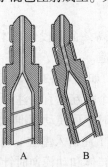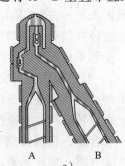

a)　　　　　　　b)　　　　　　　c)

图6—4 双色注射系统形式

a) 平行排列式　b) 侧排式（Ⅰ）（Ⅱ）　c) V 形排列式

常用于单模模内旋转成型。双色注射机料筒的注射和移动一般都可各自独立控制。

2）旋转机构。旋转机构常见的形式主要有以下几种：

①转盘注射。主要可用于双色多模成型。两动模完全一样，可旋转。两定模不一样，会受到产品几何形状的影响。所以可利用此结构特点实现单边良好的设计构思。由于该成型方法允许进行同步注射，因此可节省加工周期。该法主要用于饮用水杯、把手、盖子、密封件等多模旋转成型。

②转位（轴）注射。也称转模芯注射，也就是在注射机的后面板的中心，即模具中心处有一可伸缩和转动的轴。主要可用于双色单模成型（转芯或转整个动模两种情况），该成型机构多用于制件第二部分注射或产品形状必须改变的加工场合。利用这一技术，可大大提高产品设计的自由度，因此常用于汽车调节轮、牙刷、一次性剃须刀等的单模旋转成型。

③移位注射。利用机械手将预注塑工件放至第二位置再注塑，从而给予第一和第二注塑加工最大的自由度。该技术主要用于工具手柄、牙刷、工艺性注塑等加工领域。

当然，双色注射机在顶出机构、冷却装置等方面也另需设置，以满足整个成型要求。随着双色成型技术的不断进步，双色注射机的发展也已由传统的转盘、转轴式等技术朝向高级的蓄压高速闭回双色成型、ESD油电复合精密双色成型、双色嵌入成型、旋转重模等技术发展。

（3）模具结构。双色塑件成型模具与普通成型模具的结构有较大区别，主要是：模具有两套浇注系统和两个工位型腔，还有型芯换位机构（或称旋转机构），另外推出机构的要求也不同于普通的注射模具。常见的模具结构形式有以下几种。

1）型芯后退式双色注射模具。其结构特点是在一次注射时，型芯不后退，二次注射时由型芯后退让位的空间成型第二色部分。该结构形式后退型芯的形状一般比较简单而且对注射机的要求较低，不宜用于带有较复杂嵌件的双色塑件的成型，如图6—5所示。

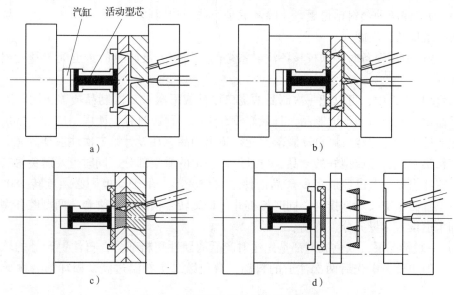

图6—5　型芯后退式双色注射模具

2）脱件板旋转式双色注射模具。其特点是自带旋转机构，对注射机的要求相对较低，适用于中小型双色单模塑件的生产，如图6—6所示。

3）旋转型芯式双色注射模具。其特点是旋转动模实现双色注射，要求注射设备上有专门的旋转盘，对注射机有更高的精度要求，如图6—7所示。

4）滑动型芯式双色注射模具。其特点是适用于大型件生产，需要在模具和注射机外专设移动机构，如图6—8所示。

（4）设计要求。在双色成型设计中需要注意以下几方面内容。

1）必须了解制件结构、多色组合方式、特殊要求等，以便于确定成型方式，进行注射机选用和模具结构设计。

图6—6　脱件板旋转式双色注射模具

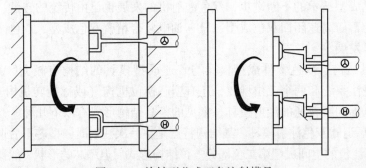

图6—7　旋转型芯式双色注射模具

2）为了使两种塑料粘得更紧，除考虑是否选用相同料外，还可以在一次产品上增设沟槽以增加结合强度。

3）选取成型设备时必须校核各注射系统的注射量、旋转盘的水道配置及行程、承载质量等。

4）模具设计中，可以把一次制品的浇口设计成下次被二次制品覆盖，同时因为一次模具通常只取流道而不取制品，且最好没有制品的顶出过程，所以一次浇口常用点浇口或热流道等，这样浇口可自动脱落而无须顶出制品。在设计第二次注射型腔时，为了避免擦伤第一次已经成型好的产品，可以设计一定的避空部分，同时也要避免第二次注射的料流冲击第一次已经成型的产品而使之移位变形。由于动模侧必须旋转180°，因此型芯位置必须交叉对称排列，同时检查并保证旋转合模时必须吻合。两型腔和型芯处的冷却水道设置尽量充分、均衡、一致。

5）一般情况下，双色成型都是先注射产品的硬性塑料部分，再注射产品的软性塑料部分。但也要考虑先后两次注射的料温，避免第二次料温过高，损坏第一次成型产品。

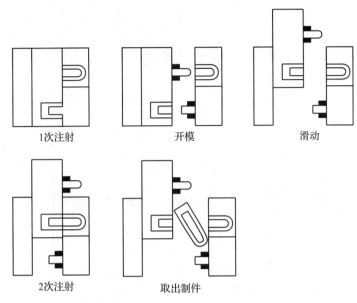

1次注射　　　　　　开模　　　　　　滑动

2次注射　　　　　　取出制件

图6—8　滑动型芯式双色注射模具

当然，在实际应用过程中还有很多问题（如复位、定位、限位等装置的设置），需要结合实际成型方式和模具结构特点不断总结和优化。

近年来，双色塑件成型技术不断得到推广应用。但由于双色成型技术设备成本昂贵，模具设计复杂、精密，成型工艺要求高，与国外相比，国内双色成型技术的各方面应用还有待发展。目前，欧美厂商产品已提升至几个基本成型技术的组合呈现，如双色成型加模内贴标（IML）、双色成型加模内组合（IMA）、双色成型加双层模（stack mold）、双色成型加IML加IMA加双层模、双色成型夹层射出等，这些都可以在一部注射机上完成。因此，双色成型技术越来越受重视，而且不只呈现双色技术，还必须与其他技术结合，创造更高的效益。随着时间的推移和应用行业的快速发展，双色塑件成型在注射市场的比重必将越来越大。

**2. 双层注射成型技术**

双层式模具是将两层型腔组合起来的一种特殊模具，通常型腔是以背靠背的形式来设置的，塑件在分型面上的投影面积基本不变，这样在注射机锁模力增加不多（5% ~ 15%）的情况下，产量可以翻倍（提高90% ~ 95%）。但由于双层式模具开合模的行程比较长，模具制作成本较高，常被用来成型大批量扁平塑件。双层式模具的浇注系统同样可以采用热流道的形式，一方面可以有效降低传递压力，提高成型质量；另一方面容易实现自动化，提高生产率。双层注射模具虽比普通模具的设计计算要求更高，但由于其应用表现出显著的经济效益，使之在国内得到了广泛认同和商业化应用。

（1）双层注射成型原理。冷流道系统的双层模具如图6—9所示。其工作过程为：物料通过两级主流道将原料分别输送到双层模的各型腔，冷却固化后，分型面 Ⅰ、Ⅱ 同时分开，制件分别在定模推杆 2 和动模推杆 5 的作用下脱出模具。

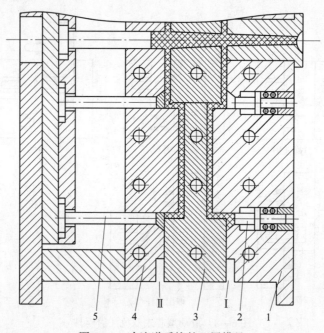

图6—9　冷流道系统的双层模具
1—定模　2—定模推杆　3—型腔中间板　4—动模　5—动模推杆

由于冷流道双层模在成型中有诸多不足，如冷流道的脱出比较困难，需要延长成型的循环时间，同时难以实现全自动操作等，因此人们更多地采用热流道来成型。

热流道模成型时，具有节省原材料、提高产品质量、缩短成型周期、降低成本并实现自动化生产诸多优点，故热流道技术已经得到了广泛的重视，而双层热流道技术的开发应用，则是热流道技术发展进步的一个成功的体现。

热流道系统的双层模具如图6—10所示。熔体由热流道管经热流道板22和二级喷嘴20注射型腔，冷却固化后，动模部分在注射机作用下开始分模，而动、定模上的齿条5和中间部分的齿轮6在啮合作用下使模具两个分型面Ⅰ、Ⅱ同时开启。中间部分与定模的支承由限位导柱24定位，而与动模的导向由导柱33来定位。开模至设定位置，注射机顶出系统及顶出油缸34分别将动、定模上的塑件顶出并复位。模具合模时同样在注射机的作用下，由齿轮齿条驱动，导柱导套完成三个部分的准确合模，进入下一个生产周期。

虽然利用热流道双层模具具有显著的优点，但双层模具提出了比普通单层模具更高的模具设计和制品质量要求，同时需要一些更精确的计算，并力求满足：模具结构尽量简单；模具动作可靠；热流道无漏料现象。

（2）模具结构

典型的双层模具一般由定模、中间部分和动模三部分组成。

1）定模。定模固定于注射机的定模板上，浇注系统的一端与注射机喷嘴接触。对于热流道而言，定模部分流道内设有加热元件，使定模流道内的物料保持熔融状态。热流道系统通过定模部分进行延伸，并在模具闭合时与注射机喷嘴连接。流道的延伸部分必须有足够的长度，这样在开模时不至于有熔料漏出。

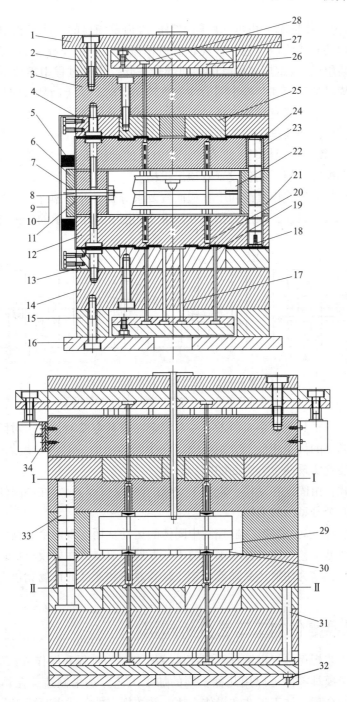

图6—10　热流道系统的双层模具

1—定模座板　2—垫块　3—定模垫板　4、12—型腔板　5—齿条　6—齿轮　7—轴承

8—轴　9—垫圈　10—螺母　11、15—垫块　13—动模板　14—动模垫板　16—动模座板

17—扁顶杆　18—螺钉　19—顶杆　20—二级喷嘴　21—热流道支承块　22—热流道板

23—导套　24—限位导柱　25—型芯　26—推杆固定板　27—推板　28—流道护管

29—热流道支承块　30—定位销　31—复位杆　32—挡钉　33—导柱　34—油缸

2）中间部分。中间部分由可向两侧供料的流道及浇口的两块模板组成（热流道模具的中间部分内装有热流道，它与常规热流道相似，也是由喷嘴、热流道板、温控器、加热装置等组装组成）。双层式模具的中间部分在开、合模过程中需要平稳而有效的支承，使其处于模具的动模和定模中间沿注射机轴向运动，便于制品从模具的两个分型面中取出。常用的支承方式有导柱支承、上吊式横梁支承、下导轨架支承三种。各种支承结构各有特点，可以按模具结构和企业实际情况来确定。

3）动模。动模和普通模具一样安装于注射机的动模板上，在开模时随注射机动模板运动，并在动模和定模一侧各设置有顶出机构。

为了顺利地将双层式模具的两个分型面按要求分开，并将塑件从模腔中脱出，需设置相应的顶出机构。目前，双层式模具一般采用如图6—11所示的三种装置来驱动两个分模面的分开。

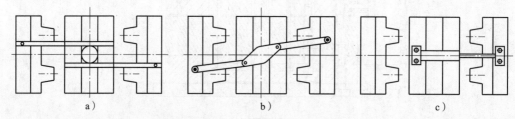

图6—11　双层模具开模机构形式

a）齿轮齿条式　b）铰链杠杆式　c）液/气压式

齿轮齿条式：模具上有两对齿条，一对固定在模具定模上，另一对固定在模具动模上，动、定模同侧的齿条相反，分别与固定在中间体上的一对齿轮齿条啮合，开模时，由齿轮、齿条装置实现两个分型面的同步启闭。

铰接杠杆式：由固定在动模、定模上交错的两对杠杆与固定在中间体上的一对铰链连接，来实现两个分型面的启闭。

液/气压式：由单独的液/气缸控制中间体的运动从而实现两个分型面的启闭。

随着塑料成型工艺和模具技术水平的不断发展，双层式注射模将更多地应用于塑料制件的成型加工，这为注射产品降低成本、提高效率和产品的市场竞争力开辟又一新途径。

## 二、制定模具零件加工工艺分析知识

模具加工工艺规程是规定模具零部件机械加工工艺过程和操作方法等的工艺文件。也就是说，一个模具零件可以用几种不同的加工工艺方法来制造。在具体的生产条件下，确定一种较合理的加工工艺和操作方法，并按规定的形式书写成工艺技术文件，经审批后用来指导生产，这类文件就是模具加工的工艺规程。这里面包括各个工序的排列顺序、加工尺寸、公差及技术要求、工艺设备及工艺措施、切削用量及工时定额等内容。

模具生产工艺水平的高低、解决各种工艺问题的方法和手段都要通过模具加工工艺规程来体现，在很大程度上决定了能否高效、低成本地加工出合格产品。因此，模具加工工艺规程编制是一项十分重要的工作。

**1. 基本概念**

（1）生产过程。生产过程是将原材料或半成品转变成为成品的各有关劳动过程的综合。

一般模具产品，其生产过程主要包括以下几步。

1）生产技术准备过程。主要是完成模具产品投入生产前的各项生产和技术准备工作。如模具方案策划、结构设计、工艺设计、标准件配购、普通或成型零件的工艺规程编制；刀具、工装等各种生产资料的准备，以及生产组织等方面的准备工作。

2）毛坯的制造过程，如铸造、锻造。

3）零件的各种加工过程，如机械加工、热处理、其他表面处理等。

4）模具的装配过程，包括部装、总装、检验、试模、油封等。

5）验收与试用，根据模具的验收技术标准与合同规定进行。

6）各种生产服务活动，如生产中原材料、半成品、标准件、外构件和工具的准备、供应、运输、保管，以及产品的包装和发运等。

模具的生产过程还是相当复杂的，从生产组织、降低成本、提高生产效率来看，现代模具工业的发展趋势是专业化生产，使其变得比较简单。如模具零件毛坯的生产，由专业化的毛坯生产工厂来承担；模具上的导柱、导套、顶杆等零件和模架，由专业化的标准件厂来完成。这既有利于模具上各种零件质量的保证，也有利于降低成本，提高生产效率。对于专业化零部件制造厂和模具制造厂都是有利的。

（2）工艺过程。工艺过程是指在模具产品的生产过程中，那些与使原材料成为成品直接有关的过程，如毛坯制造、机械加工、热处理、装配等。

（3）模具机械加工工艺过程的组成。用机械加工的方法，直接改变毛坯的形状、尺寸和表面质量，使之成为产品零件的那部分工艺过程，称为模具机械加工工艺过程。将合理的机械加工工艺过程确定后，以文字和图表形式作为加工的技术文件，即为模具机械加工工艺过程。

模具机械加工工艺过程由若干个按顺序排列的工序组成，而每一个工序又可依次细分为安装与工位、工步与走刀工序。

工序是工艺过程的基本单元，是一个（或一组）工人，在一个固定的工作地点（如机床或钳工台等），对一个（或同时几个）工件所连续完成的那部分工艺过程。划分工序的主要依据是零件在加工过程中的工作地点、加工对象是否改变，以及加工是否连续完成。如果不能满足其中一个条件，即构成另外一个工序。

1）工步与走刀。在一个工序内，往往需要采用不同的刀具和切削用量，对不同的表面进行加工。为了便于分析和描述工序的内容，工序还可以进一步划分为工步。当加工表面、切削工具和切削用量中的转速与进给量均不变时，所完成的那部分工序称为工步。

在一个工步内由于被加工表面需切除的金属层较厚，需要分几次切削，则每进行一次切削就是一次走刀。走刀是工步的一部分，一个工步可包括一次或几次走刀。

2）安装与工位。工件在加工之前，在机床或夹具上先占据一个正确的位置，这就是定位。工件定位后再予以夹紧的过程称为装夹。工件经一次装夹后所完成的那一部分工序称为安装。在一个工序内，工件的加工可能只需一次装夹，也可能需要几次装夹。工件在加工过程中应尽量减少装夹次数。因为多一次装夹就多一次误差，而且还增加了装夹工件的辅助工作时间。

为了减少工件安装的次数，常采用各种回转工作台、回转夹具或位移夹具，使工件在一次安装中先后处于几个不同的位置进行加工。此时，工件在机床上占据的每一个加工位置都称为工位。

（4）生产纲领。生产纲领是指包括废品、备件在内的该产品（或零件）的年产量。在制定工艺规程时，一般按产品（或零件）的生产纲领来确定生产类型。零件的生产纲领可按下式计算：

$$N = Qn \ (1 + a) \ (1 + b)$$

式中　$N$——零件的生产纲领；

　　　$Q$——产品的生产纲领；

　　　$n$——每台产品中该零件的数量；

　　　$a$——该零件的备品率；

　　　$b$——该零件的废品率。

（5）生产类型。生产类型是指产品生产纲领的大小和品种的多少。模具制造业的生产类型主要可分为单件生产和成批生产两种类型。

1）单件生产。单件生产的产品品种较多，每件产品的产量很少，同一个工作地点的加工对象经常改变，且很少重复生产。如新产品试制用的各种模具、大型模具等都属于单件生产。

2）成批生产。成批生产的产品品种不是很多，但每种产品均有一定的数量，工作地点的加工对象周期性地更换。如模具中常用的标准模板、模座、导柱、导套等零件及标准模架等多属于成批生产。

不同的生产类型所考虑的工艺装备、加工方法、对工人的技术要求、生产成本、零件的互换性等都不相同，在制定工艺路线时必须明确该产品的生产类型。各种生产类型的工艺特点见表6—1。

表6—1　　　　　　　　　　各种生产类型的工艺特点

| 工艺特点 | 单件生产 | 成批生产 |
| --- | --- | --- |
| 零件的互换性 | 用修配法，钳工修配缺乏互换性 | 具有广泛的互换性 |
| 毛坯制造方法 | 手工造型或自由锻造，毛坯精度低，加工余量大 | 广泛采用毛坯制造的高效方法，精度高，加工余量小 |
| 机床 | 通用机床 | 广泛采用高效专用机床和自动机床 |
| 工艺装备 | 大多采用通用夹具、标准附件、通用刀具和万能量具 | 广泛采用专用高效夹具、复合刀具、专用量具或自动检具 |
| 对工人的技术要求 | 需技术水平较高的工人 | 对工人的技术水平要求较低 |
| 工艺文件 | 有简单的工艺过程卡 | 有详细的工艺文件 |
| 生产效率与成本 | 生产效率低、成本高 | 生产效率高、成本低 |

## 2. 工艺规程制定的原则和步骤

（1）工艺规程的作用

1）工艺规程是指导生产的主要技术文件。

2）工艺规程是生产组织和生产管理的依据，即是生产计划、调度、工人操作和质量检验等工作的依据。

3）生产前用工艺规程作生产准备，生产中用其作生产指挥，生产后用其作生产的检验。

（2）制定工艺规程的原则。制定工艺规程的原则是在一定的生产条件下，所编制的工艺规程能以最少的劳动量和最低的费用，可靠地加工出符合图样及技术要求的零件。也就是在保证产品质量的前提下，同时兼顾经济性。工艺人员必须认真研究原始资料，如产品图样、生产纲领、毛坯资料、生产条件的状况等，参照同行业工艺技术的发展，综合本部门的生产实践经验和现有条件，进行工艺文件的编制。主要体现在以下三个方面的要求。

1）技术上的先进性。要了解国内外本行业工艺技术的发展。通过必要的工艺试验，优先采用先进工艺技术和工艺装备，同时，还要充分利用现有生产条件。

2）经济上的合理性。在一定的生产条件下，可能会出现几个工艺方案。此时，应全面考虑，并通过核算或评比来选择经济上最合理的方案，使产品的成本达到最低。

3）有良好的劳动条件。要保证工人具有良好、安全的劳动条件，通过机械化、自动化等途径，把工人从笨重的体力劳动中解放出来。

（3）制定工艺规程的步骤

制定工艺规程一般可按以下步骤进行。

1）对产品装配图和零件图的分析与工艺审查。

2）确定生产类型。

3）确定毛坯的种类和尺寸。

4）选择定位基准和主要表面的加工方法，拟定零件加工工艺路线。

5）确定各工序余量，计算工序尺寸和公差，提出其技术要求。

6）确定机床、工艺设备、切削用量及时间定额。

7）填写工艺文件。

（4）模具工艺规程的形式。为了适应工业发展的需要，加强科学管理和便于交流，模具工艺规程的形式已经标准化。常见的模具工艺规程形式有模具机械加工工艺过程卡、模具机械加工工序卡、模具机械加工工序操作指导卡、检验卡等。其中最常用的就是模具机械加工工艺过程卡和模具机械加工工序卡。

1）模具机械加工工艺过程卡。表6—2为模具机械加工工艺过程卡，它是以工序为单位，简要说明产品或零、部件的加工过程的一种工艺文件。它是生产管理的主要技术文件，广泛用于成批生产和单件小批生产中比较重要的零件。

表 6—2　　　　　　　　　　　模具机械加工工艺过程卡

| （厂名） | 工艺过程综合卡片 | 名称型号 | | 零件名称 | | 零件图号 | | | |
|---|---|---|---|---|---|---|---|---|---|
| | | 材料 | 名称 | 毛坯 | 种类 | 零件质量 | 毛重 | | 第　页 |
| | | | 牌号 | | 尺寸 | | 净重 | | 共　页 |
| | | | 性能 | | | | 每批件数 | | |

| 工序号 | 工序内容 | 加工车间 | 设备名称 | 工艺装备名称编号 | | | 技术等级 | 时间定额（min） | |
|---|---|---|---|---|---|---|---|---|---|
| | | | | 夹具 | 刀具 | 量具 | | 单件 | 准备终结 |
| | | | | | | | | | |
| | | | | | | | | | |
| | | | | | | | | | |
| 更改内容 | | | | | | | | | |
| 编制 | | 校对 | | 审核 | | | 会签 | | |

2）模具机械加工工序卡。表 6—3 所示为模具机械加工工序卡，它是以工序为单位，详细说明零件工艺过程的工艺文件，用来指导工人操作和帮助管理人员及技术人员掌握零件的加工过程。模具机械加工工序卡主要用于大批量生产中的所有零件、中批生产中的重要零件和单件小批生产中的关键工序。

表 6—3　　　　　　　　　　　模具机械加工工序卡

| 机械加工工序卡片 | 产品型号 | | 零（部）件图号 | | 共　页 |
|---|---|---|---|---|---|
| | 产品名称 | | 零（部）件名称 | | 第　页 |
| | 车间 | | 工序名称 | 材料牌号 | |
| | 毛坯种类 | 毛坯外形尺寸 | 每坯件数 | 每台件数 | |
| | 设备名称 | 设置型号 | 设备编号 | 同时加工件数 | |
| | 夹具编号 | 夹具名称 | 切削液 | | |
| | | | 工序工时 | | |
| | | | 准终 | 单件 | |

续表

| 工步内容 | 工艺装备 | 主轴转速<br>（r/min） | 切削速度<br>（m/min） | 进给量<br>（mm/r） | 进给<br>次数 | | 工时定额（min） | |
|---|---|---|---|---|---|---|---|---|
| | | | | | | | 机动 | 辅助 |
| | | | | 编制（日期） | 审核（日期） | | 会签（日期） | |
| 更改文件号 | 签字 | 日期 | | | | | | |

（5）工艺规程的应用

1）工艺过程综合卡片。工艺过程综合卡片主要列出了整个零件加工所经过的工艺路线（包括毛坯、机械加工、热处理等），它是制定其他工艺文件的基础，也是生产技术准备、编制作业计划和组织生产的依据。在单件小批生产中，一般简单零件只编制工艺过程综合卡，作为工艺指导文件。

2）工艺卡片。工艺卡片是以工序为单位，详细说明整个工艺过程的工艺文件。它不仅标出工序顺序、工序内容，同时对主要工序还标示出工步内容、工位及必要的加工简图或加工说明。此外，还包括零件的工艺特性（材料、质量、加工表面及其精度、表面粗糙度要求等）、毛坯性质和生产纲领。在成批生产中广泛采取这种卡片，对单件小批生产中的某些重要零件也要制定工艺卡片。

3）工序卡片。工序卡片是在工艺卡片的基础上分别为每一个工序制定的，是用来具体指导工人进行操作的一种工艺文件。工序卡片中详细记载了该工序加工所必需的工艺资料，如定位基准、安装方法、机床、工艺装备、工序尺寸及公差、切削用量、工时定额等。在大批量生产中，广泛采用这种卡片。在中小批生产中，对个别重要工序有时也编制工序卡片。

**3. 产品图样的工艺分析**

模具零件图、总装图、部件装配图及验收标准是制定工艺规程最主要的原始资料。在制定工艺时，首先要认真分析，了解零件的功用和相关零件间的配合，以及主要技术要求制定的依据，深刻地理解零件结构上的特征和主要技术要求，以便从加工制造的角度来分析零件的工艺性是否良好，为合理制定工艺规程作好必要的准备。总的原则是在满足使用要求的前提下，按现有的生产条件能用较经济的方法方便地加工出来。

（1）模具零件的结构工艺分析。模具零件的结构具有各种形状尺寸。在研究具体零件的结构特点时，首先要分析该零件是由哪些表面组成的，因为表面形状是选择加工方法的基本因素。模具零件都是由一些基本的表面和特殊表面组成的。基本表面有内、外圆柱表面，圆锥表面，平面等，特殊表面主要有螺旋面、渐开线形表面及其他一些成形表面等。例如，外圆表面一般可由车削和磨削加工出来，内孔则多通过钻、扩、铰、镗、磨削等加工方法获得。其次，表面尺寸对工艺有重要的影响，以内孔为例，大孔与小孔、深孔与浅孔在工艺上均有不同的特点。因此，在分析零件的结构时，不仅要注意零件的各个构成表面本身的特征，而且还要注意这些表面的不同组合。正是这些不同的组合才形成零件结构上的特点。例如，以内、外圆为主的表面，既可组成盘、环类零件，也可构成套筒类零件。对于套筒类零件，既可是一般的轴套，也可以是形状复杂的薄壁套筒。上述不同结构的零件在工艺上往往有着较大的差异。

（2）模具零件的技术要求分析。模具零件的技术要求对制定工艺方案有重要的影响。主要包括下列几个方面。

1）主要加工表面的尺寸精度。

2）主要加工表面的几何形状精度。

3）主要加工表面之间的相互位置精度。

4）零件表面质量。

5）零件材料、热处理及其他要求。

根据零件结构特点，在认真分析了零件主要表面的技术要求之后，对零件加工工艺即可有一初步的轮廓。首先，根据零件主要表面的精度和表面质量的要求，初步确定为达到这些要求所需的最终加工方法，然后再确定相应的中间工序及粗加工工序所需的加工方法。例如，对于孔径不大的IT7级精度的内孔，最终加工方法取精铰时，则在精铰孔之前，通常要经过钻孔、扩孔、粗铰孔等加工过程。其次，根据各加工表面之间的相对位置要求，包括表面之间的尺寸链和相对位置精度，即可初步确定各加工表面的加工顺序。同时，要注意模具零件的热处理要求影响着加工方法和加工余量的选择，对零件加工工艺路线的安排也有一定的影响。例如，要求渗碳淬火的零件，热处理后一般变形较大。对于零件上精度要求较高的表面，工艺上要安排精加工工序（多为磨削加工），而且要适当加大精加工的工序加工余量。

在研究零件图时，如发现图样上的视图、尺寸标准、技术要求有错误或遗漏，或结构工艺性不好时，应提出修改意见。但修改时必须征得设计人员的同意，并经过一定审批手续。必要时，与设计人员协商改进，以确保在保证产品功用的前提下，更容易将其制造出来。

**4. 毛坯的设计**

模具零件毛坯是根据模具零件所要求的形状、工艺尺寸等而制成的供进一步加工用的生产对象。毛坯设计的基本任务就是确定毛坯的制造方法及制造精度。模具零件的毛坯设计是否合理，对于模具零件加工的工艺性与质量、模具寿命，以及生产率、经济型都有很大的影响，不能片面地追求某一项指标而忽略了其他指标。例如，选择高精度的毛坯，可减少机械加工劳动量和材料消耗，提高机械加工生产率，降低加工成本，但却提高了毛坯的制造费用。因此，要综合考虑，以获得最佳效果。在毛坯设计中，主要考虑以下两个方面。

（1）模具零件几何形状特征和尺寸关系。当模具零件的不同外形表面尺寸相差较大时，如大型凸缘式模柄零件，为了节省原材料和减少机械加工工作量，应该选择锻件毛坯的形式。

（2）模具材料的类别。根据模具设计中规定的模具材料类别，可以确定毛坯形式。例如，精密冲裁模的上下模座多为铸钢材料；大型覆盖件拉深模的凸模、凹模和压边圈零件为合金铸铁时，这类零件的毛坯形式必然为铸件；非标准模架上下模座材料多为45钢，毛坯形式应该是厚钢板的原型材；精密冲裁模和重载冲压模的工作零件，多为高碳高合金工具钢，毛坯形式应该为锻造件；高寿命冲裁模的工作零件材料多为硬质合金材料，毛坯形式为粉末冶金件；模具结构中的一般结构件，则多选择原型材毛坯形式。

模具零件的毛坯形式主要分为原型材、锻件、铸件和半成品件四种。

1）原型材。原型材是指利用冶金材料厂提供的各种截面的棒料、丝料、板料或其他形状截面的型材，经过下料以后直接送往加工车间进行表面加工的毛坯。

2）锻件。锻件是指原型材下料，再通过锻造来获得合理的几何形状和尺寸的坯料，称为锻件毛坯。主要是为改善毛坯材料的力学性能，获得与模具零件接近的形状。

3）铸件。在模具零件中常见的铸件有：冲压模具的上模座和下模座，大型塑料模的框架等，材料为灰铸铁 HT200 和 HT250；精密冲裁模的上模座和下模座，材料为铸钢 ZG270－500；大、中型冲压成型模的工作零件，材料为球墨铸铁和合金铸铁；吹塑模具和注射模具中的铸造铝合金，如铝硅合金 ZL102 等。

对于铸件的质量要求主要有以下几点：

①铸件的化学成分和力学性能应符合图样规定的材料牌号标准。

②铸件的形状和尺寸要求应符合铸件图样的规定。

③铸件的表面应进行清砂处理，取出结疤、飞边和毛刺，其残留高度应小于1～3 mm。

④铸件内部，特别是靠近工作面处不得有气孔、砂眼、裂纹等缺陷；非工作面不得有严重的疏松和较大的缩孔。

⑤铸件应及时进行热处理，铸钢件依据牌号确定热处理工艺，一般以完全退火为主，退火后硬度不大于229HBW；铸铁件应进行时效处理，以消除内应力和改善加工性能，铸铁件热处理后的硬度不大于269HBW。

4）半成品件。随着模具专业化和专门化的发展以及模具标准化的提高，以商品形式出现的冷冲模架、矩形凹模板、矩形模板、矩形垫板等零件（GB/T 2851—2008、GB/T 2852—2008、JB/T 7643.1～6—2008、JB/T 7644.1～8—2008），以及塑料注射模标准模架的应用日益广泛。采购这些半成品件后，再进行成型表面和相关部位的加工，这对降低模具成本和缩短模具制造周期都是大有好处的。这种毛坯形式应该成为模具零件毛坯的主要形式。

**5. 定位基准的选择**

模具零件加工中定位基准选择的好坏，不仅影响零件加工的位置精度，而且对零件各表面的加工顺序也有很大影响。因此，在制定零件加工的工艺规程时，正确地选择工件定位基准有着十分重要的意义。

（1）基准的概念。零件总是由若干表面组成的，各表面之间有一定的尺寸和相互位置要求。模具零件表面间的相对位置包括两方面要求：表面间的距离尺寸精度和相对位置精度（如同轴度、平行度、垂直度、圆跳动等）。相对位置关系就是相对的，就是以一个为参照来确定另一个，这就离不开基准。基准就其一般意义来讲，就是零件上用以确定其他点、线、面的位置所依据的点、线、面。基准按其作用不同，可分为设计基准和工艺基准两大类。

1）设计基准。在零件图上用以确定其他点、线、面的基准，称为设计基准。如图6—12所示的零件图，轴线 $O—O'$ 是各外圆表面和内孔的设计基准；端面 $A$ 是端面 $B$、$C$ 的设计基准；内孔表面 $D$ 的轴线 $O—O'$ 是 $\phi40h6$ 外圆表面径向圆跳动和端面 $B$ 的端面圆跳动的设计基准。

2）工艺基准。零件在加工和装配过程中所使用的基准称为工艺基准。工艺基准按用途不同，又分为定位基准、测量基准和装配基准。

①定位基准。加工时使工件在机床或夹具中占据一正确位置所用的基准，称为定位基准。如图6—12所示，零件套在心轴上磨削 $\phi40h6$ 外圆表面时，内孔即为定位基准。

②测量基准。零件校验时，用以测量已加工表面尺寸及位置的基准，称为测量基准。如图6—12所示，当以内孔为基准（套在检验心轴上）检验 $\phi40h6$ 外圆的径向圆跳动和端面 $B$ 的端面圆跳动时，内孔即为测量基准。

③装配基准。装配时用以确定零件在部件或产品中位置的基准，称为装配基准。如图6—12所示，零件 $\phi40h6$ 及端面 $B$ 即为装配基准。

（2）工件的安装方式。为了在工件的某一部位上加工出符合技术要求的规定的表面，在机械加工前，就必须使工件在机床上相对于工具占据某一正确的位置。通常把这个过程称为工件的定位。工件定位以后，由于在加工中受到切削力、重力等的作用，还应采用一定的机构，将工件夹紧，使其位置保持不变。将工件从定位到夹紧的整个过程，统称为安装。工件安装的好坏，是模具加工中的一个重要问题，它不仅直接影响加工精度，工件安装的快慢、稳定性，还影响生产率的高低。

如图6—12所示，为了保证加工表面 $\phi40h6$ 及其径向圆跳动的要求，工件安装时必须使其作为设计基准的内控轴线 $O—O'$ 与机床主轴的轴线重合。

在各种不同的机床上加工零件时，有各种不同的安装方法，可以归纳为直接找正法、划线找正法和夹具安装法三种。

1）直接找正法。工件在机床上应占有正确的位置，这是通过一系列的尝试而获得的。具体的方式是将工件直接装在机床上后，用千分表或划针，以目测法校正工件的正确位置，一边校验，一边找正，直到合乎要求。

直接找正法的定位精度和找正的快慢，取决于找正方法、找正工具和工人的技术水平。缺点是花费时间多，生产率低，且要凭经验操作，对工人技术水平要求高。故仅用于单件、小批量生产中。此外，对工件的定位精度要求较高，例如误差小于0.05 mm时，如果采用夹具，因其本身制造误差，故难以达到要求，就不得不使用精密量具和由较高技术水平的工人用直接找

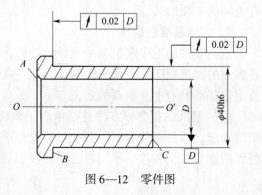

图6—12 零件图

正法来定位，以达到其精度要求。

2）划线找正法。它是在机床上用划针按毛坯或半成品上所划的线来找正工件，使其获得正确位置的一种方法。此法要多一道划线工序。划的线本身有一定宽度，划线时有划线误差，校正工件位置时还有观察误差，误差累积较多。多用于生产批量较小、毛坯精度较低，以及大型工件等不宜使用夹具的粗加工中。

3）夹具安装法。夹具是机床的一种附加装置，它在机床上相对刀具的位置，在工件未安装前已预先调整好。在加工一批工件时，不必再逐个找正定位，就能保证加工的技术要求，既省工又省事，是先进的定位方法。适用于成批和大量生产中。

（3）定位基准的选择。设计基准已由零件图给定，而定位基准可以有多种不同的方案。一般在第一道工序中只能选用毛坯表面来定位，在以后的工序中可以采用已经加工过的表面来定位。有时可能遇到这样的情况：工件上没有能作为定位基准用的恰当表面，此时就必须在工件上专门设置或加工出定位的基准面，称为辅助基准。辅助基准在零件工作中一般并无用途，完全是为了工艺上的需要，加工完毕后可以去掉。如图6—13所示为车床小刀架，A为工艺凸台，主要是为了加工时定位稳定可靠。工艺凸台A的定位面和定位面B同时加工出来。

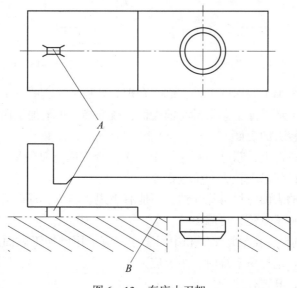

图6—13　车床小刀架

选择定位基准时，要从保证工件加工精度的要求出发，应先选择精基准，再选择粗基准。

1）粗基准的选择。在起始工序中，毛坯工件定位只能选择未经加工的毛坯表面，这种定位表面称为粗基准。粗基准的选择主要是为后续工序提供必要的定位基面。具体选择时应考虑下列原则。

①如果工件要求首先保证某重要表面的加工余量均匀，则应选择该表面为粗基准。如图6—14所示，冷冲模下模座的上表面是模具中其他零件的装配基准面，为保证该表

面有足够且均匀的加工余量，应先以该表面为粗基准加工下表面，然后再以下表面为精基准加工上表面。

②如果工件要求首先保证不加工表面与加工表面之间的位置要求，则应选择不加工表面为粗基准。如图6—15所示，模具导套的外圆柱面A通常不加工，但在加工内孔时应保证其壁厚均匀，所以在找正装夹时应选择外圆柱面A为粗基准。如果零件上有多个不加工表面，且与各自相关的加工表面均有位置要求时，应选择其中位置精度要求高的不加工表面作为粗基准，以达到壁厚均匀、外形对称等要求。

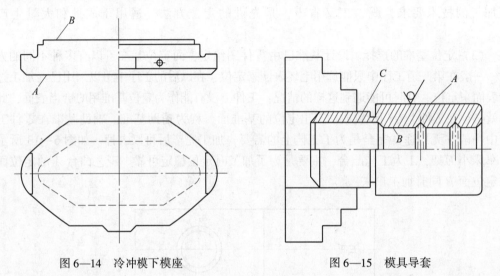

图6—14　冷冲模下模座　　　　　　图6—15　模具导套

③对于具有较多加工表面的工件，应按合理分配加工表面的加工余量为原则进行粗基准的选择，选择毛坯上加工余量最小的表面，或选择工件上加工面积较大，形状比较复杂、加工劳动量较大的表面。

④在同一尺寸方向上，粗基准只能使用一次，否则因重复使用所产生的定位误差，会引起相应加工表面间出现较大的位置误差。

⑤选作粗基准的表面应尽可能光洁，不能有飞边、浇口、冒口或其他缺陷，以便使定位准确、稳定，夹紧方便、可靠。

2）精基准的选择。在最终工序和中间工序，应采用已加工表面进行定位，这种定位基面称为精基准。选择精基准时，主要应考虑保证加工精度，其选择原则如下。

①基准重合原则。即选用设计基准作为定位基准，避免定位基准与设计基准不重合而引起的基准不重合误差。基准重合的情况能使本工序允许出现的误差加大，从而使加工更容易达到精度要求，经济性更好。如图6—16所示，当加工B、C表面时，从基准重合原则出发，应选择设计基准表面A为定位基准。

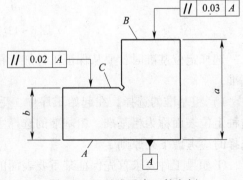

图6—16　基准重合工件实例

②基准统一原则。应采用同一组基准定位加工零件上尽可能多的表面，这就是基准统一原则。这样做可以简化工艺规程的制定工作，减少夹具设计、制造的工作量和工作成本，并缩短生产准备周期。由于减少了基准转换，便于保证各加工表面的相互位置精度。例如，导柱加工时，采用两中心孔定位加工各外圆表面，就符合基准统一原则。

③自为基准原则。某些要求加工余量小而均匀的精加工工序，选择加工表面本身作为定位基准，称为自为基准原则。例如，用浮动镗刀镗导柱或导套安装孔，以及珩磨孔、拉孔、无心磨外圆等都是自为基准的实例。

④互为基准原则。当对工件上两个相互位置精度要求很高的表面进行加工时，需要用两个表面相互作为基准，反复进行加工，以保证位置精度要求。例如，要保证精密齿轮的齿圈跳动精度，就可以在齿面淬硬后先以齿面定位磨内孔，再以内孔定位磨齿面，从而保证位置精度。

⑤便于装夹原则。所选择的精基准应保证工件安装可靠，夹具设计简单、操作方便。

无论是精基准还是粗基准的选择，上述原则中每一项都只能说明一个方面的问题，实际应用时往往会出现相互矛盾的情况，这就需要全面考虑，灵活运用，保证重点。

**6. 零件工艺路线分析与拟定**

工艺路线不但影响加工的质量和生产效率，而且影响到工人的劳动强度、设备投资、车间面积、生产成本等。因此，在制定模具的加工工艺规程时，应在充分调查研究的基础上，提出多种方案并进行分析比较。

拟定工艺路线就是制定工艺过程的总体布局。其主要任务是选择各个表面的加工方法和加工方案，确定各个表面的加工顺序，以及整个工艺过程中工序数目等。

除定位基准的合理选择外，拟定工艺路线还要考虑零件各表面加工方法的选择、加工阶段的划分、工序的集中与分散和加工顺序的安排四个方面。

（1）零件各表面加工方法的选择

1）首先要保证加工表面的加工精度和表面粗糙度的要求。由于获得同一精度及表面粗糙度的加工方法往往有若干种，实际选择时还要结合零件的结构形状、尺寸大小，以及材料和热处理等要求全面考虑。例如，对于 IT7 级精度的孔，采用镗削、铰削、拉削、磨削等方法均可达到要求，但型腔体上的孔，一般不宜选择拉削和磨削，而是常选择镗削或铰削，其中孔径大时选择镗削，孔径小时选择铰削。

2）工件材料的性质对加工方法的选择也有影响，如淬火钢应采用磨削加工，有色金属零件，为避免磨削时堵塞砂轮，一般都采用高速镗、精密铣或高速精密车削等方法进行精加工。

3）在保证质量的前提下，还应考虑生产效率和经济性的要求。大批量生产时，应尽量采用高效率的先进工艺方法。在年产量不大的生产情况下，如若盲目采用专用设备，则会因为设备利用率不高，而造成较大的经济损失。此外，任何一种加工方法，可以获得的加工精度和表面质量均有一个相当大的范围。但只有在一定的精度范围内才是经济的，这种一定范围的加工精度，即为该种加工方法的经济精度。选择加工方法时，应根据工件的精度要求选择与经济精度相适应的加工方法。

4）要考虑本厂、本车间现有设备情况及技术条件。充分利用现有设备，挖掘企业潜力、发挥工人和技术人员的积极性和创造性，同时也应考虑不断改进现有的方法和设备，推广新技术，提高工艺水平。

（2）加工阶段的划分。对于加工质量要求较高的零件，工艺过程应分阶段进行，这样才能保证零件的精度要求，充分利用人力、物力资源。模具加工工艺过程一般可分为以下几个阶段。

1）粗加工阶段。本阶段任务是切除各加工表面上的大部分加工余量，使毛坯在形状和尺寸上尽量接近成品。因此，在此阶段中应尽量采取能提高生产率的加工方法和措施。

2）半精加工阶段。本阶段任务是使主要表面消除粗加工留下的误差，达到一定的精度及留有精加工余量，为精加工作好准备，并完成一些次要表面（如钻孔、铣槽等）的加工。

3）精加工阶段。本阶段主要任务是去除半精加工所留的加工余量，使工件各主要表面达到图样要求的尺寸精度和表面粗糙度。

4）光整加工阶段。对于精度和表面粗糙度要求很高，如 IT6 级及 IT7 级以上的精度，表面粗糙度 $Ra$ 值为 0.4 μm 的零件可采用光整加工。但光整加工一般不用于纠正几何形状和相互位置误差。

工艺过程分阶段的主要原因如下：

● 保证加工质量。工件经粗加工时切除金属较多，产生较大的切削力和切削热，同时也需要较大的夹紧力，而且加工后内应力要重新分布。在这些力和热的作用下，工件会发生较大的变形。如果不分阶段地连续进行粗精加工，就无法避免上述原因所引起的加工误差。加工过程分阶段后，粗加工造成的加工误差，通过半精加工即可得到纠正，并逐步提高零件的加工精度和减小表面粗糙度数值，保证零件加工的质量。

● 合理使用设备。加工过程划分阶段后，粗加工可采用功率大、刚度好和精度低的高效率机床加工，以提高生产效率。精加工则可采用高精度机床加工，以确保零件的精度要求。这样才能做到设备的合理使用。

● 便于安排热处理工序。对于一些精密零件，粗加工后安排去应力的时效处理，可减少内应力变形对精加工的影响；半精加工后安排淬火不仅容易满足零件的性能要求，而且淬火引起的变形也可通过精加工工序予以消除。

此外，粗、精加工分开后，毛坯的缺陷（如气孔、砂眼、加工余量不足等）可在粗加工后及早发现，及时决定修补或报废，以免对应报废的零件继续精加工而造成浪费。精加工表面安排在后面，还可以保护其不受损伤。

在拟定工艺路线时，一般应遵循划分加工阶段这一原则。但具体运用时要灵活掌握，不能绝对化。例如，对于要求较低而刚度又较好的零件，可不必划分加工阶段。对于一些刚度好的重型零件，由于装夹吊运很费工时，往往不划分加工阶段，而是在一次安装中完成表面的粗、精加工，更易保证位置精度。

（3）工序的集中与分散。对同一个工件的同样加工内容，可安排两种不同形式的工艺规程：一种是工序集中，另一种是工序分散。所谓工序集中，是使每个工序中包括尽可能多的工步内容，因而使总的工序数目减少，夹具的数目和工件的安装次数也相应地减少。所谓工序分散，是将工艺路线中的工步内容分散在更多的工序中去完成，因而每道工序的工步少，工艺路线长。

工序集中和工序分散的特点都很突出。工序集中有利于保证各加工面间的相互位置精度要求，有利于采用自动化程度高的机床设备，节省装夹工件的时间，减少工件的搬运次数。工序分散可使每个工序使用的设备和装夹比较简单，调整、对刀也比较容易，对操作工人的技术水平要求较低。

传统的流水线、自动线生产多采用工序分散的组织形式（个别工序也有相对集中的形式，例如，对箱体类零件采用专用组合机床加工孔系等）。这种组织形式可以实现高效率生产，但是适应性较差，特别是那些工序相对集中、专用组合机床较多的生产线，转产比较困难。

采用高效自动化机床，以工序集中的形式组织生产（典型的例子是采用加工中心机床组织生产），除了具有上述工序集中的优点以外，还有生产适应性强，转产相对容易的优点，因而虽然设备价格昂贵，仍然得到越来越多的应用。

（4）加工顺序的安排

1）切削加工顺序的安排。机械切削加工顺序的安排，应考虑以下几个原则。

①先粗后精。当零件需要分阶段进行加工时，先安排各表面的粗加工，中间安排半精加工，最后安排主要表面的精加工和光整加工。由于次要表面精度要求不高，一般粗、半精加工即可完成。对于那些与主要表面相对位置关系密切的表面，通常多置于主要表面精加工之后进行加工。

②先主后次。零件上的装配基面和主要工作表面等先安排加工。而键槽、紧固用的光孔和螺孔等由于加工面小，往往又和主要表面有相互位置要求，一般应安排在主要表面达到一定精度之后（如半精加工之后），但应在最后精加工之前加工。

③基面先行。每一个加工阶段总是先安排基面加工工序，以便后续工序用此基面定位，加工其他表面。

④先面后孔。对于模座、凹凸模固定板、型腔固定板、推板等一般模具零件，平面所占轮廓尺寸较大，用平面定位比较稳定可靠。因此，其工艺过程总是首先选择平面作为定位精基准面，先加工平面再加工孔。

2）热处理工序的安排。模具零件常采用的热处理工艺有退火、正火、调质、时效、淬火、回火、渗碳、氮化等。按照热处理目的，将上述热处理工艺可大致分为预先热处理和最终热处理两大类。

①预先热处理。预先热处理包括退火、正火、时效、调质等。这类热处理的目的是改善加工性能，消除内应力和为最终热处理作组织准备，其工序位置多在粗加工前后。

②最终热处理。最终热处理包括各种淬火、回火、渗碳、氮化处理等。这类热处理的目的主要是提高零件材料的硬度和耐磨性，常安排在精加工前后。

3）辅助工序的安排。辅助工序包括工件的检验、去毛刺、清洗、涂防锈油等。其中，检验工序是主要的辅助工序，它对保证零件质量有极其重要的作用。检验工序应安排在以下几个位置。

①粗加工全部结束后，精加工之前。

②零件从一个车间转向另一个车间前后。

③重要工序加工前后。

④零件加工完毕前后。

钳工去毛刺一般安排在易产生毛刺的工序之后，检验及热处理工序之前。清洗和涂防锈油工序安排在零件加工之后，进入装箱和成品库前进行。

外圆表面、内孔表面、平面三种简单几何表面常用的加工方案见表6—4～表6—6。

**表6—4**               **外圆表面加工方案**

| 序号 | 加工方案 | 经济精度 | 经济表面粗糙度 $Ra$（μm） | 适用范围 |
|---|---|---|---|---|
| 1 | 粗车 | IT11 | 12.5 | 适用于加工淬火钢以外的各种金属 |
| 2 | 粗车—半精车 | IT10～IT8 | 6.3～3.2 | |
| 3 | 粗车—半精车—精车 | IT8～IT7 | 1.6～0.8 | |
| 4 | 粗车—半精车—精车—滚压（或抛光） | IT8～IT7 | 0.2～0.025 | |
| 5 | 粗车—半精车—磨削 | IT8～IT7 | 0.8～0.4 | 主要适用于加工淬火钢，也可用于加工非淬火钢，但不宜加工有色金属 |
| 6 | 粗车—半精车—粗磨—精磨 | IT7～IT6 | 0.4～0.1 | |
| 7 | 精车—半精车—粗磨—精磨—超精加工（或轮式超大型精磨） | IT5 | 0.1～$Rz$ 0.1 | |
| 8 | 精车—半精车—精车—金刚石车 | IT7～IT6 | 0.4～0.025 | 主要适用于加工要求较高的有色金属 |
| 9 | 精车—半精车—粗—精磨—超大型精磨或镜面磨 | IT5以上 | 0.025～$Rz$0.05 | 适用于加工精度极高的外圆 |
| 10 | 粗车—半精车—粗磨—精磨—研磨 | IT5以上 | 0.1～$Rz$0.05 | |

**表6—5**               **内孔表面加工方案**

| 序号 | 加工方案 | 经济精度 | 经济表面粗糙度 $Ra$（μm） | 适用范围 |
|---|---|---|---|---|
| 1 | 钻 | IT11 | 12.5 | 主要适用于加工未淬火钢及铸铁的实心毛坯，也适用于有色金属的加工。孔径小于15 mm |
| 2 | 钻—铰 | IT10～IT8 | 6.3～1.6 | |
| 3 | 钻—粗铰—精铰 | IT8～IT7 | 1.6～0.8 | |
| 4 | 钻—扩 | IT11～IT10 | 12.5～6.3 | 主要适用于加工未淬火钢及铸铁的实心毛坯，也适用于有色金属的加工。孔径大于15 mm |
| 5 | 钻—扩—铰 | IT9～IT8 | 3.2～1.6 | |
| 6 | 钻—扩—粗铰—精铰 | IT7 | 1.6～0.8 | |
| 7 | 钻—扩—机铰—手铰 | IT7～IT6 | 0.4～0.1 | |

| 序号 | 加工方案 | 经济精度 | 经济表面粗糙度 $Ra$（μm） | 适用范围 |
|---|---|---|---|---|
| 8 | 钻—扩—拉 | IT9～IT7 | 1.6～0.1 | 适用于大批量生产（精度由拉刀的精度而定） |
| 9 | 粗镗（或扩孔） | IT11 | 12.5 | |
| 10 | 粗镗（粗扩）—半精镗（精扩） | IT10～IT9 | 3.2～1.6 | |
| 11 | 粗镗（粗扩）—半精镗（精扩）—精镗（铰） | IT8～IT7 | 1.6～0.8 | 适用于加工除淬火钢以外的各种材料，毛坯已有底孔 |
| 12 | 镗（粗扩）—半精镗（精扩）—精镗（铰）—浮动镗刀精镗 | IT7～IT6 | 0.8～0.4 | |
| 13 | 粗镗（粗扩）—半精镗（精扩）—磨孔 | IT8～IT7 | 0.8～0.2 | 主要适用于加工淬火钢，也可用于加工非淬火钢，但不宜加工有色金属 |
| 14 | 粗镗（粗扩）—半精镗（精扩）—粗磨—精磨 | IT7～IT6 | 0.2～0.1 | |
| 15 | 粗镗—半精镗—精镗—精细镗（金刚镗） | IT7～IT6 | 0.4～0.05 | 主要适用于加工要求较高的有色金属 |
| 16 | 钻—（扩）—粗铰—精铰—珩磨；<br>钻—（扩）—拉—珩磨；<br>粗镗—半精镗—精镗—珩磨 | IT7～IT6 | 0.2～0.025 | 适用于加工很高精度的孔 |
| 17 | 以研磨代替上述方法中的珩磨 | IT6～IT5 | 0.1～0.006 | |

表6—6　　　　　　　　　　　　平面加工方案

| 序号 | 加工方案 | 经济精度 | 经济表面粗糙度 $Ra$（μm） | 适用范围 |
|---|---|---|---|---|
| 1 | 粗车 | IT11 | 12.5 | |
| 2 | 粗车—半精车 | IT10～IT8 | 6.3～3.2 | 端面加工 |
| 3 | 粗车—半精车—精车 | IT8～IT7 | 1.6～0.8 | |
| 4 | 粗车—半精车—磨削 | IT8～IT6 | 0.8～0.2 | |
| 5 | 粗刨（或粗铣） | IT11 | 12.5 | 一般加工不淬硬平面（端铣 $Ra$ 值较小） |
| 6 | 粗刨（或粗铣）—精刨（或精铣） | IT11～IT8 | 6.3～1.6 | |

续表

| 序号 | 加工方案 | 经济精度 | 经济表面粗糙度 $Ra$（μm） | 适用范围 |
|---|---|---|---|---|
| 7 | 粗刨（或粗刨）—精刨（或精铣）—刮研 | IT7 ~ IT6 | 0.8 ~ 0.1 | 精度要求较高的不淬硬平面加工。批量大时宜采用此方案 |
| 8 | 以宽刃精刨代替上述刮研 | IT7 | 0.8 ~ 0.2 | |
| 9 | 粗刨（或粗铣）—精刨（或精铣）—磨削 | IT7 | 0.8 ~ 0.2 | 精度要求高的平面加工 |
| 10 | 粗刨（或粗铣）—精刨（或精铣）—粗磨—精磨 | IT7 ~ IT6 | 0.4 ~ 0.025 | |
| 11 | 粗铣—拉 | IT9 ~ IT7 | 0.8 ~ 0.2 | 大批生产的较小的平面（精度由拉刀的精度而定） |
| 12 | 粗铣—精铣—磨削—研磨 | IT5 以上 | 0.1 ~ $Rz$0.05 | 高精度平面加工 |

### 7. 加工余量与工序尺寸的确定

（1）加工余量。为了使加工表面达到所需的精度和表面质量而切出的金属层称为加工余量。确定加工余量是制定加工工艺的重要问题之一。加工余量过大，不但浪费金属，增加切削工时，增大机床和刀具的负荷和磨损，有时还会将加工表面所需保留的耐磨表面层（如床身导轨表面）切掉；加工余量过小，则不能消除前道工序的误差和表层缺陷，以致产生废品，或者使刀具切削在很硬的表层（如氧化皮、白口层）上，导致刀具急剧磨损。总之确定加工余量的基本原则是在保证加工质量的前提下尽量减少加工余量。

加工余量又分为工序余量和总加工余量。工序余量是指某表面在一道工序中所切出的金属层总厚度，它等于上道工序的加工尺寸（工序尺寸）与本工序要得到的加工尺寸之差。总加工余量是指由毛坯变为成品的过程中，在某表面上切除的金属层总厚度，它等于毛坯尺寸与成品尺寸之差，也等于该表面各工序余量之和。加工总余量和工序余量的关系可用下式表示：

$$Z_0 = Z_1 + Z_2 + \cdots + Z_n = \sum_{i=1}^{n} Z_i$$

式中　$Z_0$——加工余量；

$Z_i$——工序余量，$Z_1$ 为第一道粗加工工序的加工余量，它与毛坯的制造精度有关；

$n$——机械加工的工序数目。

工序余量还可定义为相邻两工序基本尺寸之差。按照这一定义，工序余量有单边余量和双边余量之分。零件非对称结构的非对称表面，其加工余量一般为单边余量，可表示为

$$Z_i = l_{i-1} - l_i$$

式中　$Z_i$——本道工序的工序余量；

$l_i$——本道工序的基本尺寸；

$l_{i-1}$——上道工序的基本尺寸。

零件对称结构的对称表面，其加工余量为双边余量，可表示为 $2Z_i = l_{i-1} - l_i$。

由于工序尺寸有公差，因此加工余量也必然在某一公差范围内变化，其公差大小等于本道工序尺寸公差与上道工序尺寸公差之和。一般情况下，工序尺寸的公差按"入体原则"标注。即对被包容尺寸（轴的外径，实体长、宽、高），其最大加工尺寸就是基本尺寸，上偏差为零。对包容尺寸（孔径、槽宽），其最小加工尺寸就是基本尺寸，下偏差为零。毛坯尺寸公差按双向对称偏差形式标注。

（2）影响工序余量的因素。除前述第一道粗加工工序余量与毛坯制造精度有关以外，其他工序的工序余量影响因素比较复杂，主要有以下几个方面。

1）上道工序的尺寸公差越大，则本道工序的余量越大。本道工序应切除上道工序尺寸公差中包含的各种可能产生的误差。

2）上道工序产生的表面粗糙度和表面缺陷层深度应在本道工序加工时切除掉。

3）空间误差是指轴线直线度误差和各种位置误差。上道工序留下的需要单独考虑的空间误差，应根据具体情况具体分析处理。

4）本工序的装夹误差会直接影响被加工表面与切削刀具的相对位置，应考虑这项误差。装夹误差包括定位误差和夹紧误差。

（3）确定加工余量的方法。确定加工余量的方法有经验法、查表法和计算法三种。

1）经验法。有一些有经验的工程技术人员或工人根据经验确定加工余量的大小。为了保证不致由于加工余量不够而出废品，估计出来的余量总是偏大。该方法多用于单件小批生产，在模具生产中广泛采用。

2）查表法。以工厂生产实践和实验研究积累的经验所制成的表格为基础，并结合实际加工情况加以修正，确定加工余量。这种方法方便、迅捷，生产上应用广泛。

3）计算法。在影响因素清楚的情况下，用计算法是比较准确的。要做到对余量影响因素清楚，必须具备一定的测量手段和掌握必要的统计分析资料。在掌握了各项误差因素大小的条件下，才能比较准确地计算余量。

（4）工序尺寸及公差的计算。工序尺寸及公差的计算分为工艺基准与设计基准重合和不重合两种情况。

1）基准重合时工序尺寸及公差的计算。生产上绝大部分加工面都是基准重合的情况，确定工序尺寸及公差时，由最后一道工序开始向前推算，计算步骤如下。

①查表或凭经验估计确定毛坯总余量和工序余量。

②求出工序基本尺寸。从设计尺寸开始，一直倒着推算到毛坯尺寸。

③确定工序尺寸公差。最终工序尺寸及公差等于设计尺寸及公差，其余工序尺寸及公差按经济精度确定，见表6—4～表6—6。

④标注工序尺寸及偏差。最后一道工序尺寸的公差按设计尺寸的公差标注，其余工序尺寸的公差按"入体原则"标注，毛坯尺寸的公差按对称偏差标注。

**例6—1** 如图6—17所示圆凹模上 $\phi 28^{+0.021}_{0}$ mm 的孔，经粗车—半精车—精车—热处理—磨孔达到

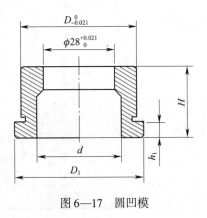

图6—17 圆凹模

设计要求，淬火硬度为 58～62HRC，$Ra = 0.8~\mu m$。试确定各工序尺寸及偏差。

**解**：通过查表或凭经验确定毛坯总余量、公差、工序余量，以及经济精度等级和表面经济粗糙度，然后计算工序基本尺寸。各项结果见表 6—7。

表 6—7 　　　　　　　　　　　　　工序尺寸及偏差的计算　　　　　　　　　　　　　　mm

| 工序名称 | 工序余量 | 工序基本尺寸 | 经济精度等级 | 表面经济粗糙度 $Ra$（$\mu m$） | 工序尺寸及偏差 |
|---|---|---|---|---|---|
| 磨孔 | 0.4 | 28 | H7（$^{+0.02}_{0}$） | 0.8 | $\phi 28^{+0.021}_{0}$ |
| 精车 | 1 | 28－0.4＝27.6 | H8（$^{+0.033}_{0}$） | 1.6 | $\phi 27.6^{+0.033}_{0}$ |
| 半精车 | 1.8 | 27.6－1＝26.6 | H10（$^{+0.21}_{0}$） | 3.2 | $\phi 26.6^{+0.084}_{0}$ |
| 粗车 | 2.8 | 26.6－1.8＝24.8 | H12（$^{+0.21}_{0}$） | 12.5 | $\phi 24.8^{+0.21}_{0}$ |
| 毛坯 | | 24.8－2.8＝22 | ±1.2 | | $\phi(22 \pm 1.2)$ |

2）基准不重合时工序尺寸及公差的计算。当工艺基准与设计基准不重合时，确定各工序尺寸及公差必须运用工艺尺寸链原理来解决。

在零件加工过程中，由相互联系的一组尺寸所形成的尺寸封闭图形称为工艺尺寸链。直接通过调刀得到的，称为组成环。间接得到的，称为封闭环。若某组成环尺寸变化时引起封闭环作同向变化，则该组成环称为增环，反之称为减环。

工艺尺寸链的计算公式与符号说明见表 6—8。

表 6—8 　　　　　　　　　　　工艺尺寸链的计算公式与符号说明

| 序号 | 计算公式 | 符号说明 | | | |
|---|---|---|---|---|---|
| | | 符号名称 | 封闭环 | 增环 | 减环 |
| 1 | $L_0 = \sum\limits_{i=1}^{m} \overrightarrow{L_i} - \sum\limits_{j=1}^{n} \overleftarrow{L_j}$ | 基本尺寸 | $L_0$ | $\overrightarrow{L_i}$ | $\overleftarrow{L_j}$ |
| 2 | $ES_0 = \sum\limits_{i=1}^{m} \overrightarrow{ES_i} - \sum\limits_{j=1}^{n} \overleftarrow{EI_j}$ | 上偏差 | $ES_0$ | $\overrightarrow{ES_i}$ | $\overleftarrow{ES_j}$ |
| 3 | $EI_0 = \sum\limits_{i=1}^{m} \overrightarrow{EI_i} - \sum\limits_{j=1}^{n} \overleftarrow{ES_j}$ | 下偏差 | $EI_0$ | $\overrightarrow{EI_i}$ | $\overleftarrow{EI_j}$ |
| 4 | $L_{0max} = \sum\limits_{i=1}^{m} \overrightarrow{L_{imax}} - \sum\limits_{j=1}^{n} \overleftarrow{L_{jmax}}$ | 最大极限尺寸 | $L_{0max}$ | $\overrightarrow{L_{imax}}$ | $\overleftarrow{L_{jmax}}$ |
| 5 | $L_{0min} = \sum\limits_{i=1}^{m} \overrightarrow{L_{imin}} - \sum\limits_{j=1}^{n} \overleftarrow{L_{jmin}}$ | 最小极限尺寸 | $L_{0min}$ | $\overrightarrow{L_{imin}}$ | $\overleftarrow{L_{jmin}}$ |
| 6 | $T_0 = \sum\limits_{i=1}^{m+n} T_i$ | 公差 | $T_0$ | $\overrightarrow{T_i}$ | $\overleftarrow{T_i}$ |
| 7 | $L_{0m} = \sum\limits_{i=1}^{m} \overrightarrow{L_{im}} - \sum\limits_{j=1}^{n} \overleftarrow{L_{jm}}$ 　其中：$L_{im} = (L_{imax} - L_{imin})/2$ | 平均尺寸 | $L_{0m}$ | $\overrightarrow{L_{im}}$ | $\overleftarrow{L_{jm}}$ |
| 8 | $T_{im} = T_0/(m+n)$ | 平均公差 | $m$ 为增环总环数，$n$ 为减环总环数 | | |

**例6—2** 如图6—18a所示零件，尺寸$60_{-0.12}^{0}$ mm已经保证，现以面1定位精铣面2，试计算工序尺寸$A_2$。

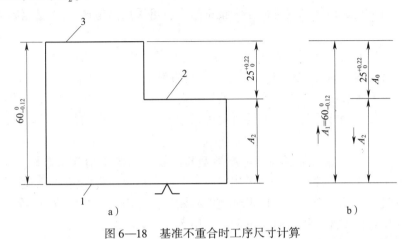

图6—18　基准不重合时工序尺寸计算

**解：** 由图6—18a可知，面2的设计尺寸$25_{0}^{+0.22}$ mm的设计基准为上平面3，而定位基准为底面1，基准不重合。当以面1定位加工面2时，将按工序尺寸$A_2$进行加工，而设计尺寸$25_{0}^{+0.22}$ mm是本工序间接保证的尺寸，为封闭环，其尺寸链如图6 – 18b所示。其中$A_1$为增环，$A_2$为减环。尺寸$A_2$的计算如下。

由表6—8中的公式1求基本尺寸：$25 = 60 - A_2$，则$A_2 = 35$ mm。

由表6—8中的公式3求上偏差：$0 = -0.12 - ES_2$，则$ES_2 = -0.12$ mm。

由表6—8中的公式2求下偏差：$+0.22 = 0 - EI_2$，则$EI_2 = -0.22$ mm。

最终求得工序尺寸$A_2 = 35_{-0.22}^{-0.12}$ mm。

通过分析以上计算结果可以发现，由于基准不重合而进行尺寸换算，明显提高了对加工的要求。如果能按原设计尺寸$25_{0}^{+0.22}$ mm进行加工，其公差值为0.22 mm，换算后的加工尺寸$A_2 = 35_{-0.22}^{-0.12}$ mm，公差为0.10 mm，减小了0.12 mm，此值恰是另一组成环的公差值。

**8. 工艺装备的选择**

设备及工装的选择对保证零件的加工质量和提高生产率有着直接的作用。

（1）机床的选择

1）机床的主要规格尺寸应与零件的外廓尺寸相适应。即小零件应选较小的机床，大零件应选较大的机床，做到机床的合理使用。

2）机床的精度与工序要求的加工精度相适应。对于高精度的零件加工，在缺乏精密机床时，可通过机床改造"以粗改精"。

3）机床的生产率与加工零件的生产类型相适应。单件小批生产选择通用机床，大批量生产选择高生产率的专用机床。

4）机床选择还应结合现场的实际情况。例如机床的类型、规格及精度状况，机床负荷的平衡状况，以及设备的分布排列情况等。

（2）夹具的选择。选择夹具主要应考虑生产类型，同时，夹具的精度应与加工精度相适应。模具零件的生产属于单件小批量生产，一般选用通用夹具、拼装夹具等，但当零件形状结构较复杂，且各表面间的相互位置精度要求较高时，也可采用专用夹具或考虑采用成组夹具。模具标准件属于大批量生产，可采用高生产率的气、液传动的专用夹具。

（3）刀具的选择。选择刀具主要应考虑各工序所采用的加工方法、加工表面尺寸的大小、工件材料、所要求的加工精度和表面粗糙度、生产率和经济性等。刀具的类型、规格及精度等级应符合加工要求，特别是对刀具寿命的要求是一项重要指标。模具零件的加工一般采用标准刀具，必要时也可采用各种高生产率的复合刀具及其他一些专用刀具。

（4）量具选择。量具主要根据生产类型和所要求的检验精度来选择。所选用量具能达到的准确度应与零件的精度要求相适应。单件小批生产中广泛采用游标卡尺、千分尺等通用量具；大批生产常采用极限量规等高效量具；当零件形状结构较复杂，且各表面间的相互位置精度要求较高时，可考虑采用专用量具检验。

## 第 3 节　零件修配

### 一、认识镶拼组合体

现代工业产品，特别是利用模具进行加工时，大量地应用了组合体。例如，冷冲压加工大、中型工件，形状复杂工件，局部强度和刚度差的凸、凹模结构以及机械加工、热处理困难、局部易损坏的冷冲压凸、凹模经常采用镶拼组合结构。注射模（主要用于热塑性塑料成型）结构中，凸凹模的结构形式有整体式（无模具接缝痕迹）、整体嵌入式（凹模为整体，嵌入模具的模板内，易于维修更换）、局部镶嵌式（便于对易损部位的维修和更换）等。

如图6—19所示为带活动镶拼块的注射模具，零件3作为镶拼件由多个镶拼块组成，既满足制件内腔形状成型需要，又易于制件取出。镶拼组合体结构件作为一个单元体，在使用过程中各部件不允许分离。镶拼结构的凸凹模形状、尺寸和间隙易于控制、调整，便于维修或更换易损坏和过分磨损的部件。为保证尺寸要求，对组合体各部件的尺寸公差、直线度、平面度、平行度、垂直度、表面粗糙度等要求较高。

### 二、修配前的精度检测

#### 1. 精度检测

对照图样，观察镶拼体外形是否符合要求。例如对于凸凹镶拼结构，需要分别检查凸、凹件结构，特别是倾斜角度的方向是否正确，能否正确镶拼，中间凸、凹镶拼部分左右是否对称，外形有无扭曲、翘曲现象存在，有无毛刺及尖角等情况存在。

#### 2. 尺寸检测

对照图样，应用量具，逐项检查各个尺寸的符合程度。

（1）主要量具。游标高度尺、游标卡尺、外径千分尺、百分表、量块、游标万能

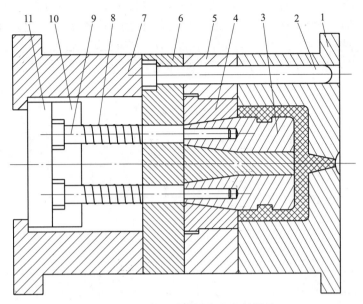

图6—19 带活动镶拼块的注射模具

1—定模板 2—导柱 3—活动镶拼块 4—型芯座 5—动模板

6—支承板 7—支架 8—弹簧 9—推杆 10—推杆固定板 11—推板

角度尺、刀口形直尺、直角尺、塞尺、芯棒、平板、磁性表座、90°V形铁、钢直尺、心轴、V形架、粗糙度比较样块、粗糙度测量仪、光切显微镜等。

（2）主要检测尺寸。根据技术要求及图样对主要尺寸逐一进行检测。

（3）整体检测。对照图样，观察制作完成的镶拼体是否符合要求，凸件与凹件能否正确镶拼，镶拼后各个侧面是否平齐，插入芯棒后二者之间间隙大小是否均匀等。

# 三、存在的问题分析及修配

根据图样中要求，综合形体、尺寸、整体检测各项技术指标情况，分析、评价镶拼组合体是否合格。针对出现的问题深入探讨其产生的原因、预防措施、补救方案等。

**1. 无法补救的情况**

出现以下情况需重新制作：

（1）制件的形状扭曲，尺寸加工到位，压力校直纠正后检测外形尺寸超差变小。

（2）凸件镶拼部分尺寸超差变小、凹件镶拼部分尺寸超差变大。

（3）尺寸到位，侧面与表面不垂直。

（4）尺寸到位，间隙超差。

（5）厚度超差变小。

**2. 可以修配的情况**

出现以下情况可以进行修配：

（1）尺寸不到位，锉修可以保证尺寸要求。

（2）镶拼部分左右不对称，无法装配，修正对称组装，检测间隙是否合格。

（3）形状扭曲，尺寸加工到位，压力校直纠正后检测外形尺寸超差变大，锉修外形并检查是否合格。

（4）凸件镶拼部分尺寸超差变大、凹件镶拼部分尺寸超差变小，锉修检测尺寸。

（5）尺寸不到位，侧面与表面不垂直，锉修检测尺寸。

（6）厚度尺寸大，锉修检测尺寸。

# 第 7 章

## 模具装配

# 第1节　洗衣机翻盖双层叠式热流道注射模总装配实例

## 一、塑件结构与成型工艺分析

如图7—1所示为洗衣机翻盖三维图，如图7—2所示为洗衣机翻盖二维图。这是一个大型扁平塑件，生产批量为中大批量，塑件投影面积较大，故需要的锁模力很大。塑件结构不复杂，最大高度为22 mm，适合采用叠式热流道模具成型。

图7—1　洗衣机翻盖三维图

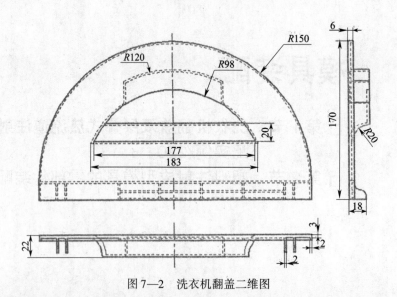

图7—2　洗衣机翻盖二维图

洗衣机翻盖要求尺寸稳定性高，并要求有一定的透明性，成型材料选用SAN（苯乙烯 – 丙烯腈共聚体），收缩率为0.3% ~ 0.7%。SAN是一种坚硬、透明的材料，具有良好的尺寸稳定性、耐热性、耐油性、抗振动性和化学稳定性。

在叠层式热流道模设计中应该考虑以下因素：

1. 要保证塑件的尺寸精度，塑件结构不能太复杂。

2. 开模机构和脱模机构设计不能太复杂，工作可靠，最好能做到同时开模和同时顶出，使塑件收缩率一致。

3. 模温控制系统能确保叠层式热流道模具中的两层型腔温度一致。

4. 热流道板的热膨胀问题以及应当采用的隔热措施等。

## 二、叠层式热流道注射模结构

洗衣机翻盖双层叠式热流道注射模结构如图 7—3 所示。模具 2 个层面各一个型腔。来自注射机喷嘴的塑料熔体由主流道衬套绕过第一分型面，经过连接管、进料管进入中央热流道板中，通过热喷嘴注入中央热流道板中，通过热流喷嘴注入模具型腔。带有 2 层型腔和顶出机构的模板上下叠层利用前、后动模的导柱导向。在前、后动模两侧各设有推杆、推板、推板固定板等顶出机构和复位机构。模具采用杠杆结构实现顺序开模。

模具的 2 个分型面分别为前动模型芯板 9 和前动模型腔板 10 之间的 I—I 面与后动模型芯板 22 和后动模型腔板 23 之间的 II—II 面。采用一个加热主流道衬套 36 将塑料熔体送到前热流道板 2，经过连接管 11、进料管 13，直接进入中央热流道板 26 中，再由 2 个热流道喷嘴 41 将熔料注入型腔。整个熔体输送系统（包括前热流道板 2、侧面热流道板 3、连接管 11、进料管 13）借助支柱 31 固定在中央热流道板 26 上。模具 2 个分型面的开启和闭合由 2 个安装在模具侧面的连接杠杆 51 和角形杠杆 52 控制。在动模板上分别设有 4 根导柱 49、39 导向和支承中间部分。

### 1. 开模顶出机构

叠层式模具中的塑件分别从 2 个分型面中脱模，因此 2 个动模部分向两边移动，中间部分保持不动，在 2 个动模位置有相应的顶出机构。如何保证按要求打开 2 个分型面，并顺利顶出塑件是叠层式模具设计的重点。目前叠层式模具的开模方式一般是由铰链杠杆、齿轮齿条或液压系统来驱动开模。如图 7—3 所示模具采用杠杆结构（包括导向杠杆 50、连接杠杆 51、角形杠杆 52）完成 2 个分型面同时分开，使塑件在各型腔中的停留时间（冷却时间）相等，塑件的收缩一致。

离注射机喷嘴较远的塑件借助注射机的顶出机构脱模，靠近注射机喷嘴的塑件借助于液压缸 29 脱模。

### 2. 流道系统设计

在叠层式模具中，热流道板一般设在 2 个模具型腔的分型面之间。熔体通过进料管输送到热流道板，进料管需穿过模具的第一分型面。但在如图 7—3 所示模具中是不可能实现的，因为该塑件覆盖了分型面的整个模具表面。

如图 7—3 所示模具中熔体由加热主流道衬套 36 绕过第一个分型面，经过连接管 11、进料管 13 直接进入中央热流道板 26 中。由于连接管 11 设置在模具外面，熔体需要穿过前热流道板 2 进入侧面热流道板 3 中的连接管 11，再由连接管 11 进入进料管 13。合理布置流道系统是减少流道压力的关键。侧面热流道板 3 的结构如图 7—4 所示。

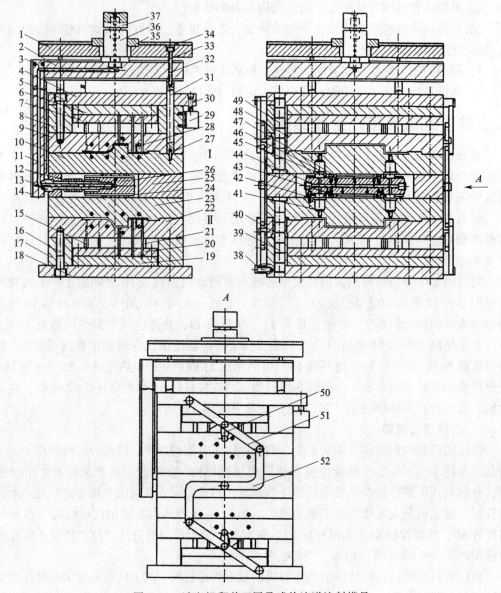

图7—3　洗衣机翻盖双层叠式热流道注射模具

1—定模座板　2—前热流道板　3—侧面热流道板　4—前动模板　5、16、32、46—内六角螺钉　6—前动模推板
7—前动模推杆固定板　8—前动模支架　9—前动模型芯板　10—前动模型腔板　11—连接管
12—加热圈　13—进料管　14、24、33、34—石棉绝热板　15—复位杆　17—后动模支架
18—动模座板　19—后动模推板　20—后动模推杆固定板　21、28—推杆　22—后动模型芯板
23—后动模型腔板　25—中央垫块　26—中央热流道板　27—圆柱销　29—液压缸
30、38—螺钉　31—支柱　35—定位圈　36—加热主流道衬套　37—连接器
39、49—导柱　40、48—导套　41—喷嘴　42—定位销　43—加热棒　44—螺塞
45—热电偶　47—隔热垫块　50—导向杠杆　51—连接杠杆　52—角形杠杆

## 3. 热流道板结构

中央热流道板26靠圆柱定位销42定位，由隔热垫块47支承。分流道末端螺塞44

加工成圆弧形，使流道没有任何死点滞留熔体。使用并排的 4 根加热棒 43 对中央热流道板 26 热。热电偶 45 安装在主流道与喷嘴 41 之间。选用了高精度、灵敏可靠的温控系统，该系统具有反馈电子调节器，能以无级形式进行功率的控制、调节加热。当温度上升太快时，加热功率会减少；当温度迅速下降时，功率会按比例增加，这样避免了温度产生大的波动，使叠层式热流道系统能够顺利工作。

**4．隔热措施**

为减少热传导的热损失，使用不锈钢螺钉固定模板。为了减少热对流的热损失，封闭中央热流道板 26 的空间，尽量减少空气在垂直方向的流通。在各流道板的两面都铺设了石棉绝热板 14、24、34，以减少热辐射造成的热损失。在中央热流道板 26 两面都设置了隔热垫块 47，既减少了模具与热流道的接触面积，又起到了支承中央热流道板 26 的作用。

## 三、叠层式热流道注射模装配过程

先读懂如图 7—1 所示洗衣机翻盖三维图、

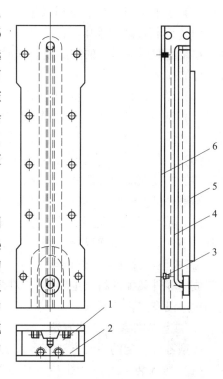

图 7—4　侧面热流道板结构

1—管形加热器　2—热流道板　3—螺钉
4—连接管　5、6—石棉绝热板

如图 7—2 所示洗衣机翻盖二维图，了解清楚洗衣机翻盖制件结构。再分析清楚如图 7—3 所示洗衣机翻盖双层叠式热流道注射模具结构，根据图 7—3、图 7—4 进行模具装配。

# 第 2 节　塑料注射成型模具的零部件装配

## 一、成型零件装配

### 1．成型零件装配技术要求

成型零件的装配主要是指型芯及型腔（凹模）的装配。它包括型芯与固定板的装配，型腔（凹模）与动、定模板的装配及过盈配合件的装配。对这类零件的装配，应按照以下装配要求进行：

（1）在装配前须对各成型零件进行检查，要求其形状、尺寸精度均符合图样标准及有关技术条件的规定。

（2）型腔分型面处、浇口及进料口处应保持锐边，一般不准修成圆角。

（3）互相接触的承压零件，如互相接触的型芯、凸模与挤压环、柱塞与加料室之间，在装配时应有适当的间隙或合理的承压面积，以防模具在使用时由于直接挤压而造成零件的损坏。

（4）动、定模座安装面对分型面平行度误差在 300 mm 范围内不大于 0.05 mm。

（5）活动型芯、顶出及导向部位运动时，起止位置要准确，滑动要平稳，动作要可靠、灵活、协调，不得有卡紧或歪斜现象。

（6）装配后，相互配合的成型零件相对位置精度应达到图样要求。镶拼式的型腔或型芯的拼接面应配合严密、牢靠，表面光洁，无明显接缝。各镶嵌紧固零件要紧固可靠，不得松动。各紧固螺钉、销钉要拧紧。

（7）成型零件装配后，应在生产条件下与其他部件一起进行最后的总装配和试模，试制的零件要符合图样要求。

**2．成型零件装配工艺特点**

成型零件装配的特点主要是：零件的加工与装配是同步进行的，并且各组成零件装配的次序没有严格的要求。

**3．成型零件装配工艺方法**

成型零件装配的主要方法有压入法、旋入法、镶入法等。具体装配方法介绍如下：

（1）压入装配法。如图 7—5 所示为型腔（见图 7—5a）及型芯（见图 7—5b）结构。其固定板型孔是通孔，其装配方法可采用直接将型腔及型芯压入模板型孔中。在压入时，最好是在液压机或专用的压力机上进行。型芯及型腔在压入前，首先要在模板上调整好位置，并在其压入表面及模板型孔表面涂以适当的润滑油，以便于压入。当压入模板极小一部分后，要用百分表校正型芯或型腔直线部分与模板安装基面的垂直度，如果出现位置误差，可用管钳等工具将其旋转到正确的位置，经校正合格后，再压入模板。压入时，要缓慢用力。压入后，要用销钉定位，以防其转动。

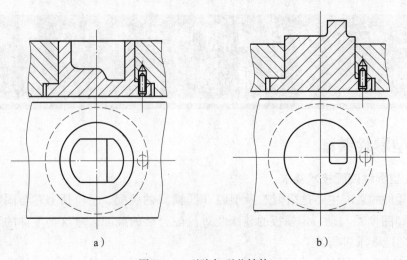

图 7—5　型腔与型芯结构

a）型腔　b）型芯

（2）镶嵌装配法。如图7—6所示是在一块模板上镶入两个或两个以上的型腔（或型芯），并且动模与定模之间要求有较精确的相对位置。这种方法的装配，可先选择装配基准，然后按工艺要求进行装配。其装配过程如下：

1）用工艺销钉穿入定模镶块1和推块4的孔中作定位之用。

2）将型腔3套在推块上，按型腔外形的实际尺寸l和L修正动模板固定孔。

3）将型腔压入动模板，并磨平两端面。

4）放入推块，以推块孔配钻小型芯固定孔。

5）将小型芯2装入定模镶块1孔中，并保证其位置精度。

（3）拼块镶入装配法。如图7—7所示，其型腔采用拼块的结构形式，其装配过程如下：拼块在装配前，所有拼合面应仔细磨平，并用红丹粉对研，检查其密合程度，要求各拼块在拼合后应紧密无缝，以防模具使用时渗料。模板上的型腔固定

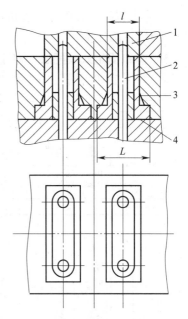

图7—6　镶嵌装配法
1—定模镶块　2—小型芯
3—型腔　4—推块

孔，一般要留有修正余量，按拼块拼合后的尺寸进行修正，使型腔拼块的镶入有足够的过盈量，否则成型时将被高压熔料挤开而形成毛边，造成脱件困难。拼块压入模板固定孔时，压入的拼块应用平行夹头夹紧，防止在压入最初阶段拼块尾部拼合处产生离缝而留有间隙，并在拼块上端加垫平垫块，使各拼块同步进入模孔，压入过程中应保持平稳压入。

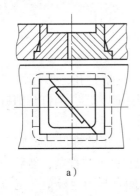
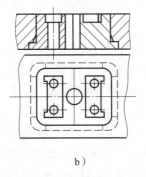
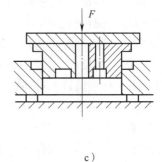

a)　　　　　　　　　b)　　　　　　　　　c)

图7—7　拼块镶入装配法

（4）沉坑内镶入装配法。如图7—8所示的型腔为拼块结构。其装配工艺如下：

1）在装配时，固定模板的沉孔一般采用立铣加工。

2）将拼块压入。当沉坑较深时，沉坑的侧面会稍带斜度，且修整困难。可采取修磨拼块和型芯尾部的办法，并按模板铣出的实际斜度进行修磨，以便装配。

3）根据拼块螺孔位置，用划线法在模板上划出过孔位置，并钻、锪孔。

4）将螺钉拧入紧固，要求拼块之间应配合严密，不能有缝隙存在，并按图样要求保证拼块的正确位置。

（5）螺钉固定式装配法。对于面积大且高度低的型芯，常用螺钉和销钉直接与模板连接，如图7—9所示。其装配过程如下：

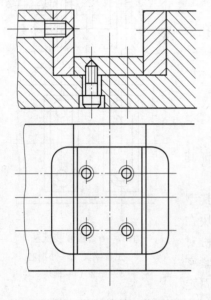

图7—8 沉坑内镶入装配法

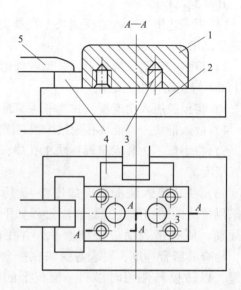

图7—9 螺钉固定式装配法
1—型芯 2—固定板 3—销钉
4—定位块 5—平行夹头

1）将实心销钉3压入淬硬的型芯1上的销钉套座孔内。然后根据型芯在固定板2上的位置，将定位块4用平行夹头5固定于固定板上。

2）用红丹粉将型芯的螺孔位置复印到固定板上，然后钻、锪孔。

3）初步用螺钉将型芯紧固。若固定板上已装好导柱、导套，则需调整型芯，以确保定、动模的正确位置。调整准确后，拧紧固定螺钉。

4）在固定板反面划出销钉孔位置，并与型芯一起钻、铰销钉孔，然后将销钉打入。为了便于打入销钉，可将销钉端部稍修出锥度。为便于拆卸型芯，销钉与销钉套的有效配合长度一般取 3~5 mm 即可。

（6）旋入装配法。如图7—10所示为热固性塑料压模中常用的螺母固定旋入装配型芯的方法，它是通过配合螺纹连接型芯和固定板的。装配时将型芯拧紧，然后用骑缝螺钉定位。其装配方式为型芯连接段采用 H7/k6 或 H7/m6 配合与固定板型孔定位，两者的连接采用螺母紧固。对于某些有方向性要求的型芯，装配时只需按要求将型芯调整到正确位置后，用骑缝螺钉定位即可。骑缝螺钉主要是用来定位，并可防止型芯转动，一般是在型芯热处理之前进行加工的。采用这种装配方法，适合于固定外形为任何形状的型芯及多个型芯的同时固定。

**4. 成型零件装配工艺要点**

在装配型腔及型芯时，应注意以下几点：

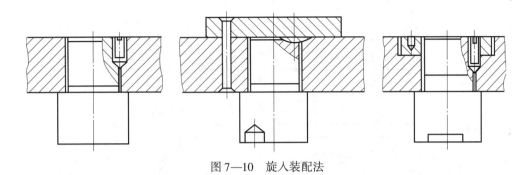

图 7—10　旋入装配法

（1）型芯与模板孔一般采用 H7/m6 配合，若配合过紧，则应修正型芯或模板固定孔，否则型芯压入后将使模板变形，对于多型腔模具，还会影响各型芯间的尺寸精度。

（2）型芯和型腔压入模板时，应保持平稳、垂直。在压入时，应随时测量并校正其垂直度误差，最好在压入一半时，再测量并校正一次垂直度误差。待全部压入后，应进行最后的垂直度误差的测量。

（3）零件在装配前，应将影响装配的尖角倒棱修成圆角。对于多型腔的装配，其模板孔要留有装配修整量，以供修正孔位偏差之用。

（4）在采用压入法装配型腔时，有时为了装配方便，可使型腔与模板之间保持 0.01~0.02 mm 的配合间隙，待型腔装入模板后，再找正位置用定位销固定，最后在平面磨床上将两端面和模板一起磨平。

（5）在采用拼块镶入法装配时，对工作表面不能在热处理前加工到要求尺寸的型腔，如果热处理后硬度不高，可在装配后应用切削加工的方法得到所要求的尺寸；如果热处理后硬度较高，则只能在装配后采用电火花机床及坐标磨床对型腔进行精修，使之达到精度要求。但无论采用哪种方法，对型腔两端面都要留有余量，以便装配后与模板一起在平面磨床上磨平。

（6）为了便于将型芯和型腔镶入模板内并防止切坏孔壁，在其压入端应设导入斜度。其中对型芯的压入端四周可修出 10′~20′、长 3~5 mm 的斜度（见图 7—11）；若不允许型芯的压入端修出斜度和圆角时（如型腔与动、定模板的镶嵌式配合，其压入端一般都不允许有压入斜度），则应将模板孔的压入端修出斜度，斜度一般为 1°左右，高度在 5 mm 之内，如图 7—12 所示。

（7）型芯与模板配合的尖角部分，应将型芯角部修成表面粗糙度值 $Ra0.3~\mu m$ 左右的圆角。当不允许修圆角时，应将模板孔的角部修出清角或窄的沉割槽，如图 7—13 所示。

（8）对于埋入式型芯的装配（见图 7—14），可通过修正固定板沉孔与型芯尾部形状及尺寸差异来达到装配要求。当型芯埋入固定板较深时，可将型芯尾部四周略修出斜度；而埋入 5 mm 以内时，则不应修出斜度，否则会影响固定强度。当固定板的沉孔与型芯配合端尺寸有偏差时，应按合模的相对位置确定修整方向和修整量，一般都修整型芯，这样较为方便。

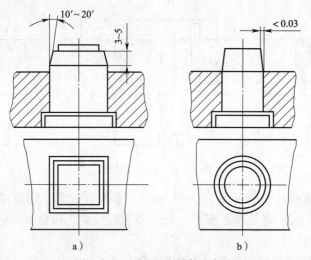

图7—11 型芯压入端修出斜度

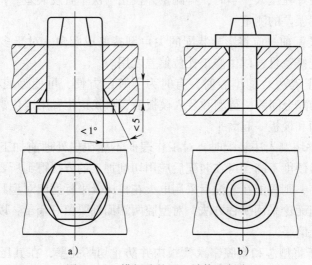

图7—12 模板孔的压入端修出斜度

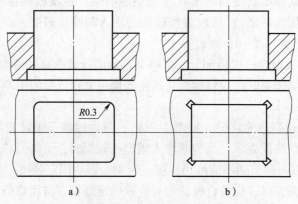

图7—13 模板孔的角部修出清角或窄的沉割槽

（9）在采用旋入法装配型芯时，若型芯与固定板之间出现了角度偏差，则必须对其进行调整，对于不对称形状的型芯，可采用修磨固定板平面或修磨型芯固定台肩平面的方法进行调整，也可在型芯固定好了以后再加工型芯的不对称型面。如图7—15所示为不对称且具有方向性要求的型芯，当螺钉拧紧后，型芯的实际位置与理想位置之间出现了误差。图中 α 是理想位置与实际位置之间的夹角。型芯的位置偏差可以通过修磨固定板的 a 面或型芯的 b 面来消除。修磨前，要进行预装并测出角度 α 的大小。对 a 面或 b 面的修磨量 Δ 可按下式计算：

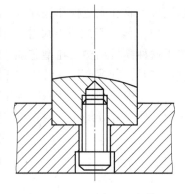

图7—14　埋入式型芯的装配

$$\Delta = \frac{P}{360°}\alpha$$

式中　α——误差角度，（°）；

　　　P——连接螺纹的螺距，mm。

**5. 成型零件装配的修磨**

在对塑料模成型零件装配时，尽管各零件的制造公差限制较严，但在局部组装后仍有一些部位达不到装配技术要求，因此在装配过程中就需要对这些部位进行局部修磨。

（1）修磨型芯端面和型腔端面出现的间隙。如图7—16所示为型芯端面和型腔端面间出现了间隙Δ，需通过修磨消除，其方法为：将型芯拆下，修磨固定板平面 A，直

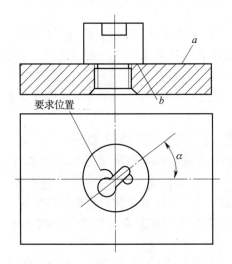

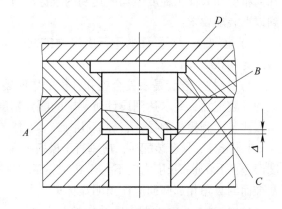

图7—15　不对称且具有方向性要求的型芯　　图7—16　型芯端面和型腔端面间出现间隙

至磨到等于间隙 Δ 的厚度，也可不拆卸零件，通过修磨型腔上平面 B 的方法磨去间隙Δ。或者将型芯拆下，修磨型芯的台肩面 C，使 C 面磨去等于间隙 Δ 的厚度。需要注意的是在重新装配时需将固定板 D 面与型芯一起磨平。

（2）修磨型腔端面与型芯固定板之间的间隙。当型腔端面与型芯固定板之间出现间隙时，可采用以下方法进行调整：当型芯工作面为平面时，可修磨型芯工作面，在型

芯定位台肩和固定板孔底部垫入厚度等于间隙的垫片。

（3）修磨型腔成型尺寸。如图7—17所示模具，要求型腔组装完成后保证尺寸 $a$。对于这种模具结构，在型芯加工时就应注意在高度方向上加上适当的修整量；固定板凹坑加工时，其深度尺寸就应取最小极限尺寸，其修磨方法为：当 $A$、$B$ 面上无凹、凸形状时，可根据高度尺寸修磨 $A$ 面或 $B$ 面；当 $A$、$B$ 面上有凹、凸形状时，可修磨型芯的底面，使尺寸 $a$ 增大，或在型芯底端面垫上薄垫片，使尺寸 $a$ 减小。

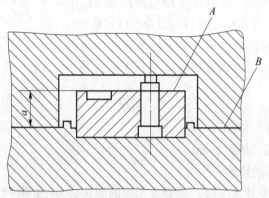

图7—17 修磨型腔成型尺寸

## 二、结构零件装配

### 1. 模架零件的装配

（1）装配技术要求。模架零件主要是指模板、导柱和导套，要求它们的尺寸精度、几何精度和表面粗糙度值均应达到国家标准所规定的各项技术指标。模架组装后，应达到以下装配要求：

1）模架上、下平面的平行度误差在300 mm长度内应不大于0.005 mm（精度要求高的为0.002 mm）。

2）导柱、导套是模具合模和开模的导向装置，它们是分别安装在塑料模动、定模上的。装配后，要求达到设计所要求的配合精度和具有良好的导向定位作用。一般采用压入法装配到模板的导柱、导套孔内。

3）导柱、导套装配后，应垂直于模板平面，要求导柱、导套轴线对模板平面的垂直度误差在100 mm长度内应不大于0.02 mm。导柱孔至基准面的边距公差为 ±0.02 mm。基准面的直角相邻两面应作出明显标记。

4）导柱与导套的配合间隙应控制在0.02～0.04 mm，要求滑动灵活、平稳，无卡滞现象。

5）导柱、导套与模板孔固定接合面之间不允许有间隙。一般导柱固定部分与模板固定孔的配合为H7/k6；当采用带头导套时，导套固定部分与模板固定孔的配合为H7/k6；当采用直导套时配合为H7/n6。

6）分型面闭合时，应贴合紧密，如有局部间隙，其间隙值不大于0.03 mm。

7）复位杆顶端面应与分型面平齐，复位杆与动模板的配合为H7/e7。

8）模架组装后，其导向精度要达到设计要求，并对动、定模有良好的导向与定位作用。

（2）模架的装配工艺。塑料模模架的装配主要是将导柱、导套装入模板和复位杆的调整。其装配过程如下：

1）选配导柱、导套。在选配导柱和导套时，应控制导柱与导套的配合间隙在0.02～0.04 mm。

2）压入导套。导套在压入前应测量并严格控制导套与导套安装孔的过盈量，以防导套压入后孔径缩小。如图7—18所示为导套压入装配示意图，导套压入时，应随时注意控制其垂直度以防偏斜，或采用如图7—19所示方法，用导向芯棒引导导套压入。导向芯棒与模板孔的配合为间隙配合，芯棒直径与导套孔径间应留有0.02～0.03 mm的间隙。

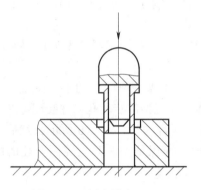
图7—18　压入导套（一）

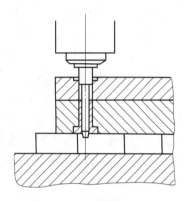
图7—19　压入导套（二）

3）压入导柱。导柱的压入应根据导柱长短采取不同的方法。压入短导柱时，将动模板面朝下放在两等高垫块上，然后把导柱与导套的配合部分先插入导柱安装孔内，在压力机上进行预压配合。之后检查导柱与模板的垂直度，符合要求后再继续往下压，直到导柱压入部位全部压入为止。压入长导柱时，为保证导柱对模板的垂直度要求，压入时要借助定模板上的导套作引导来压入导柱。

说明：压入时，为使导柱、导套压入动、定模板后，开模和合模时导柱与导套间滑动灵活，导柱应选压入距离最远的两个导柱，然后合上已装入导套的定模板，检查一下开模和合模时是否灵活。如有卡住现象，则应分析原因，并将导柱退出重新压入。在两导柱装配合格后再压入第三、第四个导柱。每装入一个导柱均应重复上述检查。

4）组装动模部分。如图7—20所示，把动模板7的分型面朝下放在等高垫块上，先盖上支承板6，再放上推杆固定板4，装进复位杆5，装好后把推板3放在推杆固定

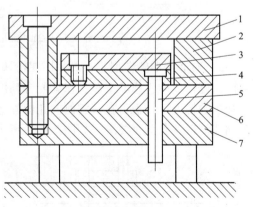
图7—20　组装动模部分
1—动模座板　2—垫块　3—推板
4—推杆固定板　5—复位杆　6—支承板　7—动模板

板上，并用内六角螺钉均匀拧紧，然后把垫块 2 和动模座板 1 重叠放在支承板上，用内六角螺钉把整个动模部分拧紧。翻转模架，并在推板和动模座板之间插入推杆，检查推件装置是否灵活。

5）修磨复位杆顶端面。在支承板和推杆固定板之间，放入小型千斤顶，均匀顶开后，测量复位杆端面高出分型面的尺寸，确定其修磨量，然后拆开动模，根据测量值修磨复位杆，使复位后复位杆顶端面与分型面齐平。

6）完成模架的装配。复位杆修磨至正确尺寸后，再重新组装动模部分，然后组装模架的定模部分，将定模部分合到动模上，并在重合方向打上重合标记。

7）检验。按模架装配技术要求逐项检测。

**2. 滑块抽芯机构的装配**

滑块抽芯机构的作用是在模具开模后，将制件的侧向型芯先行抽出，再顶出制件。装配中的主要工作是侧向型芯的装配和锁紧块的装配。

（1）侧向型芯的装配。一般是在滑块和滑槽、型腔和固定板装配后，再装配滑块上的侧向型芯。其具体装配内容如下：

1）对圆形侧向型芯的装配有两种方式。一是根据型腔侧向孔的中心位置测量出尺寸 $a$ 和尺寸 $b$，如图 7—21a 所示，在滑块上划线，加工型芯装配孔，并装配型芯。二是以型腔侧向孔为基准，利用压印工具对滑块端面压印，如图 7—21b 所示，然后，以压印为基准加工型芯配合孔后再装入型芯。装配时，应保证型芯和型腔侧向孔的配合精度，装配结构图如图 7—21c 所示。

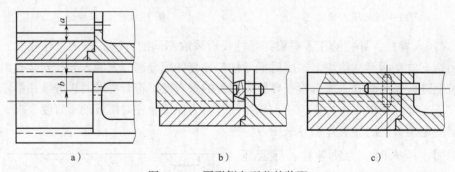

a)        b)        c)

图 7—21 圆形侧向型芯的装配

2）对非圆形侧向型芯，可采用在滑块上先装配留有加工余量的型芯，然后对型腔侧向孔进行压印，修磨型芯，保证配合精度。同理，在型腔侧向孔的硬度不高，可以修磨加工的情况下，也可在型腔侧向孔留修磨余量，以型芯对型腔侧向孔压印，修磨型腔侧向孔，以达到配合要求，如图 7—22 所示。

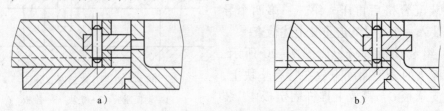

a)            b)

图 7—22 非圆形侧向型芯的装配

（2）锁紧块的装配。在滑块型芯和型腔侧向孔修配密合后，便可确定锁紧块的位置。锁紧块的斜面和滑块的斜面必须均匀接触。由于零件加工和装配中存在误差，因此装配时需进行修磨。为了修磨的方便，一般是对滑块的斜面进行修磨，修磨后用红丹粉检查接触面。锁紧块的装配方法见表7—1。模具闭合后，为保证锁紧块和滑块之间有一定的锁紧力，一般要求装配后锁紧块和滑块斜面接触后，在分模面之间留有0.2 mm的间隙进行修配，如图7—23所示。滑块斜面修磨量的计算式为：

$$b = (a - 0.2) \sin\alpha$$

式中　$b$——滑块斜面修磨量，mm；

　　　$a$——闭模后测得的实际间隙，mm；

　　　$\alpha$——锁紧块斜度，（°）。

**表7—1**　　　　　　　　　　　　　　锁紧块的装配方法

| 形式 | 螺钉、销钉固定式 | 镶入式 | 整体式 | 整体镶片式 |
|---|---|---|---|---|
| 简图 | | | | |
| 装配方法 | ①用螺钉紧固锁紧块<br>②修磨滑块斜面，使之与锁紧块斜面密合<br>③通过锁紧块对定模板复钻、铰销钉孔，然后装入销钉<br>④锁紧块后端面与定模板一起磨平 | ①修配定模板上的锁紧块固定孔，并装入锁紧块<br>②修磨滑块斜面<br>③锁紧块后端面与定模块一起磨平 | ①修磨滑块斜面（带镶片式的可先装好镶片，然后修磨滑块斜面）<br>②修磨滑块，使滑块和定模板之间有0.2 mm的间隙。两侧均有滑块时，可分别予以修正 | |

（3）滑块的复位与定位。模具开模后，滑块在斜导柱作用下侧向抽出。为了保证合模时，斜导柱能正确地进入滑块的斜导柱孔，必须对滑块设置复位与定位装置。

如图7—24所示为用定位板作滑块复位的定位。滑块复位的正确位置可由修磨定位板的接触平面得到。

如图7—25所示，滑块复位用滚珠、弹簧定位时，一般在装配中需在滑块上配钻位置准确的滚珠定位锥窝，以便能够正确地定位。

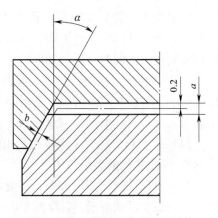

图7—23　滑块斜面修磨量的计算

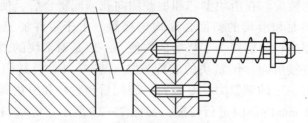

图 7—24　用定位板作滑块复位的定位

（4）斜导柱的装配。滑块型芯抽芯机构中的斜导柱装配，如图 7—26 所示。一般是在滑块型芯和型腔装配合格后，用导柱、导套进行定位，将动、定模板及滑块合装后按所要求的角度加工斜导柱孔，然后再压入斜导柱。为了减小侧向抽芯机构的脱模力，一般斜导柱孔比斜导柱外圆直径大 0.5～1.0 mm。

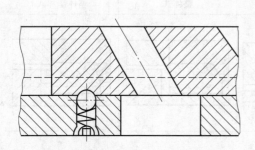

图 7—25　滑块复位用滚珠、弹簧定位

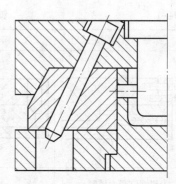

图 7—26　滑块型芯抽芯机构中斜导柱的装配

### 3. 浇口套的装配

浇口套与定模板的装配一般采用过盈配合。装配后的要求为：

（1）浇口套与模板配合孔紧密，无缝隙；浇口套和模板孔的定位台肩应紧密贴实。

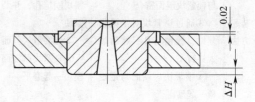

图 7—27　浇口套要高出模板平面

（2）装配后浇口套要高出模板平面 0.02 mm，如图 7—27 所示。为了达到这一装配要求，浇口套的压入外表面不允许设置导入斜度。压入端要磨成小圆角，以免压入时切坏模板孔壁。同时压入的轴向尺寸应留有除去圆角的修磨余量 $\Delta H$。

（3）在装配时将浇口套压入模板配合孔，使预留余量 $\Delta H$ 突出模板之外。在平面磨床上磨平，如图 7—28 所示。最后将压入的浇口套稍稍退出，再将模板磨去 0.02 mm，重新压入浇口套，如图 7—29 所示。

（4）对于台肩相对于定模板高出的 0.02 mm，可由零件的加工精度保证。

### 4. 推出机构的装配

塑料模的制件推出机构，一般由推板、推杆固定板、推杆、导柱、复位杆等零件组成，如图 7—30 所示。其装配工艺如下：

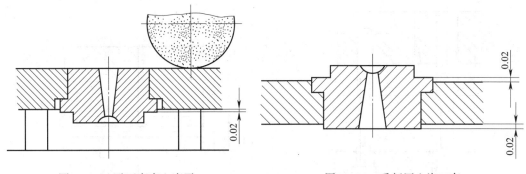

图7—28　平面磨床上磨平　　　　　　　　图7—29　重新压入浇口套

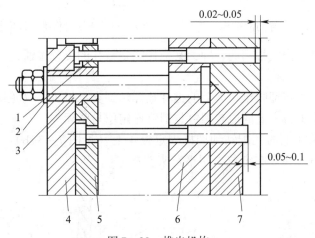

图7—30　推出机构

1—复位杆　2—垫圈　3—导套　4—推板　5—推杆固定板　6—支承板　7—型腔镶块

（1）装配技术要求

1）推出机构装配后各推出零件动作协调一致，平稳，无卡阻现象。

2）推杆的导向段与型腔推杆孔的配合间隙，既要确保推杆动作的灵活，又要防止间隙太大而渗料，一般采用 H8/f8 的配合。要求推杆要有足够的强度和刚度，在固定板孔内每边应有 0.5 mm 的间隙。

3）推杆和复位杆端面应分别与型腔表面和分型面齐平，并且推杆和复位杆在完成制件推出后，能在合模时自动地退回原始位置。

（2）装配工艺过程

1）推杆固定板的配作与装配。为了保证制件的顺利脱模，各个推出元件应运动灵活、复位可靠，推杆固定板与推板需要导向装置和复位支承。其结构形式有用导柱导向的结构（见图7—31）、用复位杆导向的结构（见图7—32）和用模脚作推板固定板支承的结构（见图7—33）。其中用导柱作导向结

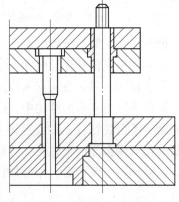

图7—31　用导柱导向的结构

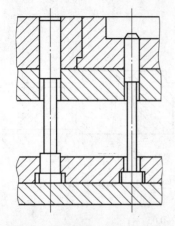

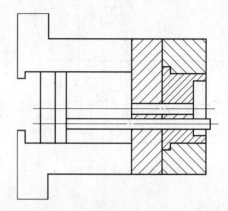

图 7—32 用复位杆导向的结构　　　　图 7—33 用模脚作推板固定板支承的结构

构的推杆推出装置是比较常用的一种，其推杆固定板孔的位置是通过型腔镶块上的推杆孔配钻得到的。

配钻过程为：①将型腔镶块 1 上的推杆孔配钻到支承板 3 上（见图 7—34a），配钻时用动模板 2 和支承板 3 上的原有螺钉与销钉作定位与紧固。

②通过支承板 3 上的孔配钻到推杆固定板 4 上（见图 7—34b）。两者之间可利用已装配好的导柱 6、导套 5 定位，用平行夹头夹紧。

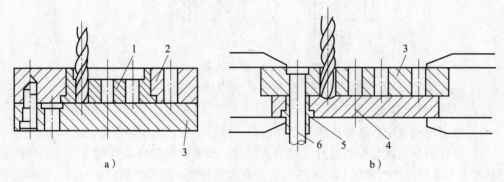

a)　　　　　　　　　　　　　　b)

图 7—34 配钻过程

1—型腔镶块　2—动模板　3—支承板　4—推杆固定板　5—导套　6—导柱

说明：在配钻的过程中，还可以配钻固定板上的其他孔，如复位杆和拉料杆的固定孔等。在利用复位杆作导向和利用模脚作推杆固定板支承的结构中，推杆固定板孔的配钻与上述相同，只是在从支承板向推杆固定板配钻固定孔时，以复位杆作定位。利用模脚作推杆固定板支承的结构中，模脚的侧面作为推板的导轨，起导向作用。因此，装配模脚时，不可先钻攻、钻铰模脚上的螺孔和销孔，而必须在推杆固定板装好后，通过支承板的孔对模脚配加工螺孔。然后用螺钉初步固定模脚，待推杆固定板作滑动试验并把模脚调整到理想位置后，才能加以紧固，最后对动模板、支承板和模脚一起钻、铰销钉孔。

2）推杆的装配与修整（见图 7—30）

①先将导柱垂直压入支承板 6，并将端面与支承板一起磨平。

②将推杆孔入口处和推杆顶端倒小圆角或斜度，修磨推杆尾部台肩厚度，使台肩厚度比推杆固定板沉孔的深度小 0.05 mm 左右。

③将装有导套 3 的推杆固定板 5 套装在导柱上，并将推杆兼复位杆 1 穿入推杆固定板、支承板和型腔镶块 7 的配合孔中，盖上推板 4 用螺钉拧紧，并调整使其运动灵活。

④修磨推杆和复位杆的长度。如果推板和垫圈 2 接触时，复位杆、推杆低于型面，则修磨导柱的台肩；如果推杆、复位杆高于型面，则修磨推板 4 的底面。

⑤一般将推杆和复位杆在加工时加长一些，装配后将多余部分磨去。修磨后的复位杆应与分型面平齐，但可低 0.02 ~ 0.05 mm，推杆端面应与型面平齐，但可高出 0.05 ~ 0.10 mm，推杆、复位杆顶端可以倒角。

**5. 埋入式推件板的装配**

埋入式推件板是指推件板埋入推杆固定板沉坑内，如图 7—35 所示。其装配的主要技术要求是：既要保证推件板与型芯和沉坑的配合要求，又要保持推件板上的螺孔与导套安装孔的同轴度要求。这是因为推件板和推杆固定板之间，是通过装在导套内的推杆螺钉连接的。这一导向装置，既是推件板的导向，也是推杆固定板的导向。其装配过程如下：

（1）修配推件板与固定板沉坑的锥面。修正推件板侧面，使推件板底面与沉坑底面保证接触，同时与沉坑的斜面接触高度保持在 3 ~ 5 mm（如果二者的推面全部接触而配合过于紧密，反而使推件板推出困难），而推件板的上平面高出固定板 0.03 ~ 0.06 mm。

（2）配钻推件板螺孔。将推件板放入沉坑内，用平行夹头夹紧。在导套安装孔内装入工艺钻套（钻套内径等于螺孔底径尺寸），通过工艺钻套配钻推件板上的螺纹底孔，然后取出推件板攻螺纹。攻螺纹时应注意保证垂直度要求。

（3）加工推件板型孔。根据推件板的实际位置尺寸 $a$、$b$，对推件板作型孔的划线和加工。固定板上的型芯固定孔则根据推件板的型孔加工。当固定板上的孔与推件板型孔的尺寸不同时，则应根据选定基准 $M$ 和推件板型孔的实际尺寸、型芯的实际尺寸，计算固定板孔与基准的对应尺寸，并进行加工，如图 7—36 所示。

（4）精修推件板型孔。根据型芯尺寸精修推件板型孔，使其与型芯的配合达到规定的要求。

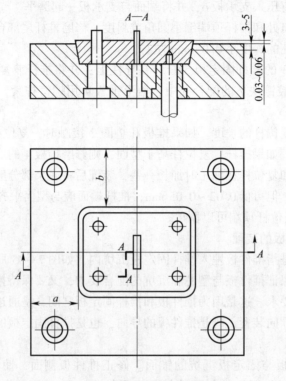

图 7—35　埋入式推件板的装配

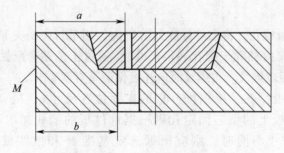

图 7—36　加工推件板型孔

# 本章测试题

1. 说明注射模型芯与固定板的装配方法。
2. 说明热流道注射模中的热流道部分的装配方法及注意事项。
3. 说明注射模型腔与定、动模板的装配修整方法。
4. 说明注射模导柱、导套孔的加工与装配方法。
5. 说明注射模顶出机构装配加工方法。
6. 说明注射模侧向分型机构的装配方法。

7. 说明注射模总体装配技术要求。

8. 说明注射模外观和安装尺寸技术要求。

9. 说明安装注射机的方法以及调试方法。

10. 说明注射模冷却系统的安装与调节方法。

第**8**章

质量检测

# 第 1 节　塑料注射成型模具零件质量检测

## 一、模具零件加工精度检测内容与模具零件内在质量的检测内容

模具零件精度是保证模具精度的关键，为了保证模具装配精度，模具零部件的所有图样标注尺寸都必须由专职检查人员认真检验，或者由装配钳工逐一进行检查和验收。

模具零件加工精度的检测应使用和图样标注尺寸公差相应精度级别的检测工具和仪器，如卡尺、千分尺、角度尺、深度尺、投影仪以及各种专用测量工具，表面粗糙度的检测应按标准进行。复杂型腔模具的自由曲面、过渡面等位置的测量应采用三坐标测量仪。模具标准件如模架等应按标准验收。

模具零件内在质量检测主要在选材、毛坯制备和热处理过程中进行。检测主要内容如下：

### 1. 材料

检验人员应在模具零件进入粗加工之前对材料进行检验和核对，防止使用不合格材料或在下料过程中的混料现象发生。

### 2. 毛坯质量

毛坯内在质量检测有以下几项：炼钢炉号及化学成分、纤维方向、宏观缺陷、内部缺陷、退火硬度等。毛坯质量指标应由毛坯制造单位提供，模具制造单位复核。对一些重要模具，如锻模、压铸模等模块，应在粗加工之后再次探伤，避免缺陷超标的零件进入热处理和精加工工序。

### 3. 热处理质量

模具零件热处理质量的主要检验项目有：强度（或硬度）及其均匀性，工件表面的脱碳和氧化情况，零件内部组织状态及热处理缺陷（微裂纹、变形），表面处理层的组织和深度。

### 4. 其他性能

对一些高精密模具的主要零件或部件由热加工（热处理、焊接）或镶拼引起的内应力应加以测定和限制，防止对精加工（线切割、磨削）带来困难，以及由此引起的模具尺寸稳定性下降。

## 二、导向机构零件公差配合的选用

为了保证注射模准确合模和开模，在注射模中必须设置合模导向机构。合模导向机构的作用是在动、定模之间导向、定位以及承受一定的侧向压力。合模导向机构的形式主要有导柱导向和锥面定位两种。

### 1. 导柱导向机构

如图 7—3 所示为洗衣机翻盖叠式热流道模具，导套 48 和导柱 49 形成导向机构，

其适用于精度要求高、生产批量大的模具。对于小批量生产的简单模具，可不采用导套，导柱直接与模板导柱孔间隙配合。

导柱的高度应比型芯（凸模）端面的高度高出 6~8 mm，以免型芯进入凹模时与凹模相碰而损坏。导柱和导套应有足够的耐磨度和强度，常采用 20 低碳钢经渗碳 0.5~0.8 mm，淬火硬度为 48~55HRC，也可采用 T8A 碳素工具钢，经淬火处理。

一般导柱滑动部分的配合形式按 H8/f8，导柱和导套固定部分配合按 H7/k6，导套外径的配合按 H7/k6。导柱的直径应根据模具大小而决定，可参考标准模架数据选取。

**2. 精定位装置**

对于精密、大型模具以及导向零件（如导柱）需要承受较大侧向力的模具，在模具上通常要设计锥面、斜面或导正销精定位装置。

在成型精度要求高的大型、深腔、薄壁塑件时，型腔内侧向压力可能引起型腔或型芯的偏移，如果这种侧向压力完全由导柱承担，就会造成导柱折断或咬死，这时除了设置导柱导向外，应增设锥面定位机构。锥面配合有两种形式：一种是两锥面之间有间隙，将经淬火的镶块装于模具上，使之和锥面配合，以防止偏移；另一种是两锥面直接配合，两锥面都要经淬火处理，角度为 5°~20°，高度要求大于 15 mm。

导柱、导套是塑料注射成型模具的标准零件，国家标准对其结构、尺寸、几何公差、材料及热处理均有具体规定。

导正销与模板孔之间是一种既要能较容易安装又要拆卸方便的配合形式，一般来讲可用 H8/m7 或 H7/m6。

# 三、成型零件公差配合的选用

成型零件是构成注射成型模具型腔内、外轮廓的零件，直接影响所成型塑料制件的结构、形状、尺寸和精度。成型零件主要有凹模、凸模（型芯）、活动镶件、螺纹型芯、型环等，在图 7—3 中有前动模型芯板 9 和前动模型腔板 10。

**1. 凹模的结构及与相关零件之间公差配合的选用**

凹模是成型塑件外表面的凹状零件（包括零件的内腔和实体两部分）。凹模的结构取决于塑件的成型需要和加工与装配的工艺要求，通常可分为整体式和组合式两大类。

（1）整体式凹模。整体式凹模是由整块钢材直接加工而成的，其结构如图 7—3 所示，前动模型芯板 9 为整体式凹模。这种凹模结构简单，牢固可靠，不易变形，成型的塑件质量较好，但当塑件形状复杂时，其凹模的加工工艺性较差（采用一般机械加工方法）。因此，在先进的型腔加工机床尚未普遍应用之前，整体式凹模适用于形状简单的小型塑件的成型。

（2）组合式凹模。组合式凹模是由两个以上的零件组合而成的。这种凹模改善了加工性，减少了热处理变形，节约了制作模具的贵重钢材，但结构复杂，装配调整比较麻烦，塑件表面可能留有镶拼痕迹，组合后的型胶牢固性较差。因此，这种凹模主要用于形状复杂的塑件的成型。组合式凹模的组合形式很多，常见的有以下几种。

1）整体嵌入式组合凹模。对于小型塑件采用多型腔模具成型时，各单个凹模一般采用冷挤压、电加工、电铸等方法制成，然后整体嵌入模中。这种凹模形状及尺寸的一致性好，更换方便，加工效率高，可节约贵重金属，但模具整体体积较大，需用特殊的加工方法。

2）局部镶嵌式组合凹模。为了加工方便或由于型腔某一部位容易磨损，需要更换部位采用局部镶嵌的办法，镶件可单独制成，然后再嵌入模中。

（3）齿轮型腔。塑料都有一定的成型收缩率，成型塑料齿轮的模具型腔需要放大一个考虑综合收缩的尺寸。以塑料外齿轮为例，齿轮型腔从表面来看好像是一个内齿轮，但它的齿轮形状不同于内齿轮，型腔的沟槽为塑料齿轮的齿形，它的齿形为塑料齿轮的沟槽。内齿轮的齿顶圆、齿根圆正好与齿轮型腔相反。

根据设备条件、塑料性能及生产批量因素，塑料齿轮型腔加工可选用机械切削加工、冷挤压成型、电火花加工、线切割加工、电铸加工、浇铸锌基合金、注压耐高塑料等方法。

齿轮型腔的结构因加工方法和生产批量的不同而变化，一般采用组合齿轮型腔。

**2. 凸模的结构及与相关零件之间公差配合的选用**

（1）主型芯。主型芯是指塑料成型模中塑件加大内表面的凸状零件，又称型芯。型芯有整体式和组合式两大类。

如图7—3所示，前动模型腔板10为整体式凸模和型芯。这种整体式结构，结构牢固，成型的塑件质量较好，但机械加工不便，钢材消耗量较大，主要用于小型模具上形状简单的小型凸模（型芯）。为了节约贵重钢材和方便加工，将凸模（型芯）单独加工后，再镶入模板中。

（2）小型芯。小型芯又称成型杆，它是成型塑件上较小的孔或槽。

小型芯通常是单独制造的，然后嵌入固定板中固定。

**3. 螺纹型芯和螺纹型环的结构及与相关零件之间公差配合的选用**

螺纹型芯是用来成型塑件上内螺纹（螺孔）的，螺纹型环则是用来成型塑件上外螺纹（螺杆）的，此外它们还可用来固定金属螺纹嵌件。无论是螺纹型芯还是螺纹型环，在模具上都有模内自动卸除和模外手动卸除两种类型。

在模具内安装螺纹型芯或螺纹型环的主要要求是：成型时要可靠定位，不因外界振动或料流的冲击而位移，在开模时能随塑件一起方便地取出，并能从塑件上顺利地卸除。

（1）螺纹型芯。螺纹型芯按其用途可分为成型塑件上的螺孔用的螺纹型芯和固定螺母嵌件用的螺纹型芯。这两种形式的螺纹型芯在结构上差别不大，但前者在设计时应考虑塑料的收缩率，粗糙度应小一些。螺纹的始端和末端还应留有过渡长度，后者仅按一般螺纹制造，不考虑收缩率，粗糙度可以大些。为了使螺纹型芯能从塑件螺孔或螺纹嵌件的螺孔中顺利拧出，一般将其尾部做成四方形或相对的两边磨成两个平面，以便于夹持。

螺纹型芯在模具中安装固定，通常采用H8/f8间隙配合，将螺纹型芯直接插入模具对应的配合孔中。另外，还有锥面固定定位、外圆固定定位、利用嵌件固定定位等方式。

对于上模或合模时冲击振动较大的卧式注射机模具的动模，螺纹型芯常用刚性固定形式。对于螺纹直径小于 8 mm 的螺纹嵌件，可采用带豁口柄的结构形式，其借助于豁口柄的弹力将型芯支承在模孔内，成型后随塑件一起拔出。还有用弹簧钢丝定位，常用于直径 5 ~ 10 mm 的型芯上。当螺纹型芯的直径大于 10 mm 时，可采用钢球弹簧固定。当螺纹型芯直径大于 15 mm 时，则可反过来将钢球和弹簧装置在型芯杆内，使用弹簧长圈固定型芯。

（2）螺纹型环。螺纹型环也有两种类别：成型塑件外螺纹用的和固定带有外螺纹的环。

螺纹型环在模具闭合前放入型腔内，成型后随塑件一起脱模，在模外卸下。

## 四、浇注系统零件公差配合的选用

### 1. 普通浇注系统的组成与作用

（1）浇注系统的组成。塑料注射模具的浇注系统是指熔体从注射机的喷嘴开始到型腔为止流动的通道，由主流道、分流道、浇口、冷料穴等部分组成。

主流道是指紧接注射机喷嘴到分流道为止的那一段流道，熔融塑料进入模具时首先经过主流道，主流道与注射机喷嘴在同一轴线上，物料在主流道中并不改变流动方向。主流道断面一般为圆形，其断面尺寸可以是变化的，也可以是不变的。

分流道是将从主流道中来的塑料沿分型面引入各个型腔的那一段流道，开设在分型面分流道的断面可以呈圆形、半圆形、梯形、矩形、U 字形等。分流道可以由动模和定模两边的沟槽组合而成，如圆形；也可以单开在定模一边或动模一边，如梯形、半圆形等。

浇口是指流道末端将塑料引入型腔的狭窄部分。除了主流道型浇口以外的各种浇口，其断面尺寸一般都比分流道的断面尺寸小，长度也很短。浇口可对料流速度、补料时间等起到调节控制作用，其常见的断面形状有圆形、矩形等。

冷料穴是为了除去料流中的前锋冷料而设置的。在注射过程的循环中，由于喷嘴与低温模具接触，使喷嘴前端存有一小段低温料，常称为冷料，在注射入模时，冷料在料流最前端。若冷料进入到型腔将造成塑件的冷接缝，甚至在未进入型腔前冷料头就将浇口堵塞而不能进料。冷料穴一般设在主流道的末端，有时也设在分流道的末端。

（2）浇注系统的作用

1）将熔体平稳地引入型腔，使之按要求填充型腔的每一个角落。

2）使型腔内的气体顺利地排出。

3）在熔体填充型腔和凝固的过程中，能充分地把压力传到型腔各部位，以获得组织致密、外形清晰、尺寸稳定的塑料制品。

浇注系统的设计正确与否是注射成型能否顺利进行以及能否得到高质量塑料制品的关键。

### 2. 浇口套及公差配合的选用

主流道轴线一般位于模具中心线上，与注射机喷嘴轴线重合，型腔也以此轴线为中心对称布置。在卧式和立式注射机用注射模中，主流道轴线垂直于分型面，主流道断面形状为圆形。在直角式注射机用注射模中，主流道轴线平行于分型面，主流道截面一般为等截面柱形，截面可为圆形、半圆形、椭圆形和梯形，以椭圆形应用最广。

由于主流道要与高温塑料和喷嘴反复接触和碰撞，容易损坏，因此，一般不将主流道直接开在模板上，而是将它单独设在一个主流道衬套中。这样，既可使容易损坏的主流道部分单独选用优质钢材，延长模具使用寿命，损坏后便于更换或修磨，又可以避免在模板上直接开主流道且需穿过多个模板时，拼接缝处产生溢料，主流道凝料无法拔出。通常，将淬火后的主流道衬套嵌入模具中。一般采用碳素工具钢如 T8A、T10A 等材料制造，热处理淬火硬度为 53～57HRC。

浇口套与定位圈设计成整体的形式，用螺钉固定于定模座板上，一般只用于小型注射模具。也可将浇口套与定位圈设计成两个零件的形式，以台阶的形式固定在定模座板上。

浇口套与模板间的配合采用 H7/m6，为过渡配合，浇口套与定位圈间的配合采用 H8/f8 的配合。定位圈在模具安装调试时应插入注射机定模板的定位孔内，用于模具与注射机的安装定位。定位圈外径比注射机定模板上的定位孔径小 0.2 mm 以下。

# 五、推出机构零件公差配合的选用

在塑件注射成型的每一个工作循环中，都必须让塑件从模具型腔中或型芯上脱出，模具中这种脱出塑件的机构称为推出机构（或称脱模机构、顶出机构）。推出机构的作用是完成塑件脱出、取出两个动作，即首先将塑件和浇注系统凝料与模具型腔或型芯松动分离，称为脱出，然后使塑件与模具完全分离。

### 1. 推出机构的组成与分类

（1）推出机构的组成。一般来讲，推出机构由推出零件、推出零件固定板、推板、推出机构的导向和复位零件组成。

如图 7—3 所示的模具中，推出机构由推杆 28、前动模推杆固定板 7、前动模推板 6、推杆 21、后动模推杆固定板 20、后动模推板 19 等组成。开模时，动模部分向左移动，开模一段距离后，当注射机的顶杆（非液压式）接触模具前动模推板 6 和后动模推板 19 后，推杆 28 和推杆 21 与前动模推杆固定板 7 和后动模推杆固定板 20 带动移动，将塑件从凸模上推出。

推出机构中，凡是与塑件相接触、并将塑件推出型腔或型芯的零件称为推出零件。常用的推出零件有推杆、推管、推件板、成型推杆等。为了保证推出零件合模后能回到原来的位置，需设置复位机构。推出机构中，从保证推出平稳、灵活的角度考虑，通常还设有导向装置，以保证浇注系统的主流道凝料从定模的浇口套中拉出，留在动模一侧。有的模具还设有支承钉，使推板与底板间形成间隙，易保证平面度要求，并且有利于废料、杂物的去除，另外还可以通过支承钉厚度的调节来控制推出距离。

（2）推出机构的分类。推出机构可按其推出动作的动力来源分为手动推出机构、机动推出机构、液压和气动推出机构。手动推出机构是模具开模后，由人工操纵的推出机构推出塑件，一般多用于塑件滞留在定模一侧的情况。机动推出机构是利用注射机的开模动作驱动模具上的推出机构，实现塑件的自动脱模。液压和气动推出机构是依靠设置在注射机上的专用液压和气动装置，将塑件推出或从模具中吹出。

推出机构还可以根据推出零件的类别分类，可分为推杆推出机构、推管推出机构、推件板推出机构、凹模或成型推杆（块）推出机构、多元综合推出机构等。

另外，还可根据模具的结构特征来分类，可分为简单推出机构、动定模双向推出机构、顺序推出机构、二级推出机构、浇注系统凝料的脱模机构、带螺纹塑件的脱模机构等。

**2. 推杆及公差配合的选用**

推杆（顶杆）脱模机构是最简单、最常用的一种形式，其有制造简单、更换方便、推出效果好等特点，推杆直接与塑件接触，开模后将塑件推出。

推杆与推杆孔的配合可采用 H8/f8 或 H7/e7。配合表面的粗糙度一般为 $Ra0.8 \sim 0.4\ \mu m$。

**3. 推管及公差配合的选用**

推管又称空心推杆或顶管，特别适用于圆环形、圆筒形等中心带孔的塑件脱模。推管整个周边推顶塑件，具有塑件受力均匀、无变形、无推出痕迹等优点。推管推出机构的常用方式是将主型芯固定于动模座板的推管脱模机构，型芯穿过推板固定于动模座板上。此种结构的型芯较长，型芯可兼作脱模机构的导向柱，多用于脱模距离不大的情况。推管的内径与型芯配合，外径与模板配合，其配合精度一般为间隙配合，对于小直径推管取 H8/f8 或 H7/f7，对于大直径推管取 F8/f7。推管与型芯的配合长度为推出距离 $S$ 加 $3 \sim 5\ mm$，推管与模板的配合长度一般为推管外径的 $1.5 \sim 2$ 倍，其余部分均为扩孔，推管扩孔为 $d + 0.5\ mm$，模板扩孔为 $D + 1\ mm$。另外，为了不擦伤型腔，推管外径要略小于塑件相应部位的外径。

**4. 脱模板及公差配合的选用**

脱模板又称卸料板或刮板，其特点是推出面积大、推力均匀，塑件不易变形，表面无推出痕迹，结构简单，模具无须设置复位杆，适用于大型塑件或薄壁容器及各种罩壳形塑件。脱模板与型芯之间的配合为间隙配合，如 H7/f6。

**5. 推块及公差配合的选用**

推块与型腔间的间隙配合为 H7/f6，推块材料用 T8，并经淬火后硬度为 53 ~ 55HRC 或 45 钢经调质后硬度为 235HBW。

**6. 活动螺纹型芯或型环及公差配合的选用**

这种模具是将螺纹部分做成活动型芯或型环，开模时随塑件一起脱模，最后在模外用手工将其与塑件脱离。这种模具结构简单，但需要数个螺纹型芯或型环，还需要模外取芯装置。各零件之间的公差配合与前面所述相同。

对于精度要求不高的外螺纹塑件，可采用两块拼合式螺纹型环成型，开模时，在斜导柱的作用下，型环上下分开，再由脱模板推出塑件。

# 六、侧抽芯机构零件公差配合的选用

当塑件有侧孔、侧凹或凸台时，其侧向型芯、型腔必须能够侧向移动，否则塑件无法脱模。带动侧向型芯、型腔移动的机构称为侧向分型与抽芯机构。型腔侧向移动称为侧向分型，型芯侧向移动称为侧向抽芯，有时不予区分通称为侧抽芯机构。按侧向分型与抽芯零件不同，可分为斜导柱侧向分型与抽芯机构、斜滑块侧向分型与抽芯机构。

如图 8—1 所示模具，这类模具主要用于成型有侧孔或内凹的塑件，哈夫块的运动方向与模具开模方向垂直。

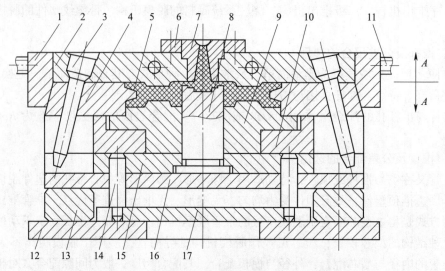

图 8—1　靠定模上斜导柱操作的哈夫块模具

1—楔紧块　2—定模板　3—斜导柱　4—哈夫块　5—塑件　6—定位圈　7—浇口套
8—型芯　9—型腔镶块　10—型腔镶件固定板　11—水嘴　12—动模固定板
13—支块　14—推板　15—型芯固定板　16—动模垫板　17—推板

开模时，固定在定模板 2 上的斜导柱 3 作用于哈夫块 4，使哈夫块 4 外移，并脱离塑件 5 的环形槽。与此同时注射机的顶出系统顶动推板 17，推板 17 推动推杆 14，将型腔镶件固定板 10 顶起，使塑件 5 脱离型芯 8。

如图 8—2 所示为模外装有摆钩的定距分型结构的注射模。当抽芯力较大时，采用弹簧式不可靠，而采用机械拉紧机构。模外两侧装有由摆钩 6、弹簧 7、定距螺钉 5 及压块 8 组成的定距拉紧机构。开模时，由于摆钩 6 紧紧钩住动模板上的挡块，迫使分型

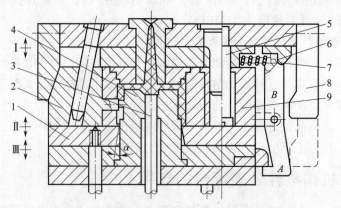

图 8—2　模外装有摆钩的定距分型结构

1—推杆　2—滑块　3—推杆　4—凸模　5—定距螺钉
6—摆钩　7—弹簧　8—压块　9—凹模柱拉板

面Ⅰ首先分开，此时侧型芯滑块2开始抽芯，在侧型芯全部从塑件中抽出的同时，压块8上的斜面迫使摆钩6按逆时针方向摆动，从而脱开动模板上的挡块，当动模移动到一定位置时，由定距螺钉5将凹模板拉住，随着动模继续移动，分型面Ⅱ打开，塑件由型芯带出型腔，然后由推板1推出塑件（分型面Ⅲ打开）。

在设计摆钩时，应注意着力点A与支点B间的逆时针力矩应小于复位弹簧7的作用力与支点B间所产生的顺时针力矩，否则将会有脱钩现象，图8—2中的虚线是用加长压块8的办法防止脱钩。另外定距长度值是按侧型芯的抽芯距来确定的，并应保证先脱钩后拉紧凹模板。

斜滑块侧向分型与抽芯注射模具的特点是，塑件从动模型芯上被推出的动作是与斜滑块的侧向分型与抽芯动作同时进行的，其抽芯距比斜导柱抽芯距短。在设计、制造这类注射模具时，应保证斜滑块的移动可靠、灵活，不能出现停顿及卡死现象，否则抽芯将不能顺利进行，甚至会损坏塑件或模具。此外，斜滑块的安装高度应略高于动模板，以利于合模时压紧。

## 第2节　模具总装配检验

### 一、模具技术状态检测的重要性

在模具制造完成正常投入使用之前进行的技术状态检测是判断模具是否达到设计要求，在制件质量、模具寿命和功能上是否满足生产要求的重要步骤。这种检测主要是判断模具是否合格，能否投入使用。在检测中，各有关部门和人员要齐心协力排除缺陷和不足。

模具在使用过程中，由于模具零件的自然磨损、模具制造工艺不合理、模具在机床上安装或使用不当以及设备发生故障等原因，都能使模具失去原有的使用精度。模具技术状态必然日趋恶化，也将直接影响制件质量和生产效率。因此，在模具管理上，模具使用一段时间或每次使用完毕都需要进行检测。这样管理人员就可以主动地掌握模具技术状态的变化，并认真及时地予以处理，使模具经常在良好或最佳状态下工作。

模具经过长期使用，在报废前也要进行技术状态检测，以对模具作出正常的结论，报废模具作出特定标记，并及时更新模具。

此外，在各次技术状态检测中，要把模具检测的结果连同制件产生缺陷的内容、原因和采取的措施以及模具的磨损程度、损坏原因和修理内容作详细记录，并进一步整理出资料，为模具设计、工艺、使用等方面提供十分重要而有用的技术资料。

### 二、模具技术状态检测

新模具制成和模具修理后，模具的技术状态是通过试模来检测的。使用中模具的技术状态的检测是通过对制件质量状态和模具工作性能的检查来进行的。

重大的技术状态检测应由产品工艺人员、模具设计人员、模具工艺人员、检验人员、模具制造和使用人员以及模具生产管理人员共同参与和完成。在检测中要做到模具工作的设备及状态、试用的原材料或半成品、试用的工艺条件符合产品工艺规程的规定。同时，对试用中的制件的数量要有明确的规定。

**1. 制件质量的检查**

由于模具精度直接表现为制件精度，因此，制件质量的检查是模具技术状态检测的重要一环。

（1）制件质量检查的主要内容有以下方面：

1）制件尺寸精度是否符合图样要求。

2）制件形状及表面质量有无各种成型缺陷。

3）飞边是否超过规定要求。

（2）制件质量检查应分三个阶段进行：

1）模具开始作业时检查。应在模具安装调整完毕进行，先检查几个制件并与前一次模具检验时的测定值作比较，以检验模具安装是否正确。这是因为有时制件不良的原因不在于模具，而在于模具安装方法不当。

2）模具使用中的检查。主要内容是进行制件尺寸测量和飞边测量，通过检查和掌握制件尺寸、形状和飞边大小来检测模具的磨损状态和使用性能。

3）模具使用后检查。检查最后几个制件的质量情况，其检查要根据工序的性质来确定，要检查外形尺寸、孔位变化、表面质量等的变化。通过制件质量和模具生产制件的数量来判断模具的磨损情况或模具有无修理的必要，以防止在一次使用该模具时由于模具不良而引起事故或中断生产。

三个阶段的检查分别发挥着不同的作用，其主要目的是保证模具的精度，使模具保持良好的技术状态，最大限度地延长模具的寿命和防止制件出现缺陷。

**2. 模具工作性能的检查**

模具使用后，除了检查制件质量外，还应对模具的工作性能进行一次详细的检查。其检查内容如下：

（1）检查工作件：结合制件质量情况，检查模具工作件是否完好。

（2）检查各工作系统：各工作系统动作是否协调，能否正常工作。

（3）检查导向装置：导向装置是否有严重磨损，导柱、导套的配合间隙是否过大以及有无松动现象。

（4）检查推出机构和侧抽装置：推出机构和侧抽装置动作是否灵活平稳，是否有严重磨损和变形状况。

（5）检查定位装置：定位装置是否可靠，有无松动和严重磨损。

（6）检查安全防护装置的完好状态。

通过以上检查来确认模具技术状态的良好程度，并以此为根据提出修、存的处理意见。

对于每次检测中的制件质量、模具质量、留档制件、模具维护等方面的情况，要逐项记录在模具档案本上，由有关人员签字。历次检测都要记录在案直至报废。每副模具都应有"技术状态检测档案本"。

# 三、热流道模具检验知识

## 1. 中小型标准模架

国家标准规定，中小型模架的周界尺寸范围为不大于 560 mm×900 mm，并规定其模架结构形式为四种型号，即基本型分为 A1、A2、A3、A4 四种，派生型分为 P1～P9 九种。标准中还规定，以定模、动模座板有肩、无肩划分，又增加 13 个品种，共 26 个模架品种。中小型模架全部采用 GB/T 4169.1～11—2006《塑料注射模零件》中的标准件组合而成，其规格基本上覆盖了注射量为 10～4 000 cm³ 的注射机用的各种中小型热塑性和热固性塑料注射模。

中小型模架规格的标记方法如下：

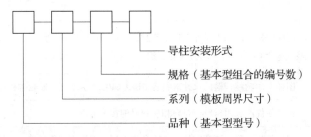

导柱安装形式用代号 Z 和 F 来表示。Z 表示正装形式，即导柱安装在动模上，导套安装在定模上；F 表示反装形式，即导柱安装在定模上，导套安装在动模上。代号后还有序号 1、2、3，分别表示所用导柱的形式。1 表示采用直导柱，2 表示采用有肩导柱，3 表示采用有肩定位导柱。

例如：A2－100160－03－Z 表示采用 A2 型标准注射模架，模板周界尺寸为 100 mm×160 mm，规格编号为 03，导柱正装。

## 2. 大型标准模架

国家标准规定，大型模架的周界尺寸范围为 630 mm×630 mm～1 250 mm×1 250 mm，适用于大型热塑性塑料注射模。模架种类有 A 型、B 型组成的基本型和由 P1～P4 组成的派生型，共 6 个品种。大型模架组合用的零件，除全部采纳 GB/T 4169.1～11—2006《塑料注射模零件》标准件外，超出该标准零件尺寸系列范围的，则按照 GB/T 2822—2005《标准尺寸》，结合我国模具设计采用的尺寸，并参照国外先进企业标准，建立了和大型模架相配合使用的专用零件标准。

大型模架规格的标记方法和中小型模架标记方法相类似，只是在表示模板尺寸 $B×L$ 时少写一个"0"，也可以理解为其长度单位不是 mm 而是 cm，同时不表示导柱安装方式。

例如：A－80125－26 表示采用基本型 A 型结构，模板 $B×L$ 为 800 mm×1 250 mm，规格编号为 26。

模架组合标准主要根据结构形式、分型面数、塑件脱模方式和推件板行程、定模和动模组合形式来确定。因此，塑料注射模架组合具备了模具的主要功能。

## 3. 注射模零件技术条件

GB/T 4170—2006《塑料注射模具零件技术条件》适用于 GB/T 4169.1～11—2006

《塑料注射模零件》中所规定的通用零件，其内容包括技术要求、检验规则及标记、包装、运输、储存等。其技术要求部分见表8—1。

表8—1　　　　　　　　　　　GB/T 4170—2006 中的技术要求内容

| 标准条目及编号 | 内容 |
|---|---|
| 3.1 | 图样中线性尺寸的一般公差应符合 GB/T 1804—2000《一般公差　未注公差的线性和角度尺寸的公差》中 m 的规定 |
| 3.2 | 图样中未注几何公差应符合 GB/T 1184—1996《形状和位置公差　未注公差值》中 H 的规定 |
| 3.3 | 零件均应去毛刺 |
| 3.4 | 图样中螺纹的基本尺寸应符合 GB/T 196—2003《普通螺纹　基本尺寸》的规定，其偏差应符合 GB/T 197—2003《普通螺纹　公差》中 6 级的规定 |
| 3.5 | 图样中砂轮越程槽的尺寸应符合 GB/T 6403.5—2008《砂轮越程槽》的规定 |
| 3.6 | 模具零件所选用材料应符合相应牌号的技术标准 |
| 3.7 | 零件经热处理后硬度应均匀，不允许有裂纹、脱碳、氧化斑点等缺陷 |
| 3.8 | 质量超过 25 kg 的板类零件应设置吊装用螺孔 |
| 3.9 | 图样中未注公差角度的极限偏差应符合 GB/T 1804—2000 中 c 的规定 |
| 3.10 | 图样中未注尺寸的中心孔应符合国家标准的规定 |
| 3.11 | 模板的侧向基准面上应作明显的基准标记 |

**4. 模架及其主要零件的技术要求**

为了确保模架的装配精度，动模板和定模板导柱、导套孔位精度与基准面的位置精度，对模架主要零件和装配后模架分别提出下列技术要求：

（1）模架主要零件的技术要求。模架主要零件是指模板和导柱、导套。

1）导柱、导套的技术要求。导柱和导套是合模导向机构，它起着引导动、定模正确闭合和保证型芯的作用。对导柱和导套的技术要求主要有以下几点：

①导柱、导套的尺寸精度、几何精度和表面粗糙度的要求应达到 GB/T 4169.1～11—2006 所规定的各项技术指标。

②导柱固定部分与模板固定孔的配合为 H7/k6。当采用带头导套时，导套固定部分与模板固定孔的配合为 H7/k6；当采用直导套时，二者的配合为 H7/n6。

2）模板的技术要求。模板上下平面的平行度和模板基准面的垂直度均要求较高，否则将影响模架的装配和型腔的加工精度。对模板的主要技术要求如下：

①模板的尺寸精度、几何精度和表面粗糙度应达到 GB/T 4169.8—2006 所规定的各项技术指标。模板厚度方向的平行度误差应符合 5 级精度，基准面的垂直度误差应符合 6 级精度。

②动、定模板上导柱、导套固定孔的中心距应一致，且孔的轴线与模板平面的垂直度误差应符合6级精度。

③导柱孔至基准面的边距公差为±0.02 mm。

④基准面的直角相邻两面应作出明显标记。

（2）模架的主要技术要求。模架组装后要求达到如下精度：

1）模架上下平面的平行度误差在300 mm长度内应不大于0.005 mm（精度要求高的为0.002 mm）。

2）导柱与导套轴线对模板的垂直度误差在100 mm长度内不大于0.02 mm。

3）导柱与导套的配合间隙应控制在0.02~0.04 mm。

4）导柱、导套与模板孔固定结合面不允许有间隙。

5）分型面闭合时，应紧密贴合，如有局部间隙，其间隙值不大于0.03 mm。

6）复位杆顶端面应与分型面平齐，复位杆与动模板的配合为H7/e7。

型腔模模架检测方法，大致与冷冲模模架相同，现以塑料注射模模架的检测方法为例说明型腔模模架的检测方法，见表8—2。

表8—2  塑料注射模模架检测方法

| 序号 | 检测内容 | 检测方法 | 检测量具、器具 | 说明 | 允许值 |
|---|---|---|---|---|---|
| 1 | 平行度 | | 平板、附指示器的测量架 | 以平板为基准取读数最大与最小差值为平行度误差 | 定、动模板为IT5级，推板为IT6级 |
| 2 | 直线度 | 平尺 | 平尺、塞尺 | 用透光法，平尺靠塞尺测量 | IT6级 |
| 3 | 垂直度 | | 直角尺、塞尺 | 用直角尺侧面检测，塞尺测量间隙 | IT8级 |
| 4 | 同轴度 | | 平板、V形架、附指示器的测量架 | 将在铅垂轴方向的两指示器的指针分别调至零位，转动工件测量其绝对值 | IT6级 |

| 序号 | 检测内容 | 检测方法 | 检测量具、器具 | 说明 | 允许值 | | |
|---|---|---|---|---|---|---|---|
| 5 | 基准面垂直度 | | 直角尺、塞尺 | 用直角尺内侧面检测，塞尺检测间隙 | IT6级 | | |
| 6 | 导柱对模板结合件的垂直度 | | 直角尺、塞尺 | 用直角尺外侧面检测，塞尺测量间隙，以分型面为基准 | 导柱轴线对模板为IT6级 | | |
| 7 | 导套对模板结合件的垂直度 | | 塞尺 | 用塞尺测量与定模板间隙 | 导套轴线对模板为IT6级 | | |
| 8 | 模架组合后的平行度 | | 平板、附指示器的测量架、塞尺 | 测量组合的定、动模固定板平行度。以平面为基准取读数最大与最小差值为平行度误差 | | 范围 | 公差 |
| | | | | | 平行度（mm） | 630~1 000 | ≤0.1 |
| | | | | | | >1 000~1 600 | ≤0.16 |
| | | | | | 间隙（mm） | 630~1 000 | ≤0.05 |
| | | | | | | >1 000~1 600 | ≤0.06 |
| 9 | 表面粗糙度 | | 比较表面粗糙度样板 | | $Ra$ 为 0.3 μm 以下直接比较；$Ra$ 为 1.6~3.2 μm 用放大镜目测比较 | | |
| 10 | 硬度 | 布氏、洛氏硬度计 | 导柱、导套硬度为 50~55HRC 模板硬度为240~270HBW | | | | |

（3）模架的检查应遵循下述原则

1）模架零件尺寸精度的测量使用千分尺、千分表、直角尺、精密平板等常规测量器具。几何公差要求按 GB/T 1184—2009《形状和位置公差　未注公差值》确定。

2）模架的表面粗糙度按 GB/T 1031—2009《产品几何技术规范（GPS）表面结构轮廓法表面粗糙度参数》规定确定。

注射模结构零件包括模板、导柱、导套、推杆、推板、复位杆等，其精度检测可参照表 8—3 进行。

表 8—3　　　　　　　　　　　　　　精度检测参照表

| 模具零件 | 部位 | 条件 | 标准值 |
|---|---|---|---|
| 模板 | 厚度 | 要求平行 | 300 mm：0.02 mm |
| | 装配总厚度 | 要求平行 | 0.1 mm |
| | 导柱孔 | 要求孔径正确 | H7 |
| | | 要求定模、动模位置一致 | ±0.02 mm 以内 |
| | | 要求垂直 | 100 mm：0.02 mm |
| | 顶杆、复位杆孔 | 要求孔径正确 | H7 |
| | | 要求垂直 | 配合长度：0.02 mm |
| 导柱 | 压入部分直径 | 精磨 | k6、k7、m6 |
| | 滑动部分直径 | 精磨 | f7、e7 |
| | 平直度 | 要求无弯曲 | 100 mm：0.02 mm |
| | 硬度 | 淬火回火 | 55HRC 以上 |
| 导套 | 外径 | 精磨 | k6、k7、m6 |
| | 内径 | 精磨 | H7 |
| | 内外径的关系 | 要求同轴 | 0.01 mm |
| | 硬度 | 淬火回火 | 55HRC 以上 |
| 推杆复位杆 | 滑动部分直径 | 精磨 | 2.5~5 mm：−0.01 mm／−0.03 mm |
| | | | 6~12 mm：−0.02 mm／−0.05 mm |
| | 平直度 | 要求无弯曲 | 100 mm：0.1 mm |
| | 硬度 | 淬火回火或氮化 | 55HRC 以上 |
| 推板 | 推杆安装孔 | 孔位置与模板同尺寸 | ±0.3 mm |
| | 复位杆安装孔 | | ±0.6 mm |
| 有侧型芯机构时 | 滑动部分配合 | 不咬死，滑动灵活 | f7、e6 |
| | 硬度 | 双方或一方淬火 | 50~55HRC |

注：关于条件、标准值的具体内容参照有关规定。

在注射模图样上，无特殊标注的尺寸偏差，包括成形部位和一般尺寸，以及调整余量值的偏差值参照表 8—4 选择。

表 8—4　　　　　　　　　　模具一般尺寸偏差　　　　　　　　　　　mm

| 基本尺寸 | 成形部位 | | | 一般 | 调整余量 | |
|---|---|---|---|---|---|---|
| | 参数及公差 | | | 公差 | 尺寸数值 | 公差 |
| | 一般 | 圆孔中心距 | 以名义尺寸作为长度部位的壁厚 | | | |
| 63 以下 | ±0.07 | ±0.03 | ±0.07 | ±0.1 | 0.1 | +0.1 0 |
| 63 以上 250 以下 | ±0.1 | ±0.04 | ±0.1 | ±0.2 | 0.2 | |
| 250 以上 1 000 以下 | ±0.2 | ±0.05 | ±0.2 | ±0.3 | 0.3 | |

注：1. "成形部位" 是指在模具上形成塑件的部分。

2. "一般" 是指除了配合部位、成形件部位、调整部位、拼合部位以外的一般部分。

3. "调整余量" 是指由于拼合部位须经修配加工而保留的余量尺寸。

4. "圆孔中心距" 不适用于型腔间的中心距和导柱中心距。

5. 同轴度误差无特别规定，希望尽量包括在一般尺寸的公差范围内。

当基本尺寸较大时会使精度定得过高，根据塑件要求这又是不必要的。对成型塑件壁厚部位，如以基本尺寸大小来取公差，则又使壁厚公差增大，不能保证塑件需要的壁厚尺寸要求。这类情况通常取模具成形零件的有关公差为对应的塑件公差的 1/4 ~ 1/3。

# 本章测试题

1. 塑料模脱模斜度的修配，对于型芯原则上应保证（　　）尺寸在制件尺寸公差范围内。

　　A. 大端　　　　　　　　　　　　B. 离大端 1/3 处

　　C. 离小端 1/3 处　　　　　　　　D. 小端

2. 标准公差数值由（　　）确定。

　　A. 基本尺寸和基本偏差　　　　　B. 基本尺寸和公差等级

　　C. 基本偏差和公差等级

3. 尺寸链中，在其他各环不变的条件下，封闭环随（　　）增大而增大。

　　A. 组成环　　　　B. 协调环　　　　C. 增环　　　　　D. 减环

4. 下列量具与量规属于标准量具的是（　　）。

　　A. 游标卡尺　　　B. 百分表　　　　C. 量块　　　　　D. 螺母量规

5. 用表面粗糙度样板比较法进行测量，用于（　　）。

　　A. 定性分析比较　　　　　　　　B. 定量分析比较

　　C. 总和分析

6. 主要靠过盈保证静止或传递载荷的孔轴，应选（　　）配合。

　　A. 间隙　　　　　B. 过渡　　　　　C. 过盈

7. 设计给定的尺寸，称为（　　）。

　　A. 基本尺寸　　　　　　　　　　B. 实际尺寸

　　C. 最大极限尺寸　　　　　　　　D. 最小极限尺寸

8. 用（　　）检查凸、凹模的间隙是否均匀。
   A. 百分表
   B. 千分尺
   C. 量规
   D. 游标卡尺
   E. 塞尺

9. 模具装配，基本是用（　　）法进行的。
   A. 工艺装配
   B. 完全互换
   C. 选择配合
   D. 拼合
   E. 修配或调整

10. 用百分表测模架的平行度误差，百分表测得的（　　）即为该模架的平行度误差。
   A. 最大读数
   B. 最小读数
   C. 最大读数加最小读数的一半
   D. 最大读数加最小读数

## 本章测试题答案

略。

第 **9** 章

## 试模与修模

# 第1节 试模

## 一、塑料注射成型模具的试模

### 1. 塑料注射成型模具的试模原则

当接到一副新模具需要试模时，相关人员总是希望能早一些试出一个结果并且试模过程顺利，以免浪费工时。

但应注意两个方面：第一，模具设计师以及模具工高级技师有时也会犯错误，在试模时若不提高警觉，可能会因小的错误而产生大的损失；第二，试模的结果是要保证以后生产的顺利，如果在试模过程中没有遵循合理的步骤以及作适当的记录，就无法保障生产的顺利进行。这里更应强调的是：模具运用顺利的情况下将会迅速增加利润，否则所产生的成本损失会大于模具本身的造价。

（1）试模前的注意事项

1）了解模具的有关资料。最好能取得模具的设计图样，仔细分析，并请模具工高级技师参加试模工作。

2）先在工作台上检查其机械配合动作。要注意是否有刮伤、缺件、松动等现象，水道及气管接头有无泄漏。

3）当确定模具各部动作正常后，就要选择适合的试模射出机，在选择时应注意：

①射出容量。

②杆的宽度。

③大的开程。

④配件是否齐全等。

一切都确认没有问题后则下一步骤就是吊挂模具，吊挂时应注意在锁上所有锁模板及开模之前吊钩不要取下，以免锁模板松动或断裂以致模具掉落。

模具装妥后应再仔细检查模具各部分的机械动作，如滑板、顶针及限制开关等动作是否确实，并注意射料嘴与进料口是否对准。下一步则是注意合模动作，此时应将关模压力调低，在手动及低速的合模动作中注意是否有任何不顺畅动作及异常声响。

4）提高模具温度。依据成品所用原料性能及模具大小选用适当的模温控制机将模具温度提高至生产时所需的温度。

模温提高之后须再次检视各部分的动作，因为钢材热膨胀之后可能会引起卡模现象，所以须注意各部的滑动，以免有拉伤及颤动。

5）若工厂内没有推行实验计划法则，建议在调整试模条件时一次只能调整一个条件，以便区分单一条件变动对成品的影响。

6）依原料不同，对所采用的原料进行适度的烘烤。

7）试模与将来量产尽可能采用同样的原料。

8）勿完全以次料试模，如有颜色需求，安排调整颜色，并达到客户的要求。

9）内应力等问题经常影响二次加工，应于试模后及成品稳定后即进行二次加工。模具在慢速合上之后，要调好关模压力，并动作几次，查看有无合模压力不均匀现象，以免成品产生毛边及模具变形。

以上步骤都完成后，再将关模速度及关模压力调低，且将安全顶杆及顶出行程定好，再调整合模位置和合模速度。如果涉及最大行程的限制开关，应把开模行程调短，而在此开模最大行程之前切掉高速开模动作。这是因为在装模期间和整个开模行程中，高速动作行程比低速动作行程长。

（2）在作第一模射出前再查对以下各项：

1）加料行程。

2）压力。

3）充模速度。

4）加工周期。若加工周期太短，顶针将顶穿成品。这类情况可能会导致需花费两三个小时才能取出成品。若加工周期太长，则型芯的细弱部位可能因胶料缩紧而断掉。当然不可能预料到试模过程发生的一切问题，但事先充分考虑可以避免严重损失。

（3）试模的主要步骤。为了避免量产时浪费时间，有必要耐心调整和控制各种加工条件，找出最好的温度及压力条件，制定标准的试模程序。

1）查看料筒内的塑料是否正确无误，及有否依规定烘烤。试模与生产若用不同的原料很可能得出不同的结果。

2）料管的清理务求彻底，以防杂料射入模内，因为杂料可能会将模具卡死。测试料管的温度及模具的温度是否适合加工的原料。

3）调整压力及射出量，以求生产出外观令人满意的成品，但是不可出现毛边，尤其是当还有某些型腔成品尚未完全凝固时，在调整各种控制条件之前应思考一下，因为充模率稍微变动，可能会引起很大的充模变化。

4）要耐心地等到机器及模具的条件稳定下来，即使中型机器可能也要等 30 min 以上。可利用这段时间来查看成品可能发生的问题。

5）螺杆前进的时间不可少于闸口塑料凝固的时间，否则成品质量会降低而损伤成品的性能。当模具被加热时，螺杆前进时间亦需酌情加长以便压实成品。

6）合理调整总加工周期。

7）把新调出的条件至少运转 30 min 以至稳定，然后至少连续生产一打全模样品，在其模具上标明日期、数量，并按型腔分别放置，以便测试其运转的稳定性及导出合理的控制公差。

8）测量样品并记录其重要尺寸。

9）把每模样品量得的尺寸逐个比较，应注意：

①尺寸是否稳定。

②是否有某些尺寸有增大或减小的趋势而显示机器加工条件仍在变化，如不良的温度控制或油压控制。

③尺寸的变动是否在公差范围之内。

10）如果成品尺寸不发生变动而加工条件也正常，则需观察是否每一型腔的成品质量都可被接受，其尺寸都能在容许公差之内。量出最大、最小和平均值的型腔，并标号记下，以便检查模具尺寸是否正确。记录且分析数据用于修改模具及生产条件，且为未来量产作参考依据。

①加工运转时间长些，以稳定熔胶温度及液压油温度。

②按所有成品的最大和最小尺寸调整机器条件，若缩水率太高及成品显得缺料，也可以增加浇口尺寸。

③对各型腔尺寸的过大或过小予以修正，若型腔尺寸正确，就应修改成型工艺，如充模速率、模具温度及各部压力等，并检视某些型腔是否充模较慢。

④依型腔成品的配合情形或型芯移位，予以分别修正，也许可再调整充模率及模具温度，以便改善其均匀度。

⑤检查及修改射出机的故障，如油泵、油阀、温度控制器等的不良都会引起加工条件变化，即使再完善的模具也不能在维护不良的机器上发挥良好的工作效率。

在检查所有的记录数值之后，保留一套样品以便比较已修正之后的样品是否改善。

**2. 重要事项**

妥善保存所有在试模过程中样品检验的记录，包括加工周期、各种压力、熔胶及模具温度、料管温度、射出动作时间、螺杆加料时间等，简言之，应保存所有将来有助于顺利建立相同加工条件的数据，以便获得符合质量标准的产品。

目前，工厂试模时往往忽略模具温度，而在短时试模及将来量产时模具温度最不易掌握，而不正确的模温足以影响样品的尺寸、光度，导致缩水、流纹、欠料等现象，若不用模温控制器予以把握，将来量产时就可能出现困难。

## 二、塑料注射成型模具的试模成型工艺参数的制定

根据加工塑料的特性，按推荐的工艺参数，先取预选的工艺参数较低的值，然后在模具调试过程中进行调整。

**1. 判别机筒和喷嘴温度**

根据熔料塑化质量来确定机筒和喷嘴温度。将喷嘴脱离固定模板主流道，用较低的注射压力，使熔料从喷嘴缓慢流出，观察料流，若没有硬块、气泡、银丝、变色等缺陷，料流光滑明亮，则说明机筒和喷嘴温度比较适合，就可以开始试模，反之，则需进行适当的调整。

**2. 加料方式的选择**

注射机加料方式有如下三种，根据物料及模具情况选择合适的加料方法。

（1）前加料，即每次注射后，塑化达到要求容量时，注射座后退，直至下一工作循环开始时再前进，使喷嘴与模具接触，进行注射。此法用于喷嘴温度不易控制、背压较高、防止回流的场合。

（2）后加料，即注射后注射座后退再进行预塑化工作，待下一工作循环开始，再进行注射。此法用于喷嘴温度不易控制及加工结晶塑料的场合。

（3）固定加料，即在整个成型周期中，喷嘴与模具一直保持接触。这是目前常用的方法，适用于塑料成型温度范围较广，喷嘴温度易控制的场合。

### 3. 注射量的调节

注射量，即一次注入模内的物料量，它包括塑料量及流道中物料量。加料量通过注射机的加料装置调节，最后以试模结果为准。注射量一般不应超过注射机注射量的80%。

### 4. 塑化能力调整

塑化能力主要调节螺杆转速，预塑背压和料筒、喷嘴温度。这三者是互相联系和互相制约的，必须协调调整，整个塑化时间不应超过制品冷却时间，否则就要延长成型周期。

螺杆转速调节的范围稍大一些，但不得超出工艺所要求的范围，并应选用注射机螺杆转速的最佳工作范围内的转速，以减小螺杆转速的波动。

在预塑化时，控制合理的预塑背压，有利于物料中的气体排出，提高塑化质量。背压的高低由所加工的塑料性能以及有关工艺参数决定，一般为 0.5~1.5 MPa。对于高黏度和热稳定性差的塑料，宜用较慢的螺杆转速和较低的预塑背压；对中低黏度和热稳定性好的塑料，可采用较快的螺杆转速和略高的预塑背压，但应防止熔料的流延现象。

### 5. 注射压力调节

根据加工制品形状、壁厚、模具结构设计、塑料性能等参数，可预先选取注射压力和注射速度。但开始时，原则上选取较小的注射压力，待模具温度达到要求的工艺参数范围，观察熔料充模情况，若充模不足或有其他相应的缺陷，则逐渐升高注射压力。在保证完成充模的情况下，应尽量选取较低的压力，这样可以减小锁模力和降低功率的消耗。

### 6. 注射速度调节

一般注射机设有高速和低速注射，对于薄壁、成型面积大的塑件，宜用高速注射；对于厚壁、成型面积小的塑件，采用低速注射。某些塑料对剪切速度十分敏感，注射速度的控制应有利于熔料充模和防止熔料变质。在高速和低速注射成型都能满足的情况下，宜采用低速注射（玻璃纤维增强除外）。

## 三、塑料注射成型机的调整

### 1. 注射机

如图 9—1 所示，所选注射机为震德塑料机械厂有限公司生产的 CJ–80M2 型注射机，该机由计算机控制，具有优异的性能，稳定性好，并具有可靠的安全操作保护功能。

注射机采用五铰点斜排列水平放置双边杆锁模机构，运动特性好，平稳，刚度大，操作简单，适用于精密塑件的成型。

机筒的表面由电阻加热圈加热，共分三段，由六个加热圈组成，共计加热功率为6 kW，加热快，由热电偶反馈，计算机进行控制，温度控制准确。

液压系统采用压力、流量控制比例阀来控制，液压元件都采用国外名厂生产的产品，

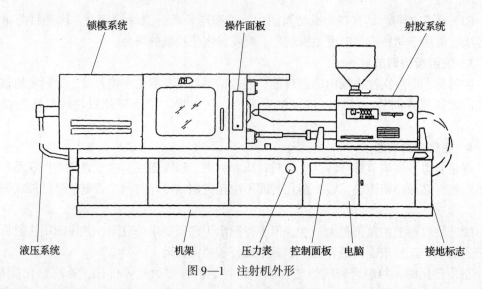

图 9—1　注射机外形

采用低压直流 24 V 电压控制，节能，稳定，可靠。

**2. 模具安装**

（1）在操作注射机之前，要穿着合适，设备要进行安全检查。

（2）打开总电源，然后合上分电源（设备）。

（3）旋开紧急开关键。

（4）关上前后安全门。

（5）按油泵按钮，开启油泵马达。

（6）根据模具的情况，在手动状态下调整好合模安全装置、顶针行程和合模侧的限位开关等。

（7）按开模键，使设备的移动模板开启到停止的位置。

（8）按油泵按钮关机。

（9）打开前后安全门，为安装模具做准备。

（10）如有吊装装置，可以用吊环把模具吊装在注射机定模板的定位孔穴的位置；如果没有吊装装置，则要用木板把模具抬到注射机定模板的定位孔穴的位置。

（11）用压板、螺钉等工具，把模具的定模板固定在注射机的定模板上。

（12）关上前后安全门，开启油泵马达。

（13）按合模键，使设备的移动模板到合模停止的位置并压紧模具。

（14）按油泵按钮关机，并打开前后安全门。

（15）用压板、螺钉等工具，把模具的动模板固定在注射机的移动模板上。

（16）卸下吊装所用的工具，检查安全情况。

**3. 模具调试**

（1）模具厚度的调试

1）在手动状态下，按开模键，使设备的移动模板开启到停止的位置。

2）按调模键，根据模具在设备上的情况（合严否），按调模进键（模板间距减小）或调模退键（模板间距增加）。

3）以模板间距小于模具厚度为例说明，合模时合模臂未伸直，合不紧。需要增加模板间距。手按调模退键，模板向后慢慢移动。

4）估计达到模具厚度尺寸时，按调模键停止调模。

5）按合模键，观察移动模板到合模停止的位置时合模臂是否伸直，模具的分型面是否有间隙，肘臂伸直时是否有"当"的声音（用于判断调好的标准）。

6）若合模臂没有伸直，再按调模键，手按几下调模退键，使移动模板向后慢慢移动少量的距离。

7）估计达到模具厚度尺寸时，按调模键停止调模。

8）按合模键，观察移动模板到合模停止的位置时合模臂伸直，模具的分型面没有间隙，肘臂伸直时有"当"的声音。这说明调模过程结束，否则要再进行上面的步骤。

9）若移动模板到合模停止的位置时模具的分型面有间隙，开模后则按调模键，按调模进键进行与上面相反的操作，直到调好为止。

（2）模具顶出距离的调整

1）手按手动状态下的顶针前进键，观察模具顶杆的顶出量的大小。

2）若模具顶杆的顶出量小于制品的高度，估计还需要的顶出量。

3）手按功能状态下的顶针键，出现如图9—2所示顶针设定的画面。

| 顶针设定 | | | |
|---|---|---|---|
| 顶针次数 | AA次 | 顶针震动 | BB次 |
| 最大行程 | CC mm | 顶针停顿 | DD秒 |
| 顶针开始的开模位置 | | | EE mm |
| 顶针动作方式 | FF | | |
| | 速度 | 压力 | 位置 |
| 顶针前进 | GG % | HH % 顶出 | II mm |
| 顶针后退 | JJ % | KK % 退回 | LL mm |
| ??? | ???? | ???mm | ????mm |

图9—2 顶针设定的画面

4）在顶针设定的画面中，对画面中的 AA～LL 进行设定。

5）按方向键把黄色的光标移动到 GG 的位置（顶针前进的设定，顶针前进的速度为35%，顶出油缸的压力为系统压力的40%，顶针离原点的距离为32 mm，如图9—3所示）。

6）按数字3、5键，设定为35。

7）再按输入键进行确定，设定完顶针前进的速度为35%，这时光标自动移到HH的位置。

8）按数字4、0键，设定为40。

9）再按输入键进行确定，设定完顶针前进的压力为40%，这时光标自动移到II的位置。

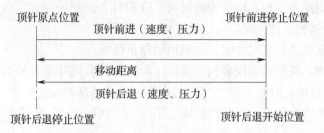

图9—3　顶针顶出位置示意图

10）设定顶出停止位置的数值为（32＋5）mm（顶出量少5 mm，需加5 mm的顶出量才能顶出制品），按数字3、7键，再按输入键进行确定。

11）同样设定顶针后退的各个参数。

12）按合模键闭合模具，使顶杆回位，再按开模键开模。

13）按手动状态下的顶针前进键，观察模具顶杆的顶出量是否合适。

14）如果不合适，则重复上面的动作。

15）合适则调整步骤完成。

**4．工艺调整**

（1）温度的调整

1）设定值（见表9—1）

表9—1　温度设定值

| 料筒位置 | Ⅰ（温1） | Ⅱ（温2） | Ⅲ（温3） |
|---|---|---|---|
| 料筒温度 | 200℃ | 175℃ | 140℃ |

2）温度功能键控制面板（见图9—4）

图9—4　温度功能键控制面板

3）步骤。温度键（功能键）→方向键→数字键（＋、－键）→按输入键进行确定。

4）料筒温度的设置

①在开机状态下，按温度的功能键在屏幕温度（见图9—5）的位置出现黄色光标。

②按方向键调整黄色光标的位置，如调到温2的位置。

③按数字键输入数字，如175℃。

④按数字1、7、5键，设定为175。

⑤按输入键进行确定。

⑥同样可以按照上面的方法设置其他加热段的温度值。

| 喷嘴 | 温1 | 温2 | 温3 | 温4 | 温5 | 温6 |
|------|-----|-----|-----|-----|-----|-----|
| AA % | BB | CC | DD | EE | FF | GG |
| HH | ?? | ?? | ?? | ?? | ?? | ?? |

模号：12

| ??? | ???? | ???mm | ????mm |

第一行为料筒各加热段的位置。
第二行为料筒各加热段设定的温度值。
第三行为通过热电偶测量出来的温度值。

图9—5　屏幕温度显示

5）喷嘴温度的设置。喷嘴加热的时间设定为 10～30 s，一般 20 s 为一个周期。用加热时间的长短"%"表示，图中出现"▲"符号表示加热。一个周期由开通和断开两部分组成，如图9—6所示。

①在开机状态下，按温度的功能键在屏幕温度的位置出现黄色光标。

②按方向键调整黄色光标的位置，调到喷嘴的位置。

③按数字键输入数字，如60%（12 s）。

④按数字6、0键，设定为60%。

⑤按输入键进行确定。

（2）压力的调整

1）塑化压力（背压）

①在开机状态下，按熔胶的功能键出现屏幕上的画面（见图9—7），在屏幕上设置的位置出现黄色光标。

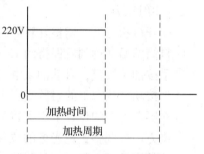

图9—6　喷嘴加热周期示意图

| 射胶设定 | | 选择：XX | | |
|---------|------|---------|-------|------|
| 充填时间 | AA秒 | 射胶终点 | BBmm | |
| 射胶时间 | CC秒 | 熔胶终点 | DDmm | |
| | 速度 | 压力 | | 位置 |
| 射胶一段 | EE% | FF% | 移至 | GGmm |
| 射胶二段 | HH% | II% | 移至 | JJmm |
| 射胶三段 | KK% | LL% | 移至 | MMmm |
| 射胶四段 | NN% | OO% | 移至 | PPmm |
| 射胶五段 | QQ% | RR% | 溢料 | SSmm |
| 保压一段 | | TT% | 时间 | UU秒 |
| 保压二段 | | VV% | 时间 | WW秒 |
| ??? | ???? | ???mm | | ????mm |

图9—7　屏幕压力显示

②按方向键调整黄色光标的位置，如调到前段熔胶速度的位置。

③按数字键输入数字，如50%。

④按数字5、0键，设定为50%。

⑤按输入键进行确定，同时光标自动移动到下一个位置（压力）。

⑥按数字键输入数字，如 50%。

⑦按数字 5、0 键，设定为 50%。

⑧按输入键进行确定，前段熔胶压力设定完了；同时光标自动移动到下一个位置（背压）。

⑨按数字键输入数字，如 0%。

⑩按数字 0 键，设定为 0%。

⑪按输入键进行确定，前段熔胶背压设定完了；同时光标自动移动到下一个位置（位置）。

⑫按数字键输入数字，如 5 mm。

⑬按数字 5 键，设定前段熔胶距原点的位置为 5 mm。

⑭按输入键进行确定，同时光标自动移动到下一个位置。

⑮同样设定其他参数。

⑯再按熔胶功能键退出熔胶设定画面。

2）注射压力

①在开机状态下，调整好料筒的温度并升温。

②料筒的温度达到后保持约 15 min 的恒温时间。

③手按油泵按键，启动油泵电动机。

④手按功能状态下的射胶键，出现射胶设定的画面。

⑤在屏幕可调的位置上出现黄色光标。

⑥按方向键调整黄色光标的位置，如调到射胶第一段速度的位置。

⑦按数字键输入数字，如射胶第一段的速度为 60%。

⑧按数字 6、0 键，设定为 60%。

⑨按输入键进行确定，同时光标自动跳到下一个位置（压力）。

⑩按数字键输入数字，如射胶第一段的压力为 60%。

⑪按数字 6、0 键，设定为 60%。

⑫按输入键进行确定，同时光标自动跳到下一个位置（位置）。

⑬按数字键输入数字，如射胶第一段的位置为螺杆头移到距离原点 50 mm 的位置。

⑭按数字 5、0 键，设定一级注射（射胶）到达距原点 50 mm 的位置。

⑮按输入键进行确定，同时光标自动跳到下一个位置（位置）。

⑯同样设定其他各个参数。

⑰最后按温度键退出射胶设定的画面，设定完成。

（3）时间的调整

1）在开机状态下，手按功能状态下的时间键，出现时间设定的画面。

2）在屏幕上出现光标，可以进行移动。

3）按方法键，调整光标的位置，如调到射胶时间处。

4）按数字 4、.、5 键，即射胶的时间为 4.5 s。

5）按输入键进行确定，同时光标自动跳到下一个位置（冷却时间）。

6）根据制品的情况设置冷却时间，如冷却时间为 25 s。

7）按数字 2、5 键，即冷却的时间为 25 s。

8）按输入键进行确定，同时光标自动跳到下一个位置（保压）。

9）同样设置各个参数。

10）最后按时间键退出时间设定的画面，设定完成。

## 四、塑料注射成型模具的试模内容

试模过程中，依据塑料注射制品的成型缺陷情况来调试模具，试模中出现的调试主要内容见表 9—2。

表 9—2　　　　　　　　　　试模中出现的调试主要内容

| 缺陷名称 | 缺陷特征 | 产生原因 | 解决办法 |
|---|---|---|---|
| 成品不完整 | 模腔未完全充满，主要发生在远离料头或薄截面的地方 | 熔料温度太低 | 提高料筒温度 |
| | | 注射压力太低 | 提高注射压力 |
| | | 注射量不够 | 检查料斗内的塑料量，增加注射量 |
| | | 浇口衬套与喷嘴配合不正，塑料溢漏 | 重新调整 |
| | | 制品超过最大注射量 | 更换较大规格注射机 |
| | | 螺杆在行程结束处没留下螺杆垫料 | 检查是否正确设定了注射行程，如未正确设定应进行更改 |
| | | 注射时间太短 | 增加注射时间 |
| | | 注射速度太慢 | 加快注射速度 |
| | | 低压调整不当 | 重新调节压力 |
| | | 模具温度太低 | 提高模具温度 |
| | | 模具温度不均匀 | 重调模具水管 |
| | | 模具排气不良 | 恰当位置加适度排气孔 |
| | | 料筒及喷嘴温度太低 | 提高料筒及喷嘴温度 |
| | | 模具进料不平均 | 重开模具浇口位置 |
| | | 流道或浇口太小 | 加大流道或浇口尺寸 |
| | | 塑料流动性差 | 增加润滑剂 |
| | | 背压不足 | 稍增背压 |
| | | 密封圈、熔胶螺杆磨损 | 修理或更换 |
| | | 杂物堵塞喷嘴或弹簧喷嘴失灵 | 清理喷嘴或更换喷嘴零件 |
| | | 止退环损坏，熔料有倒流现象 | 更换止退环 |
| | | 剩料量太多 | 减少剩料量 |
| | | 制品太薄 | 使用高压注射 |

| 缺陷名称 | 缺陷特征 | 产生原因 | 解决办法 |
|---|---|---|---|
| 制品溢料 | 飞边或披锋。注射件上有多余物质和棱角或周缘翅片，它们经常出现在模具零件的分割线或模具的合缝线或孔上 | 注射压力太大 | 减小注射压力；降低熔料温度 |
| | | 锁模力不足或单向受力 | 增加锁模压力或更换合模力较大的注射机；调整连杆 |
| | | 合模线或吻合面不良 | 检修模具 |
| | | 模型平面落入异物 | 清理模具 |
| | | 熔料温度太高 | 降低料筒及喷嘴温度；降低模具温度；降低注射速度 |
| | | 模壁温度太高 | 降低模壁温度 |
| | | 保压切换晚 | 保压切换提早一点 |
| | | 保压压力太高 | 降低保压压力 |
| | | 制品投影面积超过设备允许成型面积 | 改变制品造型或更换大型机 |
| | | 模具变形或错位 | 补修导柱推杆；确实做好模具面的贴合 |
| | | 注射料量过多 | 降低注射压力、时间、速度及料量 |
| | | 模板变形弯曲 | 检修模板或更换模板，增加支承柱 |
| 制品收缩 | 塑件表面有凹痕。收缩主要发生在塑件壁厚最大的地方或是壁厚改变的地方 | 保压时间太短 | 延长保压时间 |
| | | 熔胶量不足 | 增加熔胶量 |
| | | 注射压力太低 | 提高注射压力 |
| | | 背压不够 | 提高背压 |
| | | 射胶时间太短 | 延长射胶时间 |
| | | 射胶速度太慢 | 加快注射速度 |
| | | 模具浇口太小或位置不当（不平衡） | 重新合理开设模具浇口 |
| | | 喷嘴孔太细，塑料在浇道衬套内凝固，减低背压效果 | 整修模具或更换喷嘴 |
| | | 料温过高 | 降低料筒温度，降低熔料温度 |
| | | 模温不当 | 调整适当温度 |
| | | 冷却时间不够 | 延长冷却时间 |
| | | 蓄压段过多 | 射胶终止应在最前端 |
| | | 产品本身或其加强筋及柱位过厚 | 检讨产品设计 |
| | | 射胶量过大 | 更换较小的注射机 |
| | | 密封圈、熔胶螺杆磨损 | 检修、更换 |
| | | 浇口太小，塑料凝固，背压失去作用 | 加大浇口尺寸 |

| 缺陷名称 | 缺陷特征 | 产生原因 | 解决办法 |
|---|---|---|---|
| 成品粘模 | 注塑制品在模具内粘住,脱出模具很困难 | 注射料量过多 | 降低注射压力、时间、速度及料量 |
| | | 注射压力太高 | 降低注射压力 |
| | | 射胶量过多 | 减小射胶量 |
| | | 射胶时间太长 | 缩短射胶时间 |
| | | 料温太高 | 降低料温 |
| | | 进料不均匀 | 变更浇口大小或位置 |
| | | 模具温度过高或过低 | 调整模温及两侧相对温度 |
| | | 模内有脱模倒角 | 修模具除去倒角 |
| | | 模具型腔不光滑 | 打磨抛光模具 |
| | | 脱模造成真空 | 开模或顶出减慢,或模具加进气设备 |
| | | 模芯无进气孔 | 缩短模具闭合时间或增加进气孔 |
| | | 顶出装置结构不良 | 改进顶出装置的结构 |
| | | 注塑周期太短或太长 | 加强冷却,调整成型周期 |
| | | 脱模剂不足 | 略为增加脱模用量 |
| 主流道粘模 | 主流道浇口料粘在模具内,难以从中脱出 | 注射压力太高 | 降低注射压力 |
| | | 塑料温度过高 | 降低塑料温度 |
| | | 喷嘴温度太低 | 提高喷嘴温度 |
| | | 主流道没有冷料穴 | 增加主流道冷料穴 |
| | | 模具的安装不良 | 消除喷孔与直浇口孔的误差 |
| | | 主流道过大 | 修改模具 |
| | | 主流道冷却不够 | 延长冷却时间或降低冷却温度 |
| | | 主流道脱模角不够 | 修改模具、增加角度 |
| | | 主流道衬套与喷嘴配合不正 | 重新调整其配合 |
| | | 主流道内表面不光滑或有脱模倒角 | 检修模具 |
| | | 主流道外孔有损坏 | 检修模具 |
| | | 无流道抓销 | 加设抓销 |
| | | 注射料量过多 | 降低注射压力、时间、速度及料量 |
| | | 脱模剂不足 | 略为增加脱模用量 |

| 缺陷名称 | 缺陷特征 | 产生原因 | 解决办法 |
|---|---|---|---|
| 开模时或顶出时成品破裂 | 注塑制件在顶出时断裂，或者在处理时容易断掉和裂开 | 注射料量过多 | 降低注射压力、时间、速度及料量 |
| | | 模温太低 | 升高模温 |
| | | 熔料温度太低 | 在料筒上给后区和喷嘴升温 |
| | | 塑料在料筒内降解，引起塑料分子结构的破裂 | 降低料筒温度、螺杆转速，降低注射速度和模具温度 |
| | | 模具填充速度太慢 | 增加注射速度，在注射机上保持稳定的垫料 |
| | | 部分脱模角度不够 | 检修模具 |
| | | 有脱模倒角 | 检修模具 |
| | | 成品脱模时不能平衡脱离 | 检修模具 |
| | | 顶针不够或位置不当 | 检修模具 |
| | | 脱模时局部产生真空现象 | 开模可慢速顶出，加进气设备 |
| | | 脱模剂不足 | 略为增加脱模剂用量 |
| | | 模具设计不良，成品中有过多内应力 | 改良成品设计 |
| | | 侧滑块动作的时间或位置不当 | 检修模具 |
| 结合线 | 两股或多股料流在模具型腔汇合时形成的融合线 | 塑料熔融不佳 | 提高塑料温度，提高背压，加快螺杆转速 |
| | | 模具温度过低 | 提高模具温度 |
| | | 喷嘴温度过低 | 提高喷嘴温度 |
| | | 注射速度太慢 | 增大注射速度 |
| | | 注射压力太低 | 提高注射压力 |
| | | 保压压力太低 | 增加保压压力 |
| | | 塑料不洁或渗有其他料 | 检查塑料 |
| | | 脱模剂太多 | 少用或尽量不用脱模剂 |
| | | 流道及浇口过大或过小 | 整修模具 |
| | | 熔胶接合的地方离浇口太远 | 更改浇口位置，使融合线的位置改变 |
| | | 模内空气没有完全排除 | 增开排气孔或检查原有排气孔是否堵塞 |
| | | 浇口太多 | 减少浇口或改变浇口位置 |
| | | 熔胶量不足 | 使用较大的注射机 |
| | | 材料里有挥发成分 | 材料要干燥好；在材料的汇合处增加排气槽；改善内腔里的排气条件 |
| | | 产品的设计不良 | 在融合部位设棱；加厚成品的壁层 |
| | | 脱模剂用量太多 | 少用脱模剂或使用雾化脱模剂 |

| 缺陷名称 | 缺陷特征 | 产生原因 | 解决办法 |
|---|---|---|---|
| 流纹 | 流纹是从模具浇口处沿流动方向出现的弯曲如蛇行一样的痕迹 | 塑料熔融不佳 | 提高塑料温度，提高背压，增加螺杆转速 |
| | | 模具表面温度太低 | 提高模具温度 |
| | | 模具冷却不当 | 调整模具冷却水管 |
| | | 注射速度太快或太慢 | 适当调整注射速度 |
| | | 射胶压力太高或太低 | 适当调整射胶压力 |
| | | 塑料不洁或渗入其他料 | 检查原料 |
| | | 浇口过小产生射纹 | 加大浇口 |
| | | 浇口与模壁之间过渡不好 | 提供圆弧过渡 |
| | | 成品断面厚薄相差太多 | 变更成品设计或浇口位置 |
| 成品表面光泽不均 | 注塑制品表面光洁度不尽一致，有些部分比其他部分更有光泽 | 模壁温度太低 | 提高模壁温度 |
| | | 注射料量不够 | 增加射胶压力、速度、时间及料量 |
| | | 熔料温度太低 | 提高料筒、喷嘴温度；提高注射速度 |
| | | 模腔内有多余脱模剂 | 擦拭干净 |
| | | 塑料干燥处理不当 | 改进干燥处理 |
| | | 塑料中润滑剂过多 | 减少润滑剂 |
| | | 模内表面有水 | 擦拭并检查是否有漏水 |
| | | 模壁截面差异太大 | 提供均匀的模壁截面 |
| | | 料流线处排气不好 | 改善模具在料流线处的排气 |
| | | 模内表面不光滑 | 打磨抛光模具 |
| 银纹 | 银纹通常也称为"云母痕"，是注塑制品表面沿流动方向出现的银丝斑纹 | 塑料含有水分或挥发成分 | 彻底烘干塑料，提高背压 |
| | | 塑料温度过高或在机筒内停留过久 | 降低塑料温度，放慢注射速度，降低射嘴及前段温度 |
| | | 塑料中其他添加物如润滑剂、染料等分解 | 减小其使用量或更换耐温较高的代替品 |
| | | 塑料中其他添加物混合不匀 | 彻底混合均匀 |
| | | 注射速度太慢 | 加快注射速度 |
| | | 注射压力太高 | 降低注射压力 |
| | | 熔胶速度太低 | 提高熔胶速度 |
| | | 模具温度太低 | 提高模具温度 |
| | | 模具内表面有水分或挥发成分 | 防止模具被过分冷却；减少润滑剂或脱模剂 |
| | | 塑料粒粗细不匀 | 使用粒状均匀原料 |

| 缺陷名称 | 缺陷特征 | 产生原因 | 解决办法 |
|---|---|---|---|
| 银纹 | 银纹通常也称为"云母痕"，是注塑制品表面沿流动方向出现的银丝斑纹 | 填充压力不足 | 增高背压，降低螺杆速度，增高注塑压力 |
| | | 熔胶筒内夹有空气 | 降低熔胶筒后段温度，提高背压，减小压缩段长度 |
| | | 塑料在模具内流程不合理 | 调整浇口大小及位置，模具温度保持恒定，成品厚度均匀 |
| 气泡 | 由于熔料中充气过多或排气不良而导致塑件内残留气体并成空穴或成串空穴 | 塑料含有水分 | 彻底烘干 |
| | | 模具温度低 | 提高模具温度 |
| | | 熔料的温度太高 | 降低料筒温度、螺杆背压和螺杆转速 |
| | | 注射压力低 | 提高注射压力；延长保压时间 |
| | | 注射速度太快 | 降低注射速度 |
| | | 料量不足或料温太低 | 提高供料量；提高料筒温度 |
| | | 熔料在料筒内停留时间过长 | 使用较小的料筒直径 |
| | | 浇口或流道过小 | 扩大浇口或流道；将进料口位置改到容易产生收缩或气泡的位置；提高模具的温度 |
| | | 排气不良 | 在容易产生捕捉空气的部位设置推挺钉；实行真空排气 |
| | | 产品的设计不良 | 消除壁厚的剧变部位；增强保压时的压力 |
| 成品变形 | 注塑制品不能精确复制模腔尺寸，有些部分出现残缺、弯曲或者变形 | 成品未冷却就顶出 | 降低模具温度，延长冷却时间，降低塑料温度 |
| | | 塑料温度太低 | 提高塑料温度，提高模具温度 |
| | | 模具温度太高 | 降低模具温度 |
| | | 成品形状及厚薄不对称 | 模具温度分区控制，脱模后以定形架固定，变更成型设计 |
| | | 注塑料量多 | 减小注射胶压力、速度、时间及料量，减少垫料 |
| | | 几个浇口进料不平均 | 修改浇口 |
| | | 制品脱模杆位置不当、受力不均 | 改变制品与脱模杆的位置，使制品受力均匀 |
| | | 模具温度不均匀 | 调整模具温度，使两半模具的温度一致 |
| | | 近浇口部分的塑料太松或太紧 | 增加或减少注射时间 |
| | | 保压不良 | 增加保压时间 |

| 缺陷名称 | 缺陷特征 | 产生原因 | 解决办法 |
|---|---|---|---|
| 成品内有气孔 | 熔融塑料在充模过程中受到气体干扰，常常在制品表面出现银丝斑纹或微小气泡或制品厚壁内形成气泡 | 料量不足，成品过度收缩 | 增加料量 |
| | | 成品断面，加强筋或加强板过厚 | 变更成品设计或浇口位置 |
| | | 注射压力太低 | 提高射胶压力 |
| | | 射胶量及时间不足 | 增加射胶量及注射时间 |
| | | 浇道及浇口太小 | 加大浇道及浇口 |
| | | 注射速度太快 | 调慢注射速度 |
| | | 塑料含水分 | 塑料彻底干燥 |
| | | 塑料温度过高以致分解 | 降低塑料温度 |
| | | 模具温度不均匀 | 调整模具温度 |
| | | 冷却时间太长 | 减少模内冷却时间，使用水浴冷却 |
| | | 水浴冷却过急 | 减少水浴时间或提高水温 |
| | | 背压不够 | 提高背压 |
| | | 保压不充分 | 延长保压时间；增加保压压力 |
| | | 料筒温度不当 | 降低射嘴及前段温度，提高后段温度 |
| | | 塑料的收缩率太大 | 采用其他收缩率较小的塑料 |
| 黑纹 | 制品表面的黑色纹迹 | 塑料温度太高 | 降低塑料温度 |
| | | 熔胶速度太快 | 降低射胶速度 |
| | | 螺杆与熔胶筒偏心而产生摩擦热 | 检修机器 |
| | | 射嘴孔过小或温度过高 | 重新调整孔径或温度 |
| | | 射胶量过大 | 更换较小型的注射机 |
| | | 熔胶筒内有使塑料过热的死角 | 检查射嘴与熔胶筒间的接触面有无间隙或腐蚀现象 |
| | | 塑料过热部分附着熔胶筒内壁、螺杆、止逆阀甚至可能在热流道的集料管内 | 彻底空射，将料筒和螺杆拆卸下来并彻底清洁与熔化聚合物接触的表面，降低塑料温度，减短加热时间，加强塑料干燥处理 |
| 黑褐斑点 | 注塑制品表面色调正常，但偶尔可见黑色的斑点或条纹 | 塑料混有杂物、纸屑等 | 检查塑料，彻底空射 |
| | | 射入模内时产生焦斑 | 降低射胶压力及速度，降低塑料温度，改进模具排气孔，更改浇口位置 |
| | | 熔胶筒内有使塑料过热的死角 | 检查射嘴熔胶筒间的接触面有无间隙或腐蚀现象 |
| | | 注射速度太快引起塑料过度剪切 | 降低注射速度 |
| | | 熔料温度太高 | 降低熔胶筒区的熔融温度，检查冷却体的流速对料斗闭锁装置是否足够，如有需要则调整流速 |
| | | 使用不正确的螺杆表面速度和背压，引起熔化塑料的过度剪切 | 减少成型周期以增加经过熔胶筒装置的塑料。使用最小的背压和正确的螺杆表面速度 |
| | | 使用不正确的螺杆类型设计 | 使用较低的熔胶速度的螺杆 |
| | | 熔胶温度太低 | 在料筒上给后区和射嘴升温 |

| 缺陷名称 | 缺陷特征 | 产生原因 | 解决办法 |
|---|---|---|---|
| 纹裂 | 表面有细小裂纹或裂缝，在透明注塑件上形成白色、银色外表 | 注塑压力太高 | 降低注塑压力 |
| | | 模具填充速度太慢 | 降低螺杆向前时间；增加注塑速度 |
| | | 模具温度太低 | 提高模具温度 |
| | | 制品冷却时间过长 | 减少冷却时间，缩短成型周期 |
| | | 制品顶出装置倾斜或不平衡 | 调整顶出装置的位置，使制品受力均匀 |
| | | 嵌件未预热或预热不够 | 提高嵌件预热温度 |
| | | 制品斜度不够 | 改进制品形状设计，增加斜度 |
| 塑料的降解 | 注塑制件或它的某些部分变色：通常在降解处变深，颜色从黄色经橘黄色变成黑色 | 料筒内塑料过分加热 | 降低熔胶温度 |
| | | 温度控制仪工作不正常 | 重新校正温度控制仪并检查是否有粘连接触等，保证料筒温度控制适当 |
| | | 使用了不正确的热电偶类型 | 检查使用的热电偶类型是否与温度控制仪匹配；检查是否所有热电偶都正常工作 |
| | | 塑料在熔胶筒内滞留时间太长 | 更换较小的注射机或将料筒温度降至最低值 |
| | | 塑料在料筒内的某处"搁浅"并降解 | 停止生产时，要清理料筒螺杆 |
| | | 注射速度过快 | 降低注射速度 |
| | | 喷嘴、模具温度过高或浇口太小 | 降低各处温度，加大浇口尺寸 |
| | | 螺杆转速太快 | 降低螺杆转速 |
| 燃烧痕 | 变色的塑料（从黄色到黑色）通常在流道尾部或空气压缩处出现 | 塑料太热 | 降低熔融温度；检查螺杆表面速度是否正确 |
| | | 模具填充速度太快 | 降低注射速度 |
| | | 背压太高 | 降低背压 |
| | | 熔料中挥发物过量 | 确保没有空气等挥发物带入熔料；检查料斗料量是否稳定 |
| | | 锁模力过大 | 轻微降低锁模力 |
| | | 清洗料筒程序不当，使物料留在其中 | 采用严格的清洗程序 |
| | | 物料在料筒中停留时间过长 | 缩短成型周期；更换规格小的注射机 |
| 污渍痕与注射纹 | 通常与浇口区有关：表面黯淡，有时可见到条纹 | 熔融温度太高 | 降低料筒前两区的温度 |
| | | 模具填充速度太快 | 降低注射速度 |
| | | 温度太高 | 降低注射压力、模具温度 |
| | | 与塑料特性有关 | 根据不同的物料修改入料口位置 |
| | | 喷嘴口出现冷料 | 尽可能避免产生冷料 |
| | | 混入杂质或不同品种塑料混用 | 除去杂质并使用同牌号塑料 |

| 缺陷名称 | 缺陷特征 | 产生原因 | 解决办法 |
|---|---|---|---|
| 浇口粘住 | 浇口被浇口套套住 | 浇口套与喷嘴没有对准 | 重新将喷嘴和浇口对准 |
| | | 浇口套内塑料过分填塞 | 降低注射压力；减少螺杆向前的时间 |
| | | 喷嘴温度太低 | 提高喷嘴温度 |
| | | 塑料在喷嘴内未完全凝固，尤其是直径大的浇口 | 增加冷却时间，但更好的办法是使用有较小浇口的浇口套代替原来的浇口套 |
| | | 注口套的圆弧面与射嘴的圆弧面配合不当，出现状似"冬菇"的流道 | 矫正浇口套与喷嘴的配合面 |
| | | 流道拔出斜度不够 | 适当扩大流道的拔出斜度 |
| 制品尺寸差异 | 注塑过程中质量和尺寸的变化超过了模具、设备、塑料组合的生产能力 | 输入料筒内的塑料不均 | 检查有无充足的冷却水流经下料口以保持合理的温度 |
| | | 料筒温度波动的范围太大 | 检查热电偶是否为劣质品或已松脱；检查热电偶与温度控制仪是否匹配 |
| | | 注射机液压系统或电气系统不稳定 | 检查液压电气系统的稳定性 |
| | | 成型周期不一致 | 调整成型周期均匀一致 |
| | | 模具定位杆弯曲或磨损 | 检查更换模具定位杆 |
| | | 注射机容量太小 | 检查注射机的注塑量和塑化能力，更换合适的注射机 |
| | | 注塑压力不稳定 | 检查每一循环是否都有稳定的熔融物料；检查回流防止阀有否泄漏，若有需要就进行更换；检查进料设定是否稳定 |
| | | 螺杆复位不稳定 | 保证螺杆每次都能稳定复位，误差不超过0.4 mm |
| | | 各个动作时间的变化、熔料黏度不尽一致 | 检查动作时间的不一致性；使用背压 |
| | | 注射速度（流量控制）不稳定 | 检查液压系统和油温是否正常（应在25～60℃以内） |
| | | 使用了不适合模具的塑料品种 | 选择适合模具的塑料品种（主要从收缩率及机械强度考虑） |
| | | 考虑模温、注射压力、速度、时间和保压等对产品的影响 | 重新调整整个生产工艺 |

续表

| 缺陷名称 | 缺陷特征 | 产生原因 | 解决办法 |
|---|---|---|---|
| 制品弯曲 | 注塑制品形状与模腔相似，但却是模腔形状的扭曲版本 | 注塑件内有过多内部应力 | 增加成型周期（尤其是冷却时间）；从模具内（尤其是较厚的注塑件）顶出后立即浸入温水中（38℃）使注塑件慢慢冷却；降低注塑压力；减少螺杆向前时间 |
| | | 模具填充速度慢 | 增加注塑速度 |
| | | 模腔内熔料不足 | 增加塑化能力 |
| | | 塑料温度太低或不一致 | 提高塑料温度并调整一致 |
| | | 射出压力不适宜 | 调到弯曲最小的压力，同时注意分段压力对产品变形的影响 |
| | | 浇口位置不适当 | 设置到薄层部位 |
| | | 注塑件在顶出时太热 | 用冷却设备 |
| | | 冷却不足或动、定模的温度不一致 | 适当增加冷却时间或改善冷却条件，尽可能保证动、定模的模温一致；降低模具温度 |
| | | 离浇口的流动距离参差不齐 | 改为多点浇口；扩大浇口 |
| | | 注塑件结构不合理（如加强筋集中在一面，但相距较远） | 根据实际情况在允许的情况下改善塑料件的结构 |
| 龟裂 | 材料由无规则状态被注塑成型为特定形状时，内部的分子结构产生的内应力所造成的裂纹 | 注射压力太大 | 减小注射压力 |
| | | 熔料流动不畅 | 提高料筒温度；提高模具温度；避免急剧的壁厚变化；在边角部分增加圆弧 |
| | | 排气不良 | 扩大推挺钉与模具的间隙；将模具分割为三块；采用压缩空气脱模方法 |
| | | 保压不良 | 减小保压压力；缩短保压时间；使用浇口阀；喷嘴上使用单向阀 |
| | | 热性裂痕大 | 成品要进行退火后处理，对于有金属嵌件的产品，需预先加热嵌件 |
| | | 推挺钉在厚层部位 | 改变推挺钉的位置；将模具分割为三块 |
| | | 化学药品的侵蚀 | 不用侵蚀性溶剂擦拭内腔，洗涤嵌件 |
| 顶白 | 顶针接触部白化 | 注射压力太高 | 降低注射压力 |
| | | 注射速度太快 | 降低注射速度 |
| | | 顶出速度太快 | 降低顶出速度 |
| | | 保压时间太长 | 缩短保压时间 |
| | | 冷却时间太短 | 延长冷却时间 |
| | | 脱模斜度不够 | 按规定选择脱模斜度 |
| | | 顶出结构不适当 | 调整顶出结构 |

## 五、塑料注射成型模具的安装

### 1. 模具安装的注意事项

（1）注意操作者的人身安全。

（2）确保模具和注射机在调试中不受损坏。

（3）在吊装模具中，要将电源关闭，避免接触开关时产生突然动作以及引起意外事故的发生。

### 2. 模具安装的常用工具（见图9—8）

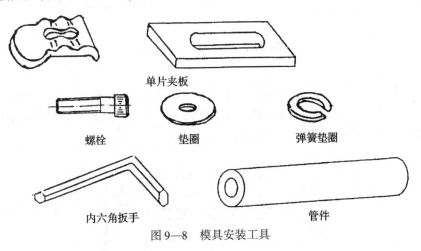

单片夹板

螺栓　　　　垫圈　　　　弹簧垫圈

内六角扳手　　　　　　管件

图9—8　模具安装工具

### 3. 模具的安装

一般模具安装需要2~3人，在条件允许的情况下，尽量将模具整体吊装。

操作方法如下：

（1）模具安装方向

1）模具中有侧向滑动的机构时，尽量将其运动方向与水平方向相平行，或者向下开启，切忌放在向上开启的方向。有效地保护侧滑块的安装复位，防止碰伤侧型芯。

2）当模具长度与宽度尺寸相差较大时，应尽可能将较长边与水平方向平行，可以有效地减轻导柱拉杆或导杆在开模时的负载，并使因模具质量而造成导向件产生的弹性形变控制在最小范围内。

3）模具带有液压油路接头、气压接头、热流道元件接线板时，尽可能放置在非操作面，以方便操作。

（2）吊装方式

1）模具整体吊装。将模具吊入注射机拉杆模板间后，调整方位，使定模上的定位环进入固定板上的定位孔，并且放正，慢速闭合动模板，然后用压板或螺钉压紧定模，并初步固定动模，再慢速微量开启动模3~5次，检查模具在闭合过程中是否平稳、灵活，有无卡阻现象，最后固定动模板。模具整体吊装方向如图9—9所示。

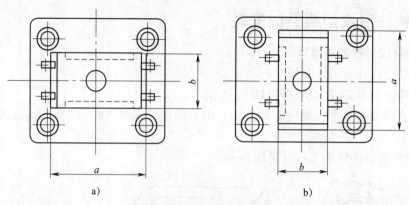

图9—9 模具整体吊装方向
a）正确 b）不正确

2）模具人工吊装。中、小型模具可以采用人工吊装（见图9—10）。一般从注射机的侧面装入，在拉杆上垫上两块木板，将模具慢慢滑入。在安装过程中要注意保护合模装置和拉杆，防止拉杆表面拉伤、划伤。

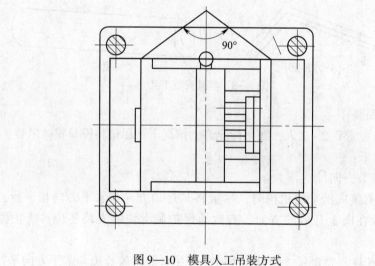

图9—10 模具人工吊装方式

3）模具的紧固。模具的紧固方式分为螺钉固定（见图9—11a）与压板固定（见图9—11b、c、d）。

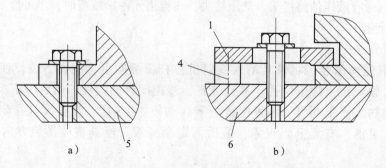

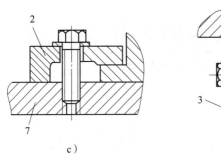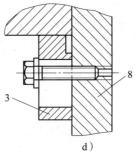

c)                  d)

图9—11　模具的紧固方式

1、2、3—压板　4—垫块　5、6、7、8—注射机模板

# 第2节　模具调整

## 一、模具试模过程中的调整（见表9—3）

表9—3　　　　　　　　　　　　　　　模具调整项目及方法

| 调整项目 | 调整方法 |
|---|---|
| 调节锁模系统 | 装上模具，按模具闭合高度、开模距离调节锁模系统及缓冲装置，应保证开模距离。锁模力松紧要适当，开闭模具时，要平稳缓慢 |
| 调整顶出装置与抽芯装置 | ①调节顶出距离，以保证顺利顶出塑件<br>②对没有抽芯装置的设备，应将装置与模具连接，调节控制系统，以保证动作起止协调，定位及行程正确 |
| 调节加料量，确定加料方式 | ①按塑料质量（包括浇注系统）决定加料量，并调整定量加料装置，最后以试模为准<br>②按成型要求，调节加料方式<br>③注射座需来回移动者应调节定位螺钉，以保证正确复位，模具与喷嘴要紧密配合 |
| 调整塑化能力 | ①调节螺杆传递，按成型条件进行调节<br>②调节料筒及喷嘴温度，塑化能力应按试模时塑化情况酌情增减 |
| 调节注射力 | ①按成型要求调节注射力。若充填不满应增大注射压力，若飞边很多则应降低注射压力<br>②按塑件的壁厚，用调节阀调节流量来控制注射速度 |
| 调节成型时间 | 按成型要求来控制注射、保压、冷却时间及整个成型周期。试模时，应手动控制，酌情调整各程序时间，也可调节时间继电器以自动控制各成型时间 |
| 调节模温及水冷系统 | ①按成型条件调节流水量和电加热器电压，以控制模温及冷却速度<br>②开机前，应打开油泵、料斗及各部位冷却系统 |
| 确定操作程序 | 试模时用人工控制调整好操作程序，正常生产时用自动及半自动控制 |

# 二、塑料注射模具的调试（见表9—4）

表9—4　　　　　　　　　　　　塑料注射模具的调试

| 项目 | 内容 |
|---|---|
| 模具结构图 | 洗衣机翻盖叠式热流道模具（见图7—3） |
| 工作过程 | 模具的2个分型面分别为前动模型芯板9和前动模型腔板10之间的Ⅰ—Ⅰ面与后动模型芯板22和后动模型腔板23之间的Ⅱ—Ⅱ面。采用一个加热主流道衬套36将塑料熔体送到前热流道板2，经过连接管11、进料管13，直接进入中央热流道板26中，再由2个热流道喷嘴41将熔料注入型腔。整个熔体输送系统（包括前热流道板2、侧面热流道板3、连接管11、进料管13）借助支柱31固定在中央热流道板26上。模具2个分型面的开启和闭合由2个安装在模具侧面的连接杠杆51和角形杠杆52控制<br><br>开模顶出机构叠层式模具中的塑件是分别从2个分型面中脱模，因此2个动模部分向两边移动，中间部分保持不动，在2个动模位置有相应的顶出机构。如何保证按要求打开2个分型面，本模具采用杠杆结构（包括导向杠杆50、连接杠杆51、角形杠杆52）完成2个分型面同时分开，使塑件在各型腔中的停留时间（冷却时间）相等，塑件的收缩一致<br><br>离注射机喷嘴较远的塑件借助注射机的顶出机构脱模，靠近注射机喷嘴的塑件借助于液压缸29脱模 |
| 模具安装 | 模具采用人工吊装、压板固定方法，从注射机的侧面装入，在拉杆上垫上两块木板，将模具慢慢滑入。在安装过程中要注意保护合模装置和拉杆，防止拉杆表面拉伤、划伤 |
| 模具调试 | 1. 模具厚度的调整<br>在手动状态下进行模具厚度的调整，按开模键，使设备的移动模板开启到停止的位置；按调模键，根据模具在设备上的情况（合严否），按调模进键或按调模退键调整模具厚度达到475 mm<br>2. 锁模力的调整<br>在自动调整操作方式，按开、关键，输入锁模力吨数即可<br>3. 模具顶出距离的调整<br>模具开模，设备在手动状态下操作，按顶针键显示顶针设定画面，设定顶针移动的调整参数，此套模具上下两层模同时顶出，距离为46 mm，按顶针前进、后退键调整以达到模具要求<br>4. 喷嘴的调整<br>在手动状态下，按功能选择键，显示射座前后移动画面，首先射座快进，当接近模具的定位环时，射座慢进，对正，保证注射熔料准确进入模具的浇注系统。本模具采用热流道，设置一个加热主流道衬套将塑料熔体送到中央热流道板中，再由2个热流道安装4个喷嘴将熔料同时注入2个型腔。热流道的温度由温度传感器控制，保障塑料熔体顺利进入型腔 |

续表

<table>
<tr><th>项目</th><th>内容</th></tr>
<tr><td>工艺参数调整</td><td>
一、温度的调整<br>
1. 料筒温度<br>
模具生产的制品的材料为SAN（苯乙烯－丙烯腈共聚体），收缩率为0.3%～0.7%。料筒的工艺参数如下：
<table>
<tr><td>料筒位置</td><td>Ⅰ（温1）</td><td>Ⅱ（温2）</td><td>Ⅲ（温3）</td></tr>
<tr><td>料筒温度</td><td>205℃</td><td>221℃</td><td>176℃</td></tr>
</table>
2. 喷嘴温度<br>
调整到在温度屏幕上的喷嘴位置，按数字键输入数据，确定186℃<br>
3. 模具温度<br>
一般模具型腔温度控制在30～60℃为宜，模具浇注系统的温度为190～220℃<br>
二、压力的调整<br>
1. 背压的设置<br>
在开机状态下，按熔胶的功能键出现调整屏幕的画面，在屏幕上设置的位置出现黄色光标；按方向键调整光标的位置，按数字键输入各段压力数据，按熔胶功能键退出熔胶设定画面，设定完成<br>
2. 注射压力的设置<br>
在手动状态下，按射胶的功能键出现调整屏幕的画面，在屏幕上设置的位置出现黄色光标；按方向键调整光标的位置，按数字键输入各段射胶速度数据，按温度功能键退出熔胶设定画面，设定完成<br>
三、时间的设置<br>
在手动状态下调整，按时间键，在时间设定画面中设定射胶时间为5 s，冷却时间为30 s等各个时间参数。设定后按时间键退出时间画面，设定完成
</td></tr>
</table>

# 第3节 模具维修

## 一、热流道系统方面

1. 热流道接线布局是否合理，易于检修，接线有线号并一一对应。温控柜及热喷嘴、集流板是否符合客户要求。是否进行安全测试，以免发生漏电等安全事故。

2. 主浇口套是否用螺纹与集流板连接，底面平面接触密封，四周焊接密封。

3. 集流板与加热板或加热棒是否接触良好，加热板用螺钉或螺栓固定，表面贴合良好不闪缝，加热棒与集流板有不大于0.05～0.1 mm的配合间隙（H7/g6），便于更换、维修。集流板两头堵头处是否有存料死角，以免存料分解，堵头螺钉拧紧并焊接、密封。集流板装上加热板后，加热板与模板之间的空气隔热层间距是否在25～40 mm范围内。

4. 因受热变长，集流板是否有可靠定位，至少有两个定位销，或加螺钉固定。集

流板与模板之间是否有隔热垫隔热，可用石棉网、不锈钢等。

5. 每一组加热元件是否有热电偶控制，热电偶布置位置合理，以精确控制温度。

6. 热流道喷嘴与加热圈是否紧密接触，上下两端露出少，冷料段长度、喷嘴按图样加工，上下两端的避空段、封胶段、定位段尺寸符合设计要求。喷嘴出料口部尺寸是否小于 $\phi5$ mm，以免因料把大而引起制品表面收缩。喷嘴头部是否用紫铜片或铝片作为密封圈，密封圈高度高出大面 0.5 mm。喷嘴头部进料口直径大于集流板出料口尺寸，以免因集流板受热延长与喷嘴错位发生溢料。

7. 主浇口套正下方、各热喷嘴上方是否有垫块，以保证密封性，垫块用传热性不好的不锈钢制作或采用隔热陶瓷垫圈。

8. 如热喷嘴上部的垫块伸出顶板面，除应比顶板高出 0.3 mm 以外，这几个垫块是否露在注射机的定位圈之内。型腔是否与热喷嘴安装孔穿通。

9. 温控表设定温度与实际显示温度误差是否小于 $\pm2$℃，并且控温灵敏。温控柜结构是否可靠，螺钉无松动。

10. 热流道接线是否捆扎，并用压板盖住，以免装配时压断电线。如有两个同样规格的插座，是否有明确标记，以免插错。控制线是否有护套，无损坏，一般为电缆线。插座安装在电木板上，是否超出模板最大尺寸。集流板或模板所有与电线接触的地方是否圆角过渡，以免损坏电线。

11. 针点式热喷嘴针尖是否伸出前模面。

12. 电线是否露在模具外面。所有电线是否正确连接、绝缘。在模板装上夹紧后，所有线路是否用万用表再次检查。在模板装配之前，所有线路是否无短路现象。

## 二、成型部分、分型面、排气槽方面

1. 前后模表面是否有不平整、凹坑、锈迹等其他影响外观的缺陷。

2. 镶块与模框配合，四圆角是否有低于 1 mm 的间隙（最大处）。镶块、镶芯等是否可靠定位固定，圆形件有止转。镶块下面不垫铜片、铁片，如烧焊垫起，烧焊处形成大面接触并磨平。

3. 分型面是否保持干净、整洁，无手提砂轮打磨避空，封胶部分无凹陷。型腔、分型面是否擦拭干净。

4. 排气槽深度是否小于塑料的溢边值，SAN 小于 0.05 mm，排气槽由机床加工，无手工打磨机打磨痕迹。

5. 嵌件研配是否到位（应用不同的几个嵌件来研配以防嵌件尺寸误差），安放顺利，定位可靠，各碰穿面、插穿面、分型面是否研配到位。

6. 前模及后模筋位、柱表面，无火花纹、刀痕，并尽量抛光。司筒针孔表面用铰刀精铰，无火花纹、刀痕。

7. 顶杆端面是否与型芯一致。

8. 插穿部分是否为大于 2° 的斜度，以免起刺，插穿部分无薄刃结构。

9. 模具后模正面是否用油石去除所有纹路、刀痕、火花纹，如未破坏可保留。

10. 模具各零部件是否有编号。

11. 前后模成型部位是否无倒扣、倒角等缺陷。

12. 筋位顶出是否顺利，深筋（超过 15 mm）是否镶拼。

13. 一模数腔的制品，如是左右对称件，是否注明 $L$ 或 $R$，如客户对位置和尺寸有要求需按客户要求，如客户无要求，则应在不影响外观及装配的地方加上，字号为 1/8″。

14. 模架锁紧面研配是否到位，70% 以上面积接触。

15. 顶杆是否布置在离侧壁较近处以及筋、凸台的旁边，并使用较大顶杆。

16. 对于相同的零件是否编号。

17. 需与前模面碰穿的司筒针、顶杆等活动部件以及 $\phi 3$ mm 以下的小镶柱，是否插入前模里面。

18. 分型面封胶部分是否符合设计标准（中型以下模具 10~20 mm，大型模具 30~50 mm 其余部分机加工避空）。

19. 皮纹及喷砂是否达到用户要求。制品表面要蚀纹或喷砂处理，拔模斜度是否为 3°~5°或皮纹越深斜度越大。

20. 有外观要求的制品，螺钉柱是否有防缩措施。前模有孔、柱等要求根部清角的制品，孔、柱是否前模镶拼。深度超过 20 mm 的螺丝柱是否用司筒针。螺丝柱如有倒角，相应司筒、镶柱是否倒角。

21. 斜顶、滑块上的镶芯是否有可靠的固定方式。

22. 前模插入后模或后模插入前模，四周是否斜面锁紧或机加工避空。

23. 模具材料包括型号和处理状态是否按合同要求。

24. 是否打上专用号、日期码、材料号、标志、商标等字符（日期码按客户要求，如无用标准件）。

## 三、包装方面

1. 模具型腔是否喷防锈油，滑动部件是否涂黄油，浇口套进料口是否用黄油堵死。

2. 模具是否安装锁模片，并且规格符合设计要求（三板模脱料板与后模固定），至少两片。

3. 模具产品图样、结构图样、水路图样、零配件及模具材料供应商明细、使用说明书、装箱单、电子文档是否齐全。

4. 模具外观是否喷蓝漆（客户如有特殊要求，按合同及技术要求）。

5. 制品是否有装配结论。

6. 制品是否存在表面缺陷、精细化问题。

7. 备品、备件、易损件是否齐全并附明细，有无供应商名称。

8. 模具是否用薄膜包装，用木箱包装是否用油漆喷上模具名称、放置方向，木箱是否固定牢靠。

## 四、模具维修工作与设计关系

模具在使用过程中磨损和更换零件是正常的，这说明了注射模的弱点所在。为了延长模具的寿命，模具在设计时必须考虑如何克服这些弱点，使之加强。由于注射模设计是根据塑件的形状、大小、塑料类型、特殊要求等，因此模具设计是在多种模具结构方案中选择最佳方案，这是很重要的。结构确定后，就是动定模型腔、型芯、抽芯、滑块的材质选用。根据塑件产品生产量的大小，选用不同的材质。如生产量小，则选用一般钢材加工；若生产量大，长期生产就要一模多腔，则选用注射模型腔、型芯专用钢材。钢材选用后更重要的是进行热处理，使其达到一定的耐磨硬度又有一定的韧性，防止生产中因压力过大而断裂。

**1. 模具的维修保养与模具制造装配的关系**

模具设计结构好，图样无差错，但是在模具生产中，每一个零件加工的每一道工序中都必须严格按照图样要求加工检验。在生产中也有因为工艺程序编制不合理、加工机床精度不高、检测工具手段不到位、模具热处理水平不高、模具钳工经验不足而造成模具不能正常使用。如塑料注射模型腔、型芯热处理后销钉定位孔会有一定的收缩，销钉装配时不能进入销孔内，一般在这种情况下，装配钳工应该正确处理孔的尺寸，用研磨的方法把收缩的孔研磨到尺寸，或用电火花机床加工到配合尺寸。但是也有的装配者把销钉抛光一下，使销钉一头大，一头小暂时装配上，如果再次维修模具时就会出现销钉定位不准确，影响模具装配。

**2. 模具维修工作与生产管理的关系**

模具制造与模具维修是两个不同的组织管理体系。专业模具厂模具制造完成试模出合格零件就入库，销售产品厂家验收后，再使用模具时出现这样或那样问题，由本厂修模组负责，形成谁使用模具谁维修。目前为了解决这一矛盾，产品厂家直接订购塑件，支付一定的模具费用，这就解决了模具维修的矛盾。

# 五、塑件常见质量问题

**1. 塑件质量评价指标**

塑件质量包括外观质量、尺寸精度、内部质量和物理性能四个方面。

外观质量包括完整性、颜色和光泽等；尺寸精度指塑件的尺寸是否符合设计图样的公差要求，产品组装后能否达到装配要求；内部质量包括是否有疏松、气泡、裂纹、烁斑银纹等缺陷；物理性能包括机械性能、阻燃性、耐腐蚀性、电绝缘性、毒性、防老化性等。

**2. 塑件缺陷产生原因**

塑件质量问题种类很多，受模具、原料、成型工艺、注射机、辅助设备、成型环境、塑件结构工艺性等多种因素的影响，原因很复杂。

模具设计不合理、原料选择或处理不好、操作工人没有掌握合适的成型工艺规程，塑件结构工艺性不合理或者因设备、成型环境等原因，都会使塑件产生填充不足、飞边、熔接痕、翘曲变形、气泡、收缩凹痕、流痕、银纹、裂纹、塑料变色、顶白、尺寸不稳定等外观缺陷，影响尺寸精度，同时也会导致塑件的物理性能达不到设计要求，其中模具设计一般是主要原因，也是最难处理的。

**3. 塑件常见质量问题**

塑件常见的质量问题主要有填充不足、飞边、熔接痕、翘曲变形、气泡、收缩凹痕、流痕、银纹、裂纹、塑料变色、顶白等。

## 六、塑料注射成型模具维修

塑件成型加工质量的好坏，关键在于模具的设计与制造水平，同时也与原料、成型工艺、设备、塑件结构工艺性等因素密切相关，在塑件出现缺陷时，要修理模具应非常慎重，只有当改变原料和成型工艺都不能解决问题的情况下，才考虑维修模具。因为塑料注射成型模具一旦修理，就不可能再复原了，所以在维修模具前，一定要根据塑件缺陷的实际情况，仔细分析研究，找出产生缺陷的真正原因，再提出相应的模具维修方案。针对不同的缺陷，塑料注射成型模具具体的维修方法如下所述。

### 1. 填充不足

熔料进入型腔后在未充满型腔之前即已固化，导致模腔没有充填完全，尤其在流程末端和薄壁区域容易产生。这种现象称为填充不足，如图9—12所示。造成填充不足的主要原因及解决方法见表9—5。

图9—12 填充不足

表9—5 造成填充不足的主要原因及解决方法

| | 主要原因 | 解决方法 |
|---|---|---|
| 模具原因 | 模具温度太低或不均 | 开机前必须将模具预热至工艺要求的温度，调整模温或模具水管 |
| | 模具排气不良 | 放慢射出速度，将填充不良的位置改为镶件结构或在模具上加设排气槽，改变浇口的位置，应检查有无冷料穴及其位置是否正确 |
| 成型工艺原因 | 注射压力或保压不足 | 减慢射料杆前进速度，适当延长注射时间以提高注射压力 |
| | 料筒或喷嘴温度太低 | 提高料筒或喷嘴温度 |
| | 浇注系统设计不合理 | 扩展流道或浇口，注意浇口平衡，必要时可采用多点进料的方法 |
| | 注射周期反常 | 调整操作条件 |
| 塑料原因 | 原料流动性能太差 | 增加适量助剂，改善流动性，改善模具浇注系统 |
| | 润滑剂不当 | 调整润滑剂量 |
| | 塑件体积过大 | 使用成型能力大的注塑机 |

## 2. 飞边

当塑料熔料被迫从分型面挤出模具型腔产生薄片时便形成了飞边溢料，薄片过大时称为披锋，如图9—13所示。造成飞边的主要原因及解决方法见表9—6。

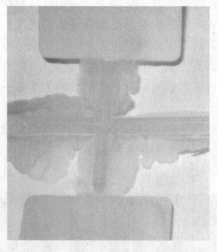

图9—13　飞边

表9—6　　　　　　　　　　造成飞边的主要原因及解决方法

| | 主要原因 | 解决方法 |
|---|---|---|
| 模具原因 | 模板不平行或变形 | 调整修补 |
| | 型腔和型芯未闭紧或偏移 | 检查并调整修补 |
| | 塑件投影面积超过了注射机的最大注射面积 | 调整锁模力或更换注射机 |
| | 模具排气不良 | 根据不同材料确定不同排气槽的尺寸 |
| | 推杆或导柱配合精度差 | 调整修补推杆或导柱 |
| 成型工艺原因 | 注射压力太大或注射速度太快 | 调整注射压力或注射速度 |
| | 锁模力不足 | 调整锁模力或更换注射机 |
| | 加料量过多 | 调整加料量 |
| | 注射时间太长 | 调整注射时间 |
| 塑料原因 | 原料温度过高 | 适当降低料筒、喷嘴及模具温度，缩短注射周期 |
| | 聚酰胺等黏度较低的熔料 | 尽量精密加工及研修模具，减小模具间隙 |

## 3. 熔接痕

熔接痕是由于来自不同方向的熔融树脂前端部分被冷却、在结合处未能完全融合而产生的。一般情况下，它主要影响外观，对涂装、电镀产生影响，严重时，对制品强度产生影响，如图9—14所示。造成熔接痕的主要原因及解决方法见表9—7。

图 9—14　熔接痕

表 9—7　　　　　　　　　　　　　　造成熔接痕的主要原因及解决方法

| | 主要原因 | 解决方法 |
|---|---|---|
| 模具原因 | 模具温度太低 | 提高模具温度或在模具内增设冷料穴 |
| | 模具排气不良 | 在模具上加设排气槽或推杆 |
| | 分流道、浇口太小 | 调整分流道、浇口的尺寸 |
| | 浇口离拼缝处太远 | 增加辅助浇口 |
| | 脱模剂太多 | 尽量减少脱模剂的使用 |
| | 浇口过多或位置不当 | 合理调整浇口 |
| 成型工艺原因 | 原料温度太低 | 提高原料温度，使用较高的模具温度 |
| | 料筒温度太低 | 提高料筒及喷嘴温度 |
| | 注射压力太低 | 提高注射压力 |
| | 注射速度过慢 | 提高注射速度 |
| | 喷嘴孔太小 | 换用较大孔径的喷嘴 |
| 塑料原因 | 原料流动性不足 | 提高料筒温度 |
| | 原料中挥发成分过多 | 原料充分进行干燥 |
| | 原料凝固快 | 提高原料和模具温度，提高注射压力和速度 |

### 4. 翘曲变形

翘曲变形是在注射成型时由于产品内部收缩不一致，导致内应力不同引起变形，如图 9—15 所示。塑件的翘曲变形是很棘手的问题，主要应从模具设计方面着手解决，而成型条件的调整效果则是很有限的，造成翘曲变形的主要原因及解决方法见表 9—8。

图 9—15　翘曲变形

表 9—8　　　　　　　　　　造成翘曲变形的主要原因及解决方法

| 主要原因 | | 解决方法 |
|---|---|---|
| 模具原因 | 模具浇注系统设计不合理 | 正确设计模具浇注系统，并尽量不要采用侧浇口 |
| | 模具脱模及排气系统设计不合理 | 合理设计脱模斜度，正确确定顶杆位置和数量，提高模具的强度和定位精度 |
| | 模具温度不均匀 | 调整模具及模具水管 |
| | 模具打磨不良 | 改善模具打磨工艺 |
| | 成型收缩所引起的变形 | 修正模具设计，不得已时按制品变形相反的方向修整模具 |
| 成型工艺原因 | 原料温度太高或太低 | 调整原料温度 |
| | 注射压力太低 | 调整注射压力 |
| | 注射速度太低 | 调整注射速度 |
| | 冷却不充分 | 延长冷却时间，降低模具温度，制件在定型架上冷却 |
| 塑料原因 | 塑件厚度不均匀 | 调整塑件结构 |
| | 分子取向不均衡 | 降低熔料温度和模具温度，并进行塑件的热处理 |

## 5. 气泡

由于挥发性气体的产生而造成气泡，或当制品壁厚较大时，其外表面冷却速度比中心部分快，随着冷却的进行中心部分的树脂边收缩边向表面扩张，使中心部分产生充填不足，这种情况被称为真空气泡。如图 9—16 所示。造成气泡的主要原因及解决方法见表 9—9。

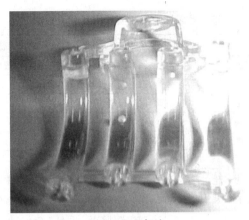

图 9—16　气泡

表 9—9　　　　　　　　　　　　造成气泡的主要原因及解决方法

| | 主要原因 | 解决方法 |
|---|---|---|
| 模具原因 | 流道或浇口过小 | 调整流道或浇口尺寸 |
| | 模具温度太低或温度不均匀 | 提高模具温度，改善模具冷却系统 |
| | 模具排气不良 | 在模具上加设排气槽或推杆 |
| 成型工艺原因 | 注射压力或保压不足 | 减慢射料杆前进速度，适当延长注射时间以提高注射压力 |
| | 料筒内混入空气 | 适当提高螺杆背压 |
| | 供料量不足 | 适当增加供料量 |
| | 成型周期过长 | 调整成型周期 |
| 塑料原因 | 塑件厚度不均匀 | 调整塑件结构，尽量避免有特厚部分或厚薄悬殊太大 |
| | 原料中挥发成分过多 | 原料充分进行干燥 |
| | 塑料温度过高或受热时间过长 | 调整成型温度 |

### 6. 收缩凹痕

塑件冷却时，产品壁厚不均匀引起表面收缩不均匀从而产生缩痕，这种现象称为收缩凹痕，如图 9—17 所示。造成收缩凹痕的主要原因及解决方法见表 9—10。

图 9—17　收缩凹痕

表 9—10　　　　　　　　　　　　　　造成收缩凹痕的主要原因及解决方法

| | 主要原因 | 解决方法 |
|---|---|---|
| 模具原因 | 流道或浇口过小 | 调整流道或浇口尺寸，浇口位置应尽量设置在对称处 |
| | 模具冷却不均匀 | 适当调整模具水管 |
| 成型工艺原因 | 注射压力不足 | 适当提高注射压力 |
| | 料筒温度过高 | 适当降低料筒温度 |
| | 注射速度过慢 | 适当提高注射速度 |
| | 锁模力不足 | 提高锁模力 |
| 塑料原因 | 原料流动性能太好 | 增加保压时间，适当降低模具温度和料筒温度 |
| | 原料成型收缩率大 | 增加保压时间，适当降低模具温度和料筒温度 |
| | 塑件厚度不均匀 | 调整塑件结构，尽量避免有特厚部分或厚薄悬殊太大 |

### 7. 流痕

流痕是成型制品表面的线状痕迹，此痕迹显示了塑料熔料流动的方向，如图 9—18 所示。造成流痕的主要原因及解决方法见表 9—11。

图 9—18　流痕

表 9—11　　　　　　　　　　　　　　造成流痕的主要原因及解决方法

| | 主要原因 | 解决方法 |
|---|---|---|
| 模具原因 | 模具温度太低 | 提高模具温度及喷嘴温度 |
| | 模具排气不良 | 改善模具排气系统 |
| | 熔料流动不畅 | 提高模腔光洁度，注料口底部及分流道端部设置较大冷料穴 |
| 成型工艺原因 | 注射压力或保压不足 | 适当延长注射时间以提高注射压力 |
| | 料筒和喷嘴温度过低 | 适当提高料筒和喷嘴温度 |
| | 注射周期太短 | 适当加长注射周期 |
| | 流道或浇口过小 | 调整流道或浇口尺寸 |
| 塑料原因 | 原料流动性能不良 | 尽量采用流动性好的原料 |
| | 原料温度太低 | 适当提高原料温度 |
| | 采用共聚型树脂原料 | 更换润滑剂品种或减少其用量 |

### 8. 银纹

银纹是塑件成型制品表面沿着流动方向形成的喷溅状线条，主要是由于材料的吸湿性引起的，如图 9—19 所示。造成银纹的主要原因及解决方法见表 9—12。

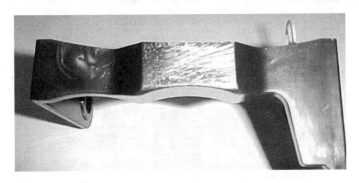

图 9—19　银纹

表 9—12　　　　　　　　　　造成银纹的主要原因及解决方法

| | 主要原因 | 解决方法 |
|---|---|---|
| 模具原因 | 流道或浇口过小 | 适当增大流道或浇口尺寸 |
| | 模具温度过低 | 提高模具温度并预热模具 |
| | 模具面上的水分或挥发成分 | 去除水分，并适当减少润滑剂或脱模剂 |
| | 模具排气不良 | 在模具上适当加设排气槽或排气杆，抛光流道和浇口 |
| | 冷料穴过小 | 适当增加、增大冷料穴 |
| 成型工艺原因 | 注射压力过大 | 适当降低注射压力 |
| | 注射速度过快 | 适当降低注射速度 |
| | 料筒温度过低 | 适当提高料筒温度 |
| | 成型周期过短 | 适当加大成型周期 |
| | 螺杆运转不当 | 降低旋杆转数，升高增塑中的背压 |
| 塑料原因 | 原料中挥发成分过多 | 原料充分进行预热干燥 |
| | 原料颗粒不均 | 使用颗粒均匀原料 |
| | 原料添加物混合不均匀 | 充分混合均匀 |

### 9. 裂纹

塑件成型制品表面开裂形成的裂缝称为裂纹，造成裂纹的主要原因及解决方法见表 9—13。

表 9—13　　　　　　　造成裂纹的主要原因及解决方法

| 主要原因 | | 解决方法 |
| --- | --- | --- |
| 模具原因 | 模具排气不良 | 改善模具排气系统 |
| | 模具脱模斜度过小 | 适当加大脱模斜度 |
| | 模具温度过低 | 提高模具温度 |
| | 顶出装置倾斜或不平衡 | 适当调整顶出装置 |
| | 顶杆总截面过小 | 加大顶杆总截面 |
| | 嵌件未预热或温度不够 | 预热嵌件 |
| | 塑件结构设计不良 | 改善结构设计 |
| | 脱模剂太多 | 尽量减少脱模剂的使用 |
| | 模具或模架变形及开裂 | 修复模具 |
| 成型工艺原因 | 注射压力或保压不足 | 适当延长注射时间以提高注射压力 |
| | 料筒和喷嘴温度过低 | 适当提高料筒和喷嘴温度 |
| | 注射周期太短 | 适当加长注射周期 |
| | 流道或浇口过小 | 调整流道或浇口尺寸 |
| 塑料原因 | 原料选用不当或不纯净 | 选用合适的原料 |
| | 成型原料与金属嵌件热膨胀系数差异大 | 嵌件材质尽量采用热膨胀系数接近原料的材料 |
| | 再生料使用过多 | 适当控制使用比例 |

## 10. 塑料变色

塑料变色通常是由于烧焦或降解以及其他原因，造成塑料变色的主要原因及解决方法见表 9—14。

表 9—14　　　　　　　造成塑料变色的主要原因及解决方法

| 主要原因 | | 解决方法 |
| --- | --- | --- |
| 模具原因 | 浇口尺寸过小 | 适当增大浇口尺寸 |
| | 模具排气不良 | 改善模具排气系统 |
| | 流道及喷嘴孔小 | 适当增大流道及喷嘴孔尺寸 |
| 成型工艺原因 | 料斗或料筒不干净 | 清理料斗或料筒 |
| | 环境空气不干净 | 改善生产环境 |
| | 料筒温度太高 | 适当降低料筒温度 |
| | 喷嘴温度太高 | 适当降低喷嘴温度 |
| | 保压时间过长 | 适当缩短保压时间 |
| | 螺杆转速过快 | 适当降低螺杆转速，减小注射压力 |
| 塑料原因 | 原料污染 | 更换原料 |
| | 原料干燥不好 | 原料充分进行预热干燥 |
| | 原料中挥发物太多 | 更换原料 |
| | 原料降解 | 适当降低原料温度 |
| | 着色剂分解 | 适当降低原料温度 |
| | 添加剂分解 | 适当降低原料温度 |

### 11. 顶白

顶白现象主要发生在塑件推出部分，塑件成品在被推出时因局部推力过大而发生微小变形，使制品颜色变白，如图9—20所示。造成顶白的主要原因及解决方法见表9—15。

图9—20　顶白

表 9—15　　　　　　　　　　造成顶白的主要原因及解决方法

| 主要原因 | | 解决方法 |
|---|---|---|
| 模具原因 | 顶出结构不良 | 改善顶出装置 |
| | 模具型芯抛光不良 | 改善模具型芯抛光工艺 |
| | 模具脱模斜度方向不对 | 修复脱模斜度方向 |
| 成型工艺原因 | 注射压力过大 | 适当降低注射压力 |
| | 保压时间过长 | 适当缩短保压时间 |

## 七、塑料注射成型模具试模后模具的验收项目

### 1. 模具外观方面

（1）铭牌内容是否打印模具编号、模具质量、模具外形尺寸，是否字符清晰、排列整齐。铭牌是否固定在模腿上靠近后模板和基准角的地方，是否固定可靠，不易剥落。

（2）冷却水嘴是否用塑料块插水嘴，如用户有特殊要求，按合同执行。冷却水嘴是否伸出模架表面，冷却水嘴是否有进出标记，标识的英文字符和数字是否大写，要求字迹清晰、美观、整齐、间距均匀。

（3）模具安装方向上的上下侧开设水嘴，是否内置，并开导流槽或下方有支承柱加以保护。无法内置的油嘴或水嘴下方是否有支承柱加以保护。

（4）模架上各模板是否有基准角符号，各模板是否有零件编号，要求用大写英文DATUM，位置在离边10 mm处，字迹清晰、美观、整齐、间距均匀。

（5）模具配件是否影响模具的吊装和存放，如安装时下方有外露的油缸、水嘴、预复位机构等，应有支承腿保护。支承腿的安装是否用螺丝穿过支承腿固定在模架上，或过长的支承腿车加工外螺纹紧固在模架上。

（6）模具顶出孔是否符合指定的注塑机，除小型模具外，原则上不能只用一个中心顶出（模具长度或宽度尺寸有一个大于 500 mm 时），顶出孔直径应比顶出杆大 5～10 mm。

（7）定位圈是否可靠固定（一般用三个 M6 或 M8 的内六角螺钉），直径一般为 100 mm 或 150 mm，高出顶板 10 mm。如用户有特殊要求，按合同执行。定位圈安装孔必须为沉孔，不准直接贴在模架顶面上。

（8）质量超过 8 000 kg 的模具安装在注射机上时，是否用穿孔方式压螺钉，不得单独压压板。如设备采用液压锁紧模具，也必须加上螺钉穿孔，以防液压机构失效。

（9）浇口套球半径是否大于注塑机喷嘴球半径，浇口套入口直径是否大于喷嘴注射口直径。

（10）安装有方向要求的模具是否在前模板或后模板上用箭头标明安装方向。

（11）模架各板是否都有大于 1.5 mm 的倒角，模架表面是否有凹坑、锈迹，多余不用的吊环，进出水、气、油孔等及其他影响外观的缺陷。

（12）模具是否便于吊装、运输，吊装时不得拆卸模具零部件（油缸除外需单独包装）。吊环与水嘴、油缸、预复位杆等干涉，可以更改吊环孔位置。

（13）每个质量超过 10 kg 的模具零部件是否有合适的吊环孔，如没有，也需有相应措施保证零部件拆卸安装方便。

（14）顶杆、顶块等顶出机构如与滑块等干涉，是否有强制预复位机构，顶板有复位行程开关。

（15）锁模器是否安装可靠，油缸抽芯、顶出是否有行程开关控制，安装可靠。三板模前模板与水口板之间是否有弹簧，以辅助开模。大型模具所有零配件安装完毕，合模是否有干涉的地方。

（16）如注射机采用延伸喷嘴，定位圈内部是否有足够大的空间，以保证标准的注射机加长喷嘴带加热圈可以伸入。

（17）所有斜顶是否都可以从一个通过底板和顶针底板的且其角度与斜顶角度一致的孔拆卸。

**2. 顶出复位、抽芯、取件方面**

（1）顶出时是否顺畅、无卡滞、无异响。

（2）斜顶是否表面抛光，斜顶面低于型芯面 0.1～0.15 mm，斜顶是否有导滑槽，材料为锡青铜，内置在后模模架内，用螺钉固定，定位销定位。

（3）顶杆端面是否低于型芯面 0～0.1 mm，所有顶杆是否有止转定位，按企业标准的三种定位方式，并有编号。

（4）滑动部件是否有油槽（顶杆除外），表面进行氮化处理，硬度为 700HV。

（5）顶针板复位是否到底。

（6）顶出距离是否用限位块进行限位，限位材料为 45 钢，不能用螺钉代替，底面须平整。

（7）复位弹簧是否选用标准件，两端不打磨、割断，复位弹簧安装孔底面是否为平底，安装孔直径比弹簧大 5 mm。一般情况下，是否选用短形截面蓝色模具弹簧（轻负荷），重负荷用红色，较轻负荷用黄色。直径超过 $\phi20$ mm 的弹簧内部是否有导向杆，导向杆比弹簧长 10 ~ 15 mm。弹簧是否有预压缩量，预压缩量为弹簧总长的 10% ~ 15%。

（8）斜顶、滑块的压板材料是否为 GS – 638，氮化硬度为 700HV 或 T8A，淬火处理至 50 ~ 55HRC。

（9）滑块、抽芯是否有行程限位，小滑块限位用弹簧，油缸抽芯有行程开关。滑块抽芯一般用斜导柱，斜导柱角度是否比滑块锁紧面角度小 2° ~ 3°。如行程过大可用油缸。如油缸抽芯成型部分有壁厚，油缸是否加自锁机构。

（10）斜顶、滑块抽芯成型部分若有筋位、柱等难脱模的结构，是否加反顶机构。

（11）滑块在每个方向上（特别是左右两侧）的导入角度是否为 3° ~ 5°，以利研配和防止出现飞边。滑块的滑动距离大于抽芯距离 2 ~ 3 mm，斜顶类似。

（12）大型滑块（质量超过 30 kg）导向 T 形槽，是否用可拆卸的压板。大的滑块不能设在模具安装方向的上方，若不能避免，是否加大弹簧或增加数量并加大抽芯距离。滑块高与长的最大比值为 1，长度方向尺寸是否为宽度尺寸的 1.5 倍，高度为宽度的 2/3。滑块的滑动配合长度大于滑块方向长度的 1.5 倍，滑块完成抽芯动作后，保留在滑槽内的长度是否小于滑槽长度的 2/3。

（13）滑块用弹簧限位，若弹簧在里边，弹簧孔是否全出在后模上或滑块上；若弹簧在外边，弹簧固定螺钉是否两头带丝，以便滑块拆卸简单。滑块的滑动距离是否大于抽芯距离 2 ~ 3 mm，斜顶类似。滑块压板是否用定位锁定位。

（14）大滑块下面是否都有耐磨板（滑块宽度超过 150 mm），耐磨板材料为 T8A，淬火至 50 ~ 55HRC，耐磨板比大面高出 0.05 ~ 0.1 mm，耐磨板应加油槽。大型滑块（宽度超过 200 mm）锁紧面是否比耐磨板面高出 0.1 ~ 0.5 mm，上面加油槽。

（15）宽度超过 250 mm 的滑块，在下面中间部位是否增加一至数个导向块，材料为 T8A，淬火至 50 ~ 55HRC。

（16）若制品有粘前模的趋势，后模侧壁是否加皮纹或保留火花纹，无加工较深的倒扣，无手工打磨加倒扣筋或麻点。

（17）若顶杆上加倒钩，倒钩的方向是否保持一致，并且倒钩易于从制品上去除。顶杆坯头的尺寸，包括直径和厚度是否私自改动，或垫垫片。顶杆孔与顶杆的配合间隙、封胶段长度、顶杆孔的光洁度是否按相关企业标准加工。顶杆是否上下窜动。

（18）制品顶出时易跟着斜顶走，顶杆上是否加槽或蚀纹，并不影响制品外观。有推板顶出的情况，顶杆是否为延迟顶出，防止顶白。

（19）回程杆端面平整，无点焊，底部无垫垫片、点焊。斜顶在模架上的避空孔是否因太大而影响外观。固定在顶杆上的顶块是否可靠固定，四周非成型部分应加工 3° ~ 5° 的斜度，下部周边倒角。

（20）制品是否利于机械手取件。用机械手取件，导柱是否影响机械手取件。

（21）三板模在机械手取料把时，限位拉杆是否布置在模具安装方向的两侧，防止限位拉杆与机械手干涉，或在模架外加拉板。三板模水口板是否导向滑动顺利，水口板易拉开。

（22）对于油路加工在模架上的模具，是否将油路内的铁屑吹干净，防止损坏设备的液压系统。油路、气道是否顺畅，并且液压顶出复位到位。

（23）自制模架是否有一个导柱采取偏置，以防止装错。

（24）导套底部是否加排气口，以便将导柱进入导套时形成的封闭空腔的空气排出。

**3. 冷却方面**

（1）冷却水道是否充分、畅通，符合图样要求。

（2）密封是否可靠，无漏水，易于检修，水嘴安装时缠密封材料。

（3）试模前是否进行通水试验，进水压力为 4 MPa，通水 5 min。

（4）放置密封圈的密封槽是否按相关企业标准加工尺寸和形状，并开设在模架上。密封圈安放时是否涂抹黄油，安放后高出模架面。

（5）水道隔水片是否采用不易受腐蚀的材料，一般用黄铜片。

（6）前、后模是否采用集中运水方式。

**4. 一般浇注系统方面**

（1）浇口套内主流道表面是否抛光至表面粗糙度 $Ra1.6\ \mu m$，浇道是否抛光至表面粗糙度 $Ra3.2\ \mu m$。

（2）三板模分浇道出在前模板背面的部分截面是否为梯形或圆形，三板模在水口板上断料把，浇道入口直径是否小于 $\phi3\ mm$，球头处有凹进水口板的一个深 3 mm 的台阶。三板模前模板限位是否用限位拉杆。

（3）球头拉料杆是否可靠固定，可以压在定位圈下面，可以用无头螺钉固定，也可以用压板压住。

（4）顶板和水口板间是否有 10 ~ 12 mm 的开距，水口板和前模板之间的开距是否适于取料把。料把是否易于去除，制品外观面无浇口痕迹，制品有装配处无残余料把。

（5）浇口、流道是否按图样尺寸用机床（CNC、铣床、EDM）加工，不允许手工用打磨机加工。点浇口处是否按浇口规范加工，点浇口处前模有一小凸起，后模相应有一凹坑。

（6）分流道前端是否有一段延长部分作为冷料穴。透明制品冷料穴的直径、深度是否符合设计标准。

（7）拉料杆 Z 形倒扣是否圆滑过渡。

（8）分型面上的分流道是否表面为圆形，前后模无错位。

（9）出在顶杆上的潜伏式浇口是否存在表面收缩。

（10）弯钩潜伏式浇口，两部分镶块是否进行氮化处理，硬度为 700HV。

# 本章测试题

1. 简述造成充不满模的主要原因及解决方法。

2. 简述造成飞边的主要原因及解决方法。

3. 简述造成熔接痕的主要原因及解决方法。

4. 简述造成翘曲变形的主要原因及解决方法。

5. 简述造成气泡的主要原因及解决方法。

6. 简述造成收缩凹痕的主要原因及解决方法。

7. 简述造成流痕的主要原因及解决方法。

8. 简述造成银纹的主要原因及解决方法。

9. 简述造成裂纹的主要原因及解决方法。

10. 简述造成塑料变色的主要原因及解决方法。

11. 简述造成顶白的主要原因及解决方法。

12. 造成注塑烧胶的主要原因有哪些？

13. 说明注塑模常用局部修复方法。

14. 注塑模在试模过程中，如何调节加料量和确定加料方式？

15. 注塑模在试模过程中，如何调整塑化能力？

16. 注塑模在试模过程中，如何调节注射压力？

17. 注塑模在试模过程中，如何调节成型时间？

18. 注塑模在试模过程中，如何调节模温及水冷系统？

19. 注塑模在试模过程中，如何确定温度参数？

20. 与模具有关的塑料主要特性有哪些？这些特性与模具有着怎样的关系？

# 第 **10** 章

## 培训与管理

# 第1节　培训

模具工高级技师要具有指导本职业技师以下人员的实际操作的能力；能对本职业高级及以下人员进行技能理论培训；明确培训讲义的基本要求和编写方法，要能编写培训讲义。

## 一、培训讲义编写方法

### 1. 培训讲义的基本要求

（1）应根据模具工职业的国家职业标准和国家职业资格培训教程来编写。

（2）应结合本企业的产品、工艺、设备的特点来编写。

（3）应结合编写者本人长期积累的实践经验、先进的操作方法、技能、技巧来编写。

（4）培训讲义的内容应严谨准确，采用的标准要符合最新的国家标准，名词术语要规范，物理量及计量单位使用要正确。

（5）培训讲义各等级间的知识与技能要合理衔接，既不能重复，也不能遗漏，并防止过多、过难、过深。

（6）培训讲义的语言应生动，通俗易懂，贴近生产实际，便于学员的理解和记忆。

（7）培训讲义应能充分体现模具行业在新技术、新材料、新设备方面的发展趋势和管理科学的进步。

### 2. 编写培训讲义的方法

（1）根据培训对象选定培训内容。

（2）搜集有关技术资料。

（3）认真研究本职业的国家职业标准和国家职业资格培训教程。

（4）编排培训教学顺序和有关内容。

（5）编写培训讲义。

### 3. 培训讲义编写范例

以模具工基础培训中的注塑模具结构培训内容为例进行培训讲义编写示范。

首先进行培训内容单元设计，见表10—1。

培训内容：塑料注射模具的分类和典型结构。

表10—1　　　　　　　　培训内容单元设计范例

| 培训名称 | 模具工培训 | 项目/主题 | 塑料注射模具的分类和典型结构 | | |
|---|---|---|---|---|---|
| 课类 | 理论/实训 | 课序 | 3－2 | 学时 | 2 |
| 学员/小组 | | 地点 | | 时间 | |
| 教学目的 | 　　通过本单元的学习，让学员熟悉塑料注射模具的结构组成，掌握塑料注射模具的分类、典型结构；使学员对塑料注射模具结构、动作原理及运用有比较清晰的认识，为以后学习塑料注射模具的结构设计奠定基础 | | | | |

| 能力（技能）目标 | 知识目标 |
|---|---|
| 掌握塑料注射模具的动作原理<br>熟悉典型结构注射模具的动作原理及运用 | 塑料注射模具的结构组成<br>塑料注射模具的分类及典型结构 |

| | |
|---|---|
| 重点<br>难点与<br>解决<br>方案 | 1. 教学重点与难点：<br>（1）注射模具的结构组成<br>（2）注射模具的动作原理<br>（3）注射模具的分类<br>（4）注射模具的典型结构<br>（5）典型结构注射模具的动作原理及运用<br>2. 解决方案：<br>（1）理论讲解<br>（2）动画展示<br>（3）实物案例 |
| 参考<br>资料与<br>媒体 | 教材：《模具设计基础》，陈剑鹤主编，机械工业出版社，第1版，2006年 |
| 教学<br>条件 | 多媒体教室<br>电子课件<br>模具配件 |
| 教学<br>小结 | 本单元主要介绍了塑料注射模具的结构组成、塑料注射模具的分类与典型结构，并结合实际应用案例、动画展示及相关的模具配件，使学员对塑料注射模具结构有进一步的认识，为以后学习注射模具结构设计奠定基础 |

## 二、培训技巧

为了使培训能够有效进行并达到预期效果，需着重注意使用以下方面：

1. 充分备课：在课程进行之前要查找资料，对培训内容进行充分准备。

2. 准备好培训课程中所需电子课件或学员学习的书面资料。

3. 细致了解学员基本情况：包括知识技术水平、工作岗位、对培训的期望等。

4. 在培训过程中使用先进教学手段，包括电子课件、动画资料等，以便提高学员学习兴趣，最终达到培训要求。

5. 注意在培训过程中运用讲授、讨论、实操一体化教学方法组织教学过程，可促进学员更好吸收知识，提高技能，达到培训效果。

## 三、模具工国家职业标准

随着职业等级提升，培训内容应适应现代模具制造业需求，并不断更新和拓宽。

不同等级的模具工国家职业标准见表10—2。

表10—2                          不同等级模具工国家职业标准

| 等级 | 基础性知识项目 | 重要知识要点 |
|---|---|---|
| 四级 | 1. 安全知识 | 模具制造中人、模具、设备相关的安全知识 |
| | 2. 模具结构设计知识 | 模具的典型结构、成型件设计计算、标准件选用等知识 |
| | 3. 模具结构与制造工艺知识 | 模具结构件、成型件的制造工艺及相关工夹具知识 |
| | 4. 模具材料与零件热处理知识 | 冷冲模、热塑模、压铸模的用材与热处理知识 |
| | 5. 金属切削原理及刀具知识 | 刀具材料、几何参数、刀具选用、刀具磨损等知识 |
| | 6. 量具与技术测量知识 | 常用量具及工作原理、常用测量方法、专用量具等知识 |
| | 7. 模具特种加工技术 | 电铸加工、电火花加工、数控线切割加工等知识 |
| 三级 | 1. 较复杂模具或实样的 CAD/CAM/CAE 知识 | 较复杂模具或实样的三维建模与 CAD/CAM/CAE 知识 |
| | 2. 多种模具的材料性能与热处理知识 | 高强度、耐用冲模、热塑模、简易模的用材及热处理知识 |
| | 3. 数控编程及专用夹具、刀具的设计制造知识 | 数控编程及专用刀具、夹具设计，坐标镗床的加工计算及 CAD /CAE 连接知识 |
| | 4. 特种加工的新技术 | 型腔表面腐蚀加工、自动化研磨、激光加工等知识 |
| | 5. 模具的维修与保养知识 | 冲模刃口修复、防氧化处理，随模运作卡记录等知识 |
| 二级 | 1. 难度较高的复杂模具的 CAD/CAM/CAE 知识 | 复杂件或模具的实体建模及 CAD/CAM/CAE 集成化应用知识 |
| | 2. u 级或高精度的制造工艺及材料热处理知识 | 高效、高精度、长寿命模具的用材，模具制造、安装、调试等知识 |
| | 3. 模具制造的高新技术 | 模具激光雕刻技术、激光加工技术，模具快速制造技术知识 |
| | 4. 精密测量和反求技术 | 精密模具测量、复杂制品的测量与反求技术知识 |
| | 5. 复杂模具的修复、保养及模具现场的管理知识 | 多工位冲模的修复，复杂型腔的修复、保养及模具制造的现场管理知识 |
| 一级 | 1. 高难度复杂模具的制造和产品工艺的改进及制作技术知识 | 高难度多工位模、高精度模的制作，复杂产品工艺改进等方面的知识 |
| | 2. 模具的自动化机构设计知识 | 自动送料、复杂件抽芯机构及自动生产线机构设计制造知识 |
| | 3. 模具成型件和结构件的数控加工特技知识 | 复杂模具数控加工制作的特技与工艺知识 |
| | 4. 原型制作的 RP/RT 知识 | 快速简易模具的 RP/RT 技术知识 |
| | 5. 模具制造的计算机工艺管理、质量管理和技术管理知识 | 模具制造的计算机辅助工艺管理、质量管理、技术管理等知识 |

## 第 2 节　管理

模具制造的生产过程主要包括原材料的运输与保管、生产的准备工作、毛坯的制造、零件的加工与热处理、模具的装配、试模及调整，直至包装出货等环节与内容。要做好模具生产过程中的组织与管理的工作，提高模具制造的质量与企业的生产经济效益，模具制造的高级技术人员必须对技术项目管理、市场分析与成本核算、生产技术管理、模具行业的主流生产技术等方面的技术与技能要有所了解与掌握。

# 一、项目管理与模具制造

### 1. 项目与项目管理概述

项目是一件事情、一项独一无二的任务，也可以理解为是在一定的时间和一定的预算内所要达到的预期目的。项目侧重于过程，它是一个动态的概念，例如可以把一条高速公路的建设过程视为项目，但不可以把高速公路本身称为项目。那么到底什么活动可以称为项目呢？安排一个演出活动，开发和介绍一种新产品，策划一场婚礼，涉及和实施一个计算机系统，进行工厂的现代化改造，主持一次会议等这些在日常生活中经常遇到的事情都可以称为项目。

项目具有以下属性：

（1）一次性。一次性是项目与其他重复性运行或操作工作最大的区别。项目有明确的起点和终点，没有可以完全照搬的先例，也不会有完全相同的复制。项目的其他属性也是从这一主要的特征衍生出来的。

（2）独特性。每个项目都是独特的。或者其提供的产品或服务有自身的特点，或者其提供的产品或服务与其他项目类似，然而其时间和地点，内部和外部的环境，自然和社会条件有别于其他项目，因此项目的过程总是独一无二的。

（3）目标的确定性。项目有明确的目标：

1）时间性目标，如在规定的时段内或规定的时点之前完成。

2）成果性目标，如提供某种规定的产品或服务。

3）约束性目标，如不超过规定的资源限制。

4）其他需满足的要求，包括必须满足的要求和尽量满足的要求。目标的确定性允许有一个变动的幅度，也就是可以修改。不过一旦项目目标发生实质性变化，它就不再是原来的项目了，而将产生一个新的项目。

（4）活动的整体性。项目中的一切活动都是相关联的，构成一个整体。多余的活动是不必要的，缺少某些活动必将损害项目目标的实现。

（5）组织的临时性和开放性。项目班子在项目的全过程中，其人数、成员、职责是在不断变化的。某些项目班子的成员是借调来的，项目终结时班子要解散，人员要转移。参与项目的组织往往有多个，多数为矩阵组织，甚至几十个或更多。他们通过协议或合同以及其他的社会关系组织到一起，在项目的不同时段不同程度地介入项目活动。可以说，项目组织没有严格的边界，是临时性的和开放性的。这一点与一般企、事业单位和政府机构组织很不一样。

（6）成果的不可挽回性。项目的一次性属性决定了项目不同于其他事情可以试做，做坏了可以重来；也不同于生产批量产品，合格率达到99.99%是很好的了。项目在一定条件下启动，一旦失败就永远失去了重新进行原项目的机会。项目相对于运作有较大的不确定性和风险。

项目管理是指在项目活动中运用专门的知识、技能、工具和方法，使项目能够在有限资源和限定条件下，实现或超过设定的需求和期望。它是集决策、管理、效益为一体的组织、过程和方法的集合。项目管理主要用于解决在一定时间内必须完成的重要工作，它的核心内容主要包括范围控制、进度控制、质量控制以及成本控制。项目管理过程可归纳为启动、计划、实施、监控与收尾五大过程组。

当企业设定了一个项目后，传统的做法是参与这个项目的至少会有好几个部门，包括财务部门、市场部门、行政部门等，而不同部门在运作项目的过程中不可避免地会产生摩擦，须进行协调，而这些无疑会增加项目的成本，影响项目实施的效率。而项目管理的做法则不同。不同职能部门的成员因为某一个项目而组成团队，项目经理则是项目团队的领导者，他所肩负的责任就是领导他的团队准时、优质地完成全部工作，在不超出预算的情况下实现项目目标。项目的管理者不仅仅是项目执行者，还参与项目的需求确定、项目选择、计划直至收尾的全过程，并在时间、成本、质量、风险、合同、采购、人力资源等各个方面对项目进行全方位的管理，因此项目管理可以帮助企业处理需要跨领域解决的复杂问题，并实现更高的运营效率。

**2. 模具制造的项目化管理**

模具制造是一种面向订单设计的生产类型，产品生产的重复性很低，非通用件多，模具制造包括模具报价、产品开发设计、模具设计与制造、模具安装调试、模具生命周期内的服务与支持等整个模具生命周期过程。

将项目管理理念引入制造业，特别是模具制造企业，有助于企业成本控制、制造周期控制和对客户负责的控制，从管理角度来看，同时管理多个项目而不会造成计划的混乱，企业的信息流集中并且流速加快。在使用项目管理方法时要特别注意结合自身工厂的特点、企业文化、战略管理思路、发展目标。

# 二、市场分析与成本核算

## 1. 市场调查与预测

（1）市场调查。市场调查就是运用科学的方法，系统地收集、记录、整理和分析有关市场的信息资料，从而了解市场发展变化的现状和趋势，为市场预测和经营决策提供科学依据的过程。

由于影响市场变化的因素很多，因此市场调查的内容也十分广泛。市场调查的内容可以概括为以下几个主要方面：

1）科学技术发展动态的调查。这主要是调查与模具有关的科技现状和发展趋势。其内容有：国内外发展概况及发展趋势，如汽车工业、塑料工业的发展；模具企业所用设备、原料的生产状况及发展趋势。

2）用户的需求调查。对用户需求的调查，就是要了解用户和熟悉用户，掌握用户需求的变化规律，尽可能地满足用户需求。其内容主要有：对用户的特点进行调查；对影响用户需要的各种因素进行调查；对用户的潜在需要与现实需要进行调查。

3）竞争对手的调查。主要调查对手的数量及实力，包括对方模具产品的价格策略、销售渠道、产品质量等情况。

另外，还要注意宏观环境对模具企业经营的影响，如国家或地方的产业政策、税收政策、有关法规等。

（2）市场预测。市场预测，就是运用各种信息和资料（包括市场调查的结果），通过分析研究，对模具企业未来市场状况作出估计和判断。市场预测是模具企业作出正确决策的前提条件之一。

一般来说，市场预测主要包括社会需求预测、市场占有率预测、技术发展预测、企业投资效果分析等内容。

随着市场经济的发展，竞争日益激烈，市场变得更加复杂，模具企业仅凭少量的分散信息，要想把握市场动态几乎是不可能的。通过市场调查和市场预测，可以清楚地了解模具市场活动的现状和发展趋势，自身与竞争对手的差异，以实现对企业未来发展方向的准确定位。

**2. 模具成本核算**

商品价格由产品成本、流通费用、税金和利润构成。模具作为一种商品，在市场上流通情况大不相同。一般是供需双方直接见面定价成交，使价格中不含流通费用只含销售费用。模具销售价格可表示为：

$$M = M_e + m = M_0 + e + m$$

式中　$M$——模具销售价格；

　　　$M_e$——模具销售成本；

　　　$M_0$——模具生产成本；

　　　$e$——模具销售费用；

　　　$m$——税金利润。

模具生产成本是模具在制造过程中所发生的各种费用之和，即：

$$M_0 = C + Q + G + W + D + E + U + F$$

式中　$C$——材料费（铸件、锻件、棒材、板材、模具标准件、外购件等）；

　　　$Q$——能源费（煤、燃油、电、水、气）；

　　　$G$——人工费（工人工资、奖金、按规定提取的福利基金）；

　　　$W$——管理费（管理人员与服务人员工资、消耗性材料、办公费、差旅费、水电费、运输费、折旧费、修理费、低值易耗品摊销、材料与产品盘亏与毁损、利息支付及其他费用）；

　　　$D$——设计及技术服务费（模具不具有重复生产性，每套模具在投产前均需先进行设计）；

　　　$E$——专用工具、工装费（专用刀具、电极、靠模、样板、模型等）；

U——试模费（模具生产本身具有试制性，在交货前均需反复试模与修整）；

　　　　　F——试制性不可预见费（由于模具制造中存在着试制性，因此成本中就包含着不可预见费和风险费）。

　　在构成模具生产成本的 8 项主要费用中，后 4 项费用是根据模具生产独有的"单体试制性"和"技术、资金、劳动力三密集"特点而单项列支的。模具合同一旦确立后，模具价格就很难得到更正，模具的实际成本在与需方定货时，只是各种成分逐项统计的汇总估算，待模具制成后方可进行详细准确的结算。由此可看出如果在模具报价时对模具价格进行准确的估算是一项非常困难的工作，因而目前模具价格简易估算法运用得较多。

# 三、模具制造的生产管理

## 1. 生产计划编制与管理

　　生产计划管理通常是指企业对生产活动的计划、组织和控制工作。生产计划是企业生产管理的依据，它对企业的生产任务作出统筹安排，规定企业在计划期内产品生产的品种、质量、数量、进度等指标，是企业在计划期内完成生产目标的行动纲领，是企业编制其他计划的重要依据，是提高企业经济效益的重要环节。要使企业有较强的竞争能力和应变能力，且使企业的生产与市场需求相适应并能引导和开发潜在的市场需求，就必须加强企业的生产计划管理。

　　生产计划的编制程序一般分为如下步骤：

　　(1) 了解生产状况、掌握市场信息。

　　(2) 结合生产状况和外部市场条件，分析研究，提出初步生产计划指标。

　　(3) 综合平衡，确定生产计划指标。

　　(4) 组织实施生产作业目标。

　　在编制生产计划的过程中，要使编制计划具有合理性和可操作性，必须注意以下三点：

　　第一，要多方收集资料，掌握企业生产现状，要深入生产现场，掌握第一手资料，为编制计划提供可靠的依据。

　　第二，要搞好预测，主要是市场预测、外部主要生产条件预测，这是非常重要的一个环节。在市场经济条件下，只有准确掌握产品的市场供求状况，制定切实可行的生产计划，才能生产适销对路的产品，提高企业的效益。

　　第三，要进行综合平衡，通过综合平衡确定计划指标。综合平衡要从需求与实际生产能力出发，量力而行，留有余地，统筹合理安排。

　　模具制造的生产计划管理是指以模具的生产过程为对象所进行的管理，包括模具生产过程的组织、生产能力的核定、生产计划与生产作业计划的制定执行以及生产调度工作。生产计划的实施和控制，是调度工作的重点，调度要围绕计划所制定的目标来组织均衡稳定的生产，完成目标计划。生产计划统计与分析工作，属于生产的事后总结提高阶段。通过对计划的实施，要总结成功的经验，找出不足及失败的原因，为下一步的计划拟定提供改进依据。

### 2. 生产定额制定与管理

生产定额是生产单位产品或完成一定工作量所规定的时间消耗量，如对车工加工一个零件、装配工组装一个部件或一个产品所规定的时间。生产定额也称为劳动工时定额，是生产经营管理的主要基础工作之一，是掌握生产进度情况、安排生产计划、进行成本核算的基础，也是实行计划工资和奖励制度的依据。

在模具生产中，可采用以下几种方法进行生产定额的制定：

（1）经验评估法。由定额人员依照产品图样和工艺技术要求，并考虑生产现场使用的设备、工具等条件，根据实践经验估定。

（2）统计分析法。根据过去生产的同类产品或零部件、工序的实耗工时或产量的原始记录和统计资料，并预测今后生产技术组织条件的变化制定。

（3）比较类推法。以现有的同类型产品、零部件、工序的定额为依据，经过分析比较，推算出另一种产品、零部件、工序的定额。

（4）技术测定法。通过对生产技术组织条件的分析，在挖掘生产潜力和操作方法合理化的基础上，采用分析计算或现场测定方法（包括运用摄影、录像、电子计算机等手段）制定。

由于模具生产厂和车间的生产对象比较繁杂，而且多数是单件、小批量，因此给生产定额的制定带来一定的困难。在制定生产定额时一定要根据本厂和本车间的实际情况，找出适当的方法制定出合理和先进的工时定额。

在模具生产中，生产定额一旦确定，就要有专人负责其标准审查、平衡，并要定期分析考察定额工时水平，检查其执行水平。定额执行后，因生产技术的不断发展，管理水平的提高，生产组织和劳动组织的完善，以及员工的思想觉悟、文化技术水平和熟练程度的提高，生产定额要作定期的或不定期的修订，以促进定额水平的平衡与提高。执行生产定额的过程中，要不断积累相关资料，为今后修订定额提供必要的依据。在填写派工单时，要严格按已规定的工艺和工时定额填写。

### 3. 员工管理

员工管理是从员工个体的角度来看待人力资源管理，如何分析员工的个性差异和需求差异，并使之与企业效率相结合，从而最大限度地激励员工的主动性和创造性，达到人与事的最佳配合，这是员工管理的中心内容。对员工进行有效的管理，需要做好以下几方面的工作：

（1）充分了解企业的员工。作为管理者，要能充分地认识员工不是一件很容易的事。但是管理者如果能充分理解自己的员工，工作开展起来就会顺利得多。了解员工，有一个从初级到高级阶段的程度区别，可分为三个阶段：第一阶段是了解员工的出身、学历、经验、家庭环境以及背景、兴趣、专长等，同时还要了解员工的思想，以及其干劲、热诚、诚意、正义感等；第二阶段是当员工遇到困难时，能预料他的反应和行动，并能恰如其分地给员工关怀；第三阶段则是知人善任，能使每个员工在其工作岗位上发挥最大的潜能，给自己的员工足以考验其能力的挑战性工作，并且在其面临困境时，给予恰当的引导。管理者与员工彼此间要相互了解，在心灵上相互沟通和达成默契，这对管理者来说尤为重要。

（2）聆听员工的心声。在管理中聆听员工的心声，也是团结员工、调动积极性的重要途径。一个员工的思想出了问题，就会失去工作热情，要他卓越地完成交给他的任务是不可能的。这时，作为管理者，应耐心地去听取他的心声，找出问题的症结，解决他的问题或耐心开导，才能有助于管理目标的实现。

对待犯错误的员工，也应当采取聆听的办法，不应一味责难，而应给他们解释的机会。只有了解个别情况后，才能对症下药，妥善处理。

（3）管理方法经常创新。管理者要让其员工在制定的轨道上运行，就要仔细观察、经常调整，以防止其出现偏误。管理者要多注意员工的各种变化，在基本管理框架内灵活地运用各种技巧管理下属，要不断采用新的方法处理员工管理中的新情况。

（4）德才兼备，量才使用。每个人在能力、性格、态度、知识、修养等方面各有长处和短处。用人的关键是适用性，作为管理者在用人时，先要了解每个人的特点。作为管理者，不仅要看到人士考核表上的评分，更重要的是在实践中观察，结合每个员工的长处安排适当的工作。再从他们的工作过程中观察其处事态度、速度和准确性，从而真正测出其潜能。

（5）淡化权利，强化权威。对员工的管理最终要落实到员工对管理者，或下属对上司的服从。这种领导服从关系可以来自权利或权威两个方面。管理者地位高，权力大，谁不服从就会受到制裁，这种服从来自权力。管理者的德行、气质、智慧、知识、经验等人格魅力，使员工自愿服从其领导，这种服从来自权威。一个企业的管理者要成功地管理自己的员工，特别是管理比自己更优秀的员工，人格魅力形成的权威比行政权力更重要。

（6）允许员工犯错误。现实世界充满了不确定性，在这样的环境中做事自然不可能事事成功，一个人能多做正确的事，少做错误的事情，他就是一个优秀的人。作为一个管理者，若要求下属不犯任何错误，就会抑制冒险精神，使之缩手缩脚，失去可能成功的机会。若管理者不允许员工失败，冒险失败就会受到严惩，则员工就会报着不做不错的观念，这样企业便失去赖以发展的重要动力。

（7）引导员工合理竞争。作为一名管理者，关注员工心理的变化，适时采取措施，防止不正当竞争，促进正当竞争是管理重要的职责。为此，对员工的管理要有一套正确的业绩评估机制，要以工作实绩评估其能力，不要根据员工的意见或上级领导的偏好、人际关系来评价员工，从而使员工的考评尽可能公正客观。同时，企业内部应建立正常的公开的信息渠道，让员工多接触、多交流、有意见正面沟通。

（8）激发员工的潜能。每个人的潜能是不同的，对不同特质的人，采取不同的激励方法才可能达到好的效果。

# 四、模具行业的主流生产技术

### 1. 模具计算机辅助制造

计算机辅助设计与制造（Computer Aided Design/ Computer Aided Manufacturing，简称 CAD/CAM）是 20 世纪 60 年代迅速发展起来的一门综合性计算机应用技术。CAD 是人和计算机相结合，将设计方法经过综合处理，转换成数学模型和解析这些模型的程序。CAM 是利用计算机对制造过程进行设计、管理和控制的全过程。

在模具制造中，CAM 主要用于模具零件的生产工艺过程设计和数控编程。模具制造常用的专业软件有 UGNX、Pro/E、CATIA、Mastercam、CimatronE、Powermill、CAXA等。

### 2. 模具成组技术

成组技术（Group Technology，GT）自 20 世纪 50 年代由前苏联学者米特洛诺夫提出并在机械工业中推广以来，已在世界各国得到了广泛应用。它以零部件的相似性为基础，将许多各不相同，但又具有部分相似性的各种产品以及组成产品的各种零部件，按相似性原则进行分类编组，并按零件组的工艺要求配备相应的工装设备，采用适当的布置形式组织和管理生产，以达到减少重复劳动，节省人力、时间，提高工作效率的目的。成组技术是解决多品种、小批量生产的有效途径。

实施成组技术首先要对零件进行分类，目前应用的零件分类方法主要有视检法、生产流程分析法和编码分类法。视检法是根据零件图样或实际零件以及其制造过程，直观地凭经验判断零件的相似性，对零件进行归类分组。生产流程分析法是通过分析被加工零件的工艺路线，找出各零件在工艺上的相似性，从而划分出零件组。生产流程分析法是建立在分析工厂现行工艺过程的基础上，并不改变零件原有的工艺过程，只考虑零件的制造方法，不考虑零件设计特征的相似性。编码分类法是用不同的代码表示零件的不同特征，然后对代码规定出相似性准则，按准则将代码相似的零件归为一组。采用这种方法的前提条件是要有一套零件分类编码系统，目前世界各国已建立 40 余种具有代表性的分类编码系统。我国在分析了世界先进的编码系统的基础上，结合我国的具体情况制定了自己的分类编码系统 JLBM – 1（机械工业成组技术零件分类编码系统）。

对注塑模具来讲，从结构上可分为模架、成型、导向、脱模等部分。注塑模具生产的塑件产品决定了模具的成型部分各不相同，因而也就形成了模具结构和形式的多样性。模具的相异性主要在成型部分，而在模架、导向、脱模等部分具有很大的相似性。因此，组成模具的零件按其功用可分为四类：与成型直接相关的型腔、型芯类零件，构成模具主体框架的模板类零件，导向、脱模等起辅助作用的结构件类零件，螺钉、销钉、弹簧等标准类零件。进一步简化可以把注塑模具零件按其成型所起的作用分为成型零件和辅助成型零件（模板类零件、结构类零件、标准类零件）两大类。

成型零件按其形状和功能特征又可分为型芯、型腔两类。结构件类零件按其形状和功能特征可细分为环套类、柱杆类、板块类等。综上所述，注塑模具零件的分类如图 10—1 所示。

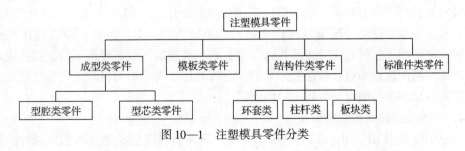

图 10—1　注塑模具零件分类

**3.　模具高速切削加工技术**

高速切削加工技术可以追溯到 20 世纪 30 年代初。德国的切削物理学家萨洛蒙（Carl Salomon）博士于 1931 年发表了著名的高速切削理论，人们常用"萨洛蒙曲线"表示。该理论核心内容是：当切削速度达到一定的数值时，切削刃处的切削温度和切削力开始下降。他同时给人们一个结论：用传统刀在更高切削速度下加工时，有可能提高生产率。他的理论推动了制造业的发展，自 20 世纪 80 年代起，高速加工技术在传统切削加工技术、自动控制技术、信息技术和现代管理技术的基础上，逐步发展成为一门综合性系统工程技术。高速切削加工技术主要的基本特征有：主轴转速高，可达到 10 000 ~ 150 000 r/min；切削速度高，可达到 100 ~ 8 000 m/min；进给速度高，可达到 15 ~ 90 m/min。

高速切削加工技术在模具制造中，主要应用于以下几个方面：

（1）提高模具加工速度。从材料去除速度而言，高速切削加工比一般加工快四倍以上；加工质量方面，因高速切削加工精加工时采取小的进给量与切削深度，故可获得很高的表面质量，有时甚至可以省去钳工修光的工序，从而因表面质量的提高省去了修光及电火花等工序时间。

（2）简化加工工序。传统切削加工只能在淬火之前进行，因淬火造成的变形必须要手工修整或用电加工最终成型。高速切削加工省去了电极的材料、编程以及电加工过程的所有费用，而且没有电加工的表面硬化。另外，高速切削加工可使用小直径的刀具，对模具更小的圆角半径及模具细节进行加工，节省部分手工修整工艺，减少人工修光时间，简化的工艺可缩短模具的生产周期。

（3）提高复杂、薄壁类零件的加工质量。由于高速加工是小切深、快进给、高转速的加工，切削过程中零件受力较小，因此应用高速切削技术可大大提高形状复杂、容易变形的零件的加工质量。

（4）快速样件制造。利用高速切削加工效率高的特点，可加工塑料和铝合金模型。通过 CAD 设计后快速生成 3D 实体模型，比快速原型制造效率高、质量好。

（5）快速修复模具。模具在使用过程往往需要修复，以延长使用寿命，过去主要是靠电加工来完成，现在采用高速加工可以更快地完成该工作，而且可使用原 NC 程序，无须重新编制。

目前我国在采用高速加工模具技术中存在的主要问题是机床、刀具、编程软件、高速加工工艺等方面。国产高速机床整体性能尚有差距，功能部件性能还不能满足要求，包括电主轴的功率和转速、机床的高速下动态特性研究等，同时五轴机床还不够成熟。刀具技术方面，国产刀具还不能够适应高速切削的应用，特别是高速硬切削光整加工，刀柄、成套在线动平衡等配套技术还不够。高速加工的历史比较短，缺乏应用经验积累；对高速切削工艺研究比较少，投入不够；缺少高速切削数据库或手册；模具生产厂家对高速切削的认识不够，缺乏长期效益的分析对比。高速切削自动编程软件缺乏，特别是五轴联动高速切削自动编程 CAM 软件。

**4.　快速成型技术与快速制模**

快速成型技术 RP（Rapid Prototyping）是一种用材料逐层或逐点堆积出制件的制造

方法。它不采用常规的工具或刀具来加工工件，而是利用光、电、热等手段，通过固化、烧结、聚合作用或化学作用等方式，有选择地固化（或粘结）液体（或固体）材料，实现材料的迁移和堆积，形成所需的原型零件。RP 制造技术可直接从计算机模型产生出三维物体，它综合了机械工程、自动控制、激光、计算机、材料等学科的技术。

RP 制造技术的实现方法主要有光固化法（光造型法 SLA）、叠层法（实体制造法 LOM）、激光选区烧结法（选择性激光烧结法 SLS）、熔融沉积法（丝沉积制造法 FDM）、掩膜固化法、三维打印法等。

快速成型技术 RP 问世于 20 世纪 80 年代中期，并在 90 年代末期得到了很大发展。RP 技术的发展同时推动了快速制模 RT（Rapid Tooling）技术的发展。RT 技术是应用快速成型技术制作模具和模具嵌件的技术。利用快速成型技术制作模具，通常是传统制造方法所需时间的 1/3 和成本的 1/4，而且对复杂型腔曲面无需数控切削加工便可制造。

利用快速成型技术制造模具，可直接或间接快速制造模具：

（1）利用快速成型技术直接制造模具。利用快速成型技术直接制造出模具本身，然后通过一些必要的后处理和机加工以达到模具所要求的力学性能、尺寸精度和表面粗糙度。

（2）利用快速成型技术间接制造模具。利用快速成型技术首先制作模芯，然后用此模芯复制硬模具（如铸造模具），或者采用金属喷涂法获得轮廓形状，或者制作母模具复制软模具等。具体过程是对由快速成型技术得到的原型表面进行特殊处理后代替木模，制造出石膏型或陶瓷型，或是由原型经硅橡胶过渡转换得到石膏型或陶瓷型，再由石膏型或陶瓷型浇铸出金属模具。也可以利用 RP 原型代替蜡模或树脂消失模直接制造金属模。

**5. 逆向工程**

逆向工程，也称反求工程或反向工程（Reverse Engineering，RE），是指用一定的测量手段对实物（样品或模型）进行测量，根据测量数据通过三维几何建模方法重构实物的 CAD 模型，从而实现产品设计与制造的过程。

逆向工程在模具设计与制造中主要有以下的应用：

第一，根据实物样件制造模具。在有实物但没有零件图、工程图和 CAD 模型的情况下，可利用逆向工程技术建立实物的数学模型，从而进行模具的设计与制造。

第二，损坏或磨损模具的还原。对于其结构尺寸大，模具型面形状复杂，尺寸精度和表面质量要求高的模具，一旦磨损或损坏，重新制造模具则将造成极大的损失，因此模具的修复技术日益受到重视。模具的修复就是利用材料、热处理、激光焊接或数控加工和表面工程等技术实现模具的物理修复。基于逆向工程技术的磨损模具建模方法可以通过对磨损区域表面特征的识别号恢复功能，建立完整的模具 CAD 模型，从而可大大提高模具修复的质量和效率，达到快速修复模具以降低成本的目的。

逆向工程有以下几项关键技术：

（1）数据测量技术。通过合适的测量方法获得产品的点云数据。逆向工程中三维数据的获得一般有两种方法，一种是接触式的三坐标测量，另一种是非接触式的激光扫描测量或逐层扫描测量。后一种方法，由于存在较大误差，不适用于精度要求高的产品复制，目前常用的是接触式三坐标测量。

（2）数据处理技术。处理所获得的点云数据，提取后续建模所需的特征曲线和特征曲面。

（3）模型重构技术。通过数据处理阶段提取的数据信息，建立一个完整的三维模型，从而用于产品设计和制造。

**6．并行工程**

1988 年美国国家防御分析研究所完整地提出了并行工程的概念，即"并行工程是集成地、并行地设计产品及其相关过程（包括制造过程和支持过程）的系统方法，这种方法要求产品开发人员考虑产品整个生命周期中的所有因素，包括质量、成本、进度计划和用户要求"。

在模具开发中实施并行工程，可以大幅度提高模具质量、降低模具成本、缩短模具开发周期等。具体做法：

（1）成立开发并行小组，使模具从设计、工艺到数控程序的编制均是在一个小组内并行进行。

（2）在模具总体设计过程中设计人员、工艺人员和加工人员可以共同讨论，确定模具的总体结构，在充分考虑工艺过程、加工方案的前提下，定出设计方案。

（3）确定模架规格，给出模架及毛坯的采购清单，初步确定加工方式并进行粗加工。

（4）详细的设计与采购、粗加工并行进行。

模具的并行开发流程如图 10—2 所示。

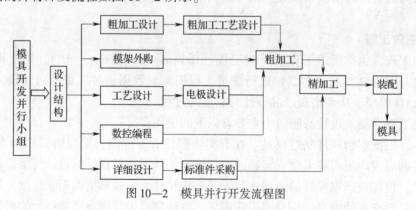

图 10—2　模具并行开发流程图

# 综合练习题（高级技师）

## 一、DV 带包装盒注射成型模具

### 1. DV 带包装盒注射成型模具结构特点和成型工艺说明

如图 1 所示为 DV 带包装盒，其材料为 pp，底、盖采用薄膜铰链连接，为了使用时，底、盖扣合铰紧，盒底和盒盖两侧有一对凸台和凹坑。

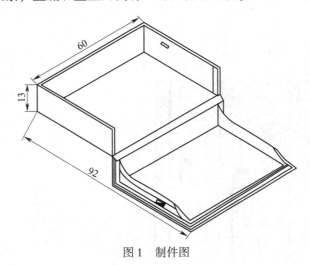

图 1　制件图

如图 2 所示为 DV 带包装盒注射成型模具装配图。模具采用一模 8 腔热流道双层注射成型模具。塑件上的局部凹凸结构采用斜顶杆成型，完成侧分型抽芯，定模和动模设推杆脱模机构，斜顶杆导向孔开在型芯和型芯固定板上，通过圆柱销将斜顶杆底部限制在顶杆固定板的导向槽内。

如图 3 所示为 DV 带包装盒注射成型模具的热流道组件。模具的热流道由主流道杯、主流道管、H 形分流道板、小喷嘴等零件构成。8 个小喷嘴分置于分流道两侧。分流道板由 2 根异形加热管加热，主流道由电热圈加热，热电偶置于小喷嘴附近分流道板上。

### 2. 解决下列问题

（1）模具装配问题

1）分析模具结构，说明模具工作原理。

2）根据模具装配图，制定模具装配顺序。

3）制定模具各部件的装配工艺。

（2）试模问题

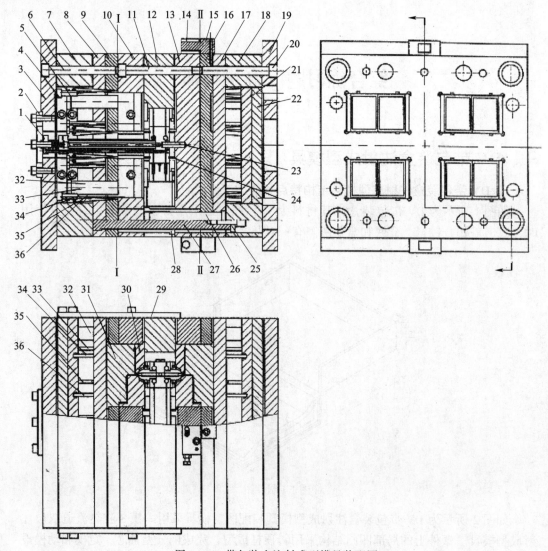

图2　DV带包装盒注射成型模具装配图

1—热流道组件　2—定位圈　3—定模座板　4—定模推板　5—定模推杆固定板　6、11、20—螺钉

7—定模垫块　8、17—型芯垫板　9、16—型芯固定板　10、13—型腔固定板　12—型腔垫板

14—矩形拉模扣　15—矩形拉模杆　18—垫块　19—动模座板　21—推杆固定板　22—推板

23—热流道板定位销　24—热流道板支承圈　25—限位挡圈　26—导柱　27—拉杆导柱

28—导套　29—推出拉板　30—型腔块　31—型芯　32—复位杆

33—长扁推杆　34—外斜推杆　35—短扁推杆　36—内斜推杆

1）制定成型工艺（编写试模工作报告）。

2）说明制件试模中的常见问题和解决方法。

（3）修模问题

1）分析制件成型的缺陷。

2）针对制件的缺陷，制定模具修理方案。

（4）模具生产管理问题

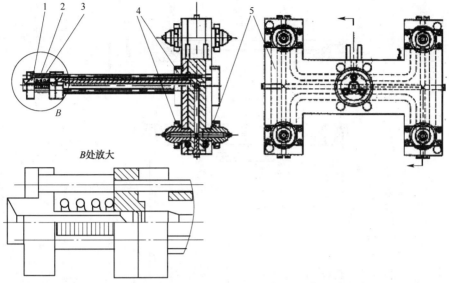

图 3　热流道组件

1—主流道杯　2—螺钉　3—弹簧　4—支承圈　5—异形加热管

1）制定模具制造工艺方案。

2）检验模具零部件加工和装配精度。

3）实施模具制造方案。

# 二、双物料密封盖注射成型模具

### 1. 双物料密封盖注射成型模具结构特点和成型工艺说明

双物料在高温下粘接在一起，双物料成型需要 2 副模具，并安装在一台注射机上，其注射原理如图 4 所示。如图 5 所示，塑料密封盖 3 由盖体 5 和密封环 4 组成，盖体 5 的材料为 pp，密封环 4 的材料为 TPE（软质方案弹性体）。

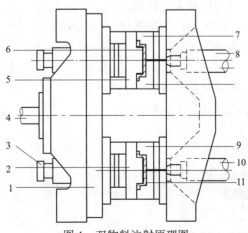

图 4　双物料注射原理图

1—动模回转盘　2—B 模动模　3—顶出油缸　4—回转轴　5—A 模动模
6、11—物料　7—A 模定模　8、10—料筒　9—B 模定模

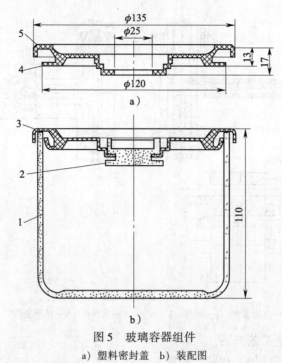

图 5　玻璃容器组件

a）塑料密封盖　b）装配图

1—玻璃杯　2—密封塞　3—塑料密封盖　4—密封环　5—盖体

双物料密封盖注射成型模具分 A 模和 B 模，如图 6 所示，A 模是点浇口三板式模具结构，有 4 个分型面，成型密封环 4 部分的成型模具，作为 B 模的嵌件。动模回转盘逆时针转动 180°，B 模的结构采用环形浇口，双板式结构，有两个分型面，成型盖体 5，B 模采用二次顶出机构，一次顶出制件脱离型芯，二次顶出将制件顶出模具。

**2. 解决下列问题**

（1）模具装配问题

1）分析模具结构，说明模具工作原理。

2）根据模具装配图，制定模具装配顺序。

3）制定模具各部件的装配工艺。

（2）试模问题

1）制定成型工艺（编写试模工作报告）。

2）说明制件试模中的常见问题和解决方法。

（3）修模问题

1）分析制件成型的缺陷。

2）针对制件的缺陷，制定模具修理方案。

（4）模具生产管理问题

1）制定模具制造工艺方案。

2）检验模具零部件加工和装配精度。

3）实施模具制造方案。

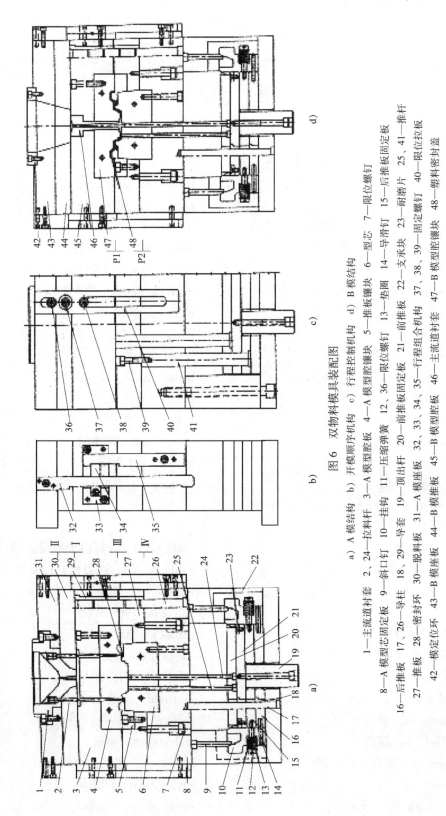

图 6　双物料模具装配图

a）A模结构　b）开模顺序机构　c）行程控制机构　d）B模结构

1—主流道衬套　2、24—拉料杆　3—A模型腔板　4—A模型腔镶块　6—型芯　7—限位螺钉
8—A模型芯固定板　9—斜口钉　10—挂钩　11—压缩弹簧　12、36—模型腔镶块　13—垫圈　14—导滑钉　15—后推板固定板
16—后推板　17、26—导柱　18、29—导套　19—顶出杆　20—前推板固定板　21—前推板　22—支承块　23—前磨片　25、41—推杆
27—后推板　28—密封环　30—模型芯固定板　31—A模座板　32、33、34、35—行程组合机构　37、38、39—固定螺钉　40—限位拉板
42—推杆板　43—模定位环　44—B模座板　45—B模推板　46—主流道衬套　47—B模型腔镶块　48—塑料密封盖

# 附　录

模具常用词汇中、外文对照表

## A

accuracy　n. 精度；精确性

accurate　adj. 精确的；准确的

aging　n. 时效处理

allotropism　n. 同素异形；同素异形现象

alloy　n. 合金

aluminum　n. 铝

ambient temperature　环境温度

anisotropy　n. 各向异性

anneal　v. 退火

anode　n. 阳极

anvil　n. 铁砧

arbor　n. 柄轴

arrangement of the grains　晶粒的排列

assemble　v. 装配

axes　n. 轴

axial　adj. 轴向的

## B

bar　n. 棒料

barrel　n. 料筒

bear　n. 轴承

bend allowance　折弯余量

bending　n. 折弯

beveled　n. 斜角

binder　n. 黏合；黏合剂

bismuth　n. 铋

blacksmith　n. 锻工

blade　n. 刀片

blank　n. 坯料；块料

blanking　n. 落料

blank holder　压料板

blanking press　冲压机

blanking punch　落料冲头

bolt　n. 螺栓

boring　n. 镗削；镗孔

boron　n. 硼

bottom die　下模

bracket　n. 支架

brass　n. 黄铜

brittle　adj. 脆性的

bronze　n. 青铜

bushing　n. 轴衬；套管

## C

CAD/CAM　计算机辅助设计/制造

calibrator　n. 对刀仪；校验器

carbide　n. 碳化物

carbonize　vt. 碳化

carburize　vt. 渗碳

carrier plate　支承板

carve　v. 切；雕刻

cast iron　铸铁

casting　n. 铸件；铸造

cathode　n. 阴极

cavity　n. 型腔；模腔

cavity insert　凹内模

cavity plate　凹模

cementite　n. 渗碳体

ceramic　n. 陶瓷

cerium　n. 铈

chilling　v. 冷却

chip　n. 切屑

chromium　n. 铬

chuck　n. 卡盘；吸盘

clamp　v. 夹紧

clamping　n. 合模

clamping force　锁合力

clamping unit　锁合机构

clay　n. 黏土；泥土

clog　vt. 堵塞；塞满

coaxial　adj. 同轴的

cobalt　n. 钴

cogging　n. 拔长

collet　n. 夹头；筒夹

compatible　adj. 可兼容的

compatibility　n. 兼容性

complexity　n. 复杂

composite　n. 复合材料；合成物

composition　n. 成分；构成；合成物

compound die　复合模

compressed gas　压缩气体

concave　adj. 凹的

concentricity　n. 同心；同轴度

configuration　n. 排列；配置；结构

conformation　n. 构造

constancy　n. 恒定性

constituent　n. 成分；构成物

contour　n. 轮廓

contracted　adj. 受约束的；合同规定的

convention　n. 习俗；约定；惯例

convert　v. 转变；转换

convex　adj. 凸的

coolant　n. 冷却液

cooling channel　冷却通道

copper　n. 铜

core　n. 型芯

core insert　凸内模

core plate　凸模

cornerstone　n. 基石

corrode　vt. 腐蚀；侵蚀

corrosion　n. 腐蚀；侵蚀

corrosion resistance　耐腐蚀性

cost driver　成本动力

counterforce　n. 反作用力

cover die　定模

crank　n. 手柄；摇把

crater　n. 凹坑

creep resistance　抗蠕变性

criterion　n. 标准；准则

critical temperature　临界温度

cross section　横截面

crystal　n. 晶体

crystalline　adj. 结晶的

cutlery　n. 餐具；刀具

cutter compensation　刀具补偿

## D

deburring　n. 倒角；去毛刺

decarbonization　n. 脱碳

decarbonize　vt. 除去碳素

decompression　n. 降压；减压

defect　n. 缺陷

deformation　n. 变形

density　n. 密度

deoxidize　vt. 除氧

diameter　n. 直径

die　n. 模具

die channel　模具通道

die forging　模锻

die set　模具；成套冲模

differential harding　差异硬化

diffusion　n. 扩散；传播

dimensional tolerance　尺寸公差

dislocation　n. 错位

distortion　n. 扭曲

dog　n. 卡头；卡爪

draft　n. 拔模斜度

draft angle　拔模角度

drawing　n. 拉伸

drilling　n. 钻孔；钻削

dry cycle time　空循环时间

ductile　adj. 韧性的

ductility　n. 韧性

dull　vt. 使钝化　adj. 钝的

### E

eject　vt. 弹出，逐出

ejection system　顶出系统

ejector die　动模

ejector pin　顶出杆

ejector plate　顶出板

elastomeric　adj. 弹性体的；人造橡胶的

electrochemical　adj. 电解的；电化学的

electrode　n. 电极

electromagnetic　adj. 电磁的

embrittlement　n. 脆化；脆裂；脆变

engrave　v. 雕刻

epoxy　n. 环氧树脂

etch　vt. 蚀刻

### F

facets　n. 曲面

facing　n. 端面车削

fastener　n. 紧固件；扣件

feed rate　进给速度

ferrite　n. 铁素体；铁酸盐

ferrous　adj. 铁的；含铁的；（化）亚铁的

filing　n. 锉削加工

fillet　n. 倒角

fine blanking　精密冲压

finishing operations　精加工

fixture　n. 夹具；卡具

flame cutter　线切割

flange　n. 凸缘

flange length　卷边长度

flash　n. 飞边；毛边

flashless forging　无飞边锻

flaw　n. 裂纹

flywheel　n. 飞轮

forge　v. 锻造

forging　n. 锻件；锻造

forging press　锻压机

formability　n. 可成形性；成形性

fracture　n. 断裂

freezer　n. 冷冻机；制冷器

friction　v. / n. 摩擦

furnace　n. 熔炉；火炉

### G

gas penetration　气体穿透

gating system　浇注系统

give rise to　导致

gooseneck channel　鹅颈通道；弯管通道

gradient　n. 梯度；坡度；斜度

grain　n. 晶粒；颗粒

granular　adj. 粒状的

granulator　n. 成粒机

granule　n. 小颗粒

graphite　n. 石墨

gravity die casting　压铸法

grinding　n. 磨削

groove　n. 槽

grooving　n. 切槽；开槽

guide plate　定位板

## H

hammer forging　平锻；锤锻
hand – wheel　手轮
hardenability　n. 可淬硬性；淬硬性
hardening　n. 硬化；淬火
heat – treating process　热处理工艺
helical　adj. 螺旋形的；螺旋状的
high grade tool steel　高级工具钢
homogenization　n. 均质化；均化（作用）
hopper　n. 料斗
horizontal　adj. 水平的
hourly rate　工时
housing　n. 壳体；机座
hot chamber　热压铸室
hydraulic fittings　液压接头
hydraulic forging press　液压机
hysteresis　n. 滞后作用；磁滞现象

## I

identity　n. 一致性
impact resistance　耐冲击性
implementation　n. 安装启用；实现；执行
implode　vt. 使爆裂
impression – die forging　模锻
impurity　n. 杂质
inclusion　n. 夹杂；包含；内含物
induction harding　感应硬化
induction heating　电磁感应加热
inhomogeneity　n. 非均质
inject　v. 注入
injection　n. 注射
injection molding　注射成形
injection sleeve　压射套筒
injection system　浇铸系统

insulating material　绝缘材料
interfere　v. 干扰
interference　n. 干扰
interstice　n. 间隙；小缝
interstitial　adj. 间隙的
investment casting　熔模铸造
ion　n. 离子
ionize　v. 使成离子

## K

kiln　n. 干燥室
knead　vt. 揉；捏
knee　n. 升降台

## L

ladle　n. 浇料勺
lamination　n. 压层；叠合；叠片
lancing　n. 切口
lathe　n. 车床
lattice　n. 晶格；点阵；网格
lead　n. 铅
linkage　n. 联动装置
location pin　定位销
lubricant　n. 润滑剂

## M

machinability　n. 可切削性；可加工性
machining　n. 制造；切削加工
macromolecule　n. 高分子
magazine tool　刀库
magnesium　n. 镁
malleable　adj. 可锻造的；可塑的
manual　adj. 手工的
mandrel　n. 芯模
manganese　n. 锰
mate　v. 配合
mechanical presses　机械压力机

mechanical strength 机械强度

mechanism n. 机械装置

melt v. 熔解

metallic adj. 金属的

metallurgical adj. 冶金的

metallurgy n. 冶金；冶金学

metalworking n. 金属加工；金属制造

metastable adj. 亚稳态的；相对稳定的

mica n. 云母

microhardness tester 显微硬度计

micron n. 微米

microstructure n. 微观结构；显微结构

mild steel 低碳钢

milling n. 铣削

mist coolant 雾状冷却

mobile adj. 可移动的

mobility n. 移动性

mockup n. 实体模型

modulus n. 模量；模数

mold release agent 脱模剂

molten adj. 熔化的；熔融的

molybdenum n. 钼

morphology n. 形态学

mould n. 模型，铸模

mount v. 安装

moving platen 动模板

### N

neutral axis 中性轴

nitride n. 氮化物；氮化

nitrogenize vt. 渗氮；氮化

non – ferrous adj. 有色的（金属）；非铁或钢的（金属）

normalize v. 正火

notching n. 冲口加工

nozzle n. 喷嘴；管口

nucleate vt. 使成核；集结

nut n. 螺母

### O

open – die forging 自由锻

orientation n. 方向；定向；向东方

outside diameter 外径

outside mold line 外模线

overflow well 溢流槽

oxidation n. 氧化

oxide n. 氧化物

oxidize vt. 使氧化；使生锈

### P

parallel adj. 平行的

part v. 分开

parting n. 分断加工；分型

parting direction 拔模方向

parting line 分模线

parting plane 分型面

parting surface 分型面

pellets n. 颗粒

perimeter n. 周长

perpendicular line 垂直线

phase n. 阶段；（金属的）相

phenolics n. 酚醛塑料

pierce v. 穿透

pin n. 顶杆

piping n. 管道系统；管道

piston n. 活塞

planing n. 刨削

plasma n. 等离子

plastic adj. 塑性的

plate vt. 电镀；镀

platinum n. 铂；白金

plunger n. 压料柱塞；活塞

pneumatically adv. 气动地

pneumatic cylinder　汽缸

polymer　n. 聚合物；聚合体

pore　n. 气孔；空隙

porosity　n. 多空性；有孔性

post processing　后置处理

pot　n. 坩埚

powder　n. 粉；粉末

precipitate　v.（使）沉淀

precipitation　n. 沉淀；沉淀物

precision　n. 精度

predetermine　v. 预先决定

preform　v. 预成形

preheat　v. 预热

press forging　压力机锻造

press table　下压板

process　n. 过程；工艺过程

process cycle　工艺过程

propeller　n. 推进器；螺旋桨

prototype　n. 原型

pump　n. 泵

punch　v. 冲孔

punch press　冲床

## Q

quench　v. 淬火

## R

radial　adj. 径向的

radii　n. 半径（复数）

radius　n. 半径

raising block　垫块

ram　n. 桩锤；连杆

raw material　原料

reamer　n. 铰刀

recessed impression　凹陷的型腔

reciprocate　v. 往复运动；摆动

reciprocating screw　往复螺杆

recrystallize　vi. 再结晶

recurring　n. 再发生

refinement　n. 精细

reorient　v. 重新安排方向

resetting time　复位时间

residual stress　残余应力

resistance　n. 抵抗；抵抗力；阻力

resolidify　vt. 重新固化

retard　v. 延迟

retract　v. 抽回

rib　n. 肋

rigid　adj. 刚性的

riser　n. 上升管；竖管；垂直管

rivet　n. /v. 铆钉；铆接

roll forming　成形压制

rotate　v. 旋转

round corner　圆角

runner　n. 浇道

runout　n. 跳动

## S

sandblast　v. 喷砂

scrap　n. 废料

scrap costs　废料成本

scrap rate　废品率

screw speed　螺杆转速

sculpture　v. /n. 雕塑；雕刻

seamless　adj. 无缝的；无接缝的

section　n. 截面

selective hardening　局部淬火

selenium　n. 硒

shaft　n. 轴

shaping　n. 成形加工

shear　n. 剪切

shear stress　剪切应力

shot capacity　浇注能力；浇注容量

shot chamber　注射室

shot volume　注塑体积

shrink　v. 收缩

shrinkage　n. 收缩；缩孔

side – action　n. 侧抽（芯）

side – core　n. 侧型芯

silicon　n. 硅

silver streaks　银纹

sink marks　n. 凹陷

sliding block　滑块

slitting　n. 割缝加工

slot　n. 槽；缝

slush casting　空心铸造；空心制件

smith　n. 锻工

solidify　v.（使）凝固；（使）固化

soundness　n. 稳固性

specification　n. 规格

spherical　adj. 球体的

spindle　n. 主轴

springback　n. 回弹

sprue　n. 注入口

sprue and runner system　浇口和浇注系统

sprue bush　浇口套；分流衬套

sprue channel　主流道

sprue spreader　分流子

stainless steel　不锈钢

stationary platen　定板

strain hardening　应变硬化

streamlined　adj. 流线型的；精简的

stress concentration　应力集中

stress release　应力释放

stretch forming　拉伸成形

stroke　n. 行程；冲程

superalloy　n. 超耐热合金

support plate　支承板

surface roughness　表面粗糙度

swage　n. 型铁；铁模

swivel　vt.（使）旋转；（使）回转

symmetric　adj. 对称的

synthetic material　合成材料

**T**

tailstock　n. 尾架；顶尖座

tailstock centre　尾架顶尖

tangency　n. 相切

tantalum　n. 钽

tap　n. 丝锥

taper　n. 锥面

tapping　n. 攻螺纹

temper　vt. 使回火；调和

tempering　n. 回火

tensile forces　拉力

tension　n. 拉伸；张力

thermal barrier　热隔离

thermoplastics　n. 热塑性材料

thin – wall　薄壁

thread　n. 螺纹

titanium　n. 钛

tolerance　n. 公差

tonnage　n. 吨位

toolmaking　n. 工具制造

top die　上模

toughness　n. 韧性

trace　n. 微量

transformation　n. 转换

transmit　v. 传递

transverse　adj. 横向的；横断的

trim　v. 冲裁；整修

tungsten steel　钨钢

turning　n. 车削

turret　n. 转台

**U**

ultrahard　adj. 超硬的

ultrathin　adj. 超薄的

undercut　n. 凹槽；倒拔模

uniform　n. 均匀

uniform cooling　均匀冷却

upset  v. 镦锻；镦粗

## V

vacancy   n. 孔穴

valve   n. 阀

vanadium   n. 钒

venting hole   n. 排气口

versatile   adj. 通用的；万能的

vertical   adj. 垂直的

viscous   adj. 黏滞的

viscous resistance   黏性阻力

vise   n. 老虎钳

voids   n. 气泡（材料中的气泡）

## W

wall thickness   壁厚

warpage   n. 热变形；翘曲

washer   n. 垫圈；垫片

wax   n. 蜡

wear resistance   耐磨损性

welding   n. 焊接

wire frame   线框模型

withstand   vt. 经受；经得起；抵抗

workpiece   n. 工件

worktable   n. 工作台面

wrought   adj. 锻造的；（金属）锤打成型的

## Y

yield strength   屈服强度

## Z

zinc   n. 锌

zirconium   n. 锆

# 参 考 文 献

1. 付宏生. 塑料成型模具设计 [M]. 北京：化学工业出版社，2010.

2. 付宏生. 模具试模与修模 [M]. 北京：化学工业出版社，2010.

3. 杜文宁. 模具钳工工艺与技能训练 [M]. 北京：中国劳动社会保障出版社，2002.

4. 柳燕君. 模具制造技术 [M]. 北京：高等教育出版社，2002.

5. 付宏生. 模具钳工与装配问题 [M]. 北京：化学工业出版社，2009.

6. 邱言龙，陈德全，张国栋. 模具钳工技术问答 [M]. 北京：机械工业出版社，2006.

7. 孙庚午. 钳工技术问答 [M]. 郑州：河南科学技术出版社，2007.

8. 模具制造手册编写组. 模具制造手册 [M]. 北京：机械工业出版社，1998.

9. 劳动和社会保障部教材办公室. 模具钳工工艺与技能训练 [M]. 北京：中国劳动社会保障出版社，2002.

10. 劳动和社会保障部教材办公室. 模具制造工 [M]. 北京：中国劳动社会保障出版社，2006.

11. 马朝兴. 模具工 [M]. 北京：化学工业出版社，2004.

12. 宋昌才. 电切削工（技师 高级技师） [M]. 北京：中国劳动社会保障出版社，2011.

13. 吴之明. 项目管理引论 [M]. 北京：清华大学出版社，2006.

14. 王敏杰，于同敏，郭东明. 中国模具工程大典（9 卷模具制造） [M]. 北京：电子工业出版社，2007.